U0182003

无机化学探究式教学丛书

第 22 分册

f 区 元 素

主 编 徐 玲

副主编 刘 冰 焦宝娟

科 学 出 版 社

北 京

内 容 简 介

本书是"无机化学探究式教学丛书"第22分册。全书共7章，包括f区元素概述、稀土元素的光谱性质和磁学性质、稀土元素的重要化合物、稀土元素配位化学简介、稀土元素的提取和分离、稀土元素的应用简介、锕系元素概述。编写时力图体现系统性、整体性和前沿性，融入学科发展，紧跟学科前沿。作为基础无机化学教学辅助用书，本书以促进学生科学素养发展为出发点，注重培养科学研究能力和训练创新思维，努力做到教师好使用、学生好自学。

本书可供高等学校化学及相关专业师生、中学化学教师以及从事化学相关研究的科研人员和技术人员参考使用。

图书在版编目(CIP)数据

f 区元素 / 徐玲主编. —北京：科学出版社，2023.11

（无机化学探究式教学丛书；第 22 分册）

ISBN 978-7-03-076943-5

Ⅰ. ①f… Ⅱ. ①徐… Ⅲ. ①ⅢB族元素－高等学校－教材
Ⅳ. ①O612.3

中国国家版本馆 CIP 数据核字(2023)第 214241 号

责任编辑：陈雅娴 李丽娇 / 责任校对：杨 赛
责任印制：张 伟 / 封面设计：无极书装

科 学 出 版 社 出版
北京东黄城根北街 16 号
邮政编码：100717
http://www.sciencep.com

河北鑫玉鸿程印刷有限公司 印刷
科学出版社发行 各地新华书店经销

*

2023 年 11 月第 一 版 开本：720 × 1000 1/16
2023 年 11 月第一次印刷 印张：16 1/2
字数：333 000

定价：138.00 元
（如有印装质量问题，我社负责调换）

"无机化学探究式教学丛书"
编写委员会

序

　　教材是教学的基石，也是目前化学教学相对比较薄弱的环节，需要在内容上和形式上不断创新，紧跟科学前沿的发展。为此，教育部高等学校化学类专业教学指导委员会经过反复研讨，在《化学类专业教学质量国家标准》的基础上，结合化学学科的发展，撰写了《化学类专业化学理论教学建议内容》一文，发表在《大学化学》杂志上，希望能对大学化学教学、包括大学化学教材的编写起到指导作用。

　　通常在本科一年级开设的无机化学课程是化学类专业学生的第一门专业课程。课程内容既要衔接中学化学的知识，又要提供后续物理化学、结构化学、分析化学等课程的基础知识，还要教授大学本科应当学习的无机化学中"元素化学"等内容，是比较特殊的一门课程，相关教材的编写因此也是大学化学教材建设的难点和重点。陕西师范大学无机化学教研室在教学实践的基础上，在该校及其他学校化学学科前辈的指导下，编写了这套"无机化学探究式教学丛书"，尝试突破已有教材的框架，更加关注基本原理与实际应用之间的联系，以专题设置较多的科研实践内容或者学科交叉栏目，努力使教材内容贴近学科发展，涉及相当多的无机化学前沿课题，并且包含生命科学、环境科学、材料科学等相关学科内容，具有更为广泛的知识宽度。

　　与中学教学主要"照本宣科"不同，大学教学具有较大的灵活性。教师授课在保证学生掌握基本知识点的前提下，应当让学生了解国际学科发展与前沿、了解国家相关领域和行业的发展与知识需求、了解中国科学工作者对此所作的贡献，启发学生的创新思维与批判思维，促进学生的科学素养发展。因此，大学教材实际上是教师教学与学生自学的参考书，这套"无机化学探究式教学丛书"丰富的知识内容可以更好地发挥教学参考书的作用。

　　我赞赏陕西师范大学教师们在教学改革和教材建设中勇于探索的精神和做

法，并希望该丛书的出版发行能够得到教师和学生的欢迎和反馈，使编者能够在应用的过程中吸取意见和建议，结合学科发展和教学实践，反复锤炼，不断修改完善，成为一部经典的基础无机化学教材。

中国科学院院士　郑兰荪

2020 年秋

丛书出版说明

本科一年级的无机化学课程是化学学科的基础和母体。作为学生从中学步入大学后的第一门化学主干课程，它在整个化学教学计划的顺利实施及培养目标的实现过程中起着承上启下的作用，其教学效果的好坏对学生今后的学习至关重要。一本好的无机化学教材对培养学生的创新意识和科学品质具有重要的作用。进一步深化和加强无机化学教材建设的需求促进了无机化学教育工作者的探索。我们希望静下心来像做科学研究那样做教学研究，研究如何编写与时俱进的基础无机化学教材，"无机化学探究式教学丛书"就是我们积极开展教学研究的一次探索。

我们首先思考，基础无机化学教学和教材的问题在哪里。在课堂上，教师经常面对学生学习兴趣不高的情况，尽管原因多样，但教材内容和教学内容陈旧是重要原因之一。山东大学张树永教授等认为：所有的创新都是在兴趣驱动下进行积极思维和创造性活动的结果，兴趣是创新的前提和基础。他们在教学中发现，学生对化学史、化学领域的新进展和新成就，对化学在高新技术领域的重大应用、重要贡献都表现出极大的兴趣和感知能力。因此，在本科教学阶段重视激发学生的求知欲、好奇心和学习兴趣是首要的。

有不少学者对国内外无机化学教材做了对比分析。我们也进行了研究，发现国内外无机化学教材有很多不同之处，概括起来主要有如下几方面：

(1) 国外无机化学教材涉及知识内容更多，不仅包含无机化合物微观结构和反应机理等，还涉及相当多的无机化学前沿课题及学科交叉的内容。国内无机化学教材知识结构较为严密、体系较为保守，不同教材的知识体系和内容基本类似。

(2) 国外无机化学教材普遍更关注基本原理与实际应用之间的联系，设置较多的科研实践内容或者学科交叉栏目，可读性强。国内无机化学教材知识专业性强但触类旁通者少，应用性相对较弱，所设应用栏目与知识内容融合性略显欠缺。

(3) 国外无机化学教材十分重视教材的"教育功能"，所有教材开篇都设有使用指导、引言等，帮助教师和学生更好地理解各种内容设置的目的和使用方法。另外，教学辅助信息量大、图文并茂，这些都能够有效发挥引导学生自主探究的作用。国内无机化学教材普遍十分重视化学知识的准确性、专业性，知识模块的逻辑性，往往容易忽视教材本身的"教育功能"。

依据上面的调研，为适应我国高等教育事业的发展要求，陕西师范大学无机化学教研室在请教无机化学界多位前辈、同仁，以及深刻学习领会教育部高等学校化学类专业教学指导委员会制定的"高等学校化学类专业指导性专业规范"的基础上，对无机化学课堂教学进行改革，并配合教学改革提出了编写"无机化学探究式教学丛书"的设想。作为基础无机化学教学的辅助用书，其宗旨是大胆突破现有的教材框架，以利于促进学生科学素养发展为出发点，以突出创新思维和科学研究方法为导向，以利于教与学为努力方向。

1. 教学丛书的编写目标

(1) 立足于高等理工院校、师范院校化学类专业无机化学教学使用和参考，同时可供从事无机化学研究的相关人员参考。

(2) 不采取"拿来主义"，编写一套因不同而精彩的新教材，努力做到素材丰富、内容编排合理、版面布局活泼，力争达到科学性、知识性和趣味性兼而有之。

(3) 学习"无机化学丛书"的创新精神，力争使本教学丛书成为"半科研性质"的工具书，力图反映教学与科研的紧密结合，既保持教材的"六性"(思想性、科学性、创新性、启发性、先进性、可读性)，又能展示学科的进展，具备研究性和前瞻性。

2. 教学丛书的特点

(1) 教材内容"求新"。"求新"是指将新的学术思想、内容、方法及应用等及时纳入教学，以适应科学技术发展的需要，具备重基础、知识面广、可供教学选择余地大的特点。

(2) 教材内容"求精"。"求精"是指在融会贯通教学内容的基础上，首先保证以最基本的内容、方法及典型应用充实教材，实现经典理论与学科前沿的自然结合。促进学生求真学问，不满足于"碎、浅、薄"的知识学习，而追求"实、深、厚"的知识养成。

(3) 充分发挥教材的"教育功能"，通过基础课培养学生的科研素质。正确、适时地介绍无机化学与人类生活的密切联系，无机化学当前研究的发展趋势和热点领域，以及学科交叉内容，因为交叉学科往往容易产生创新火花。适当增加拓展阅读和自学内容，增设两个专题栏目：历史事件回顾，研究无机化学的物理方法介绍。

(4) 引入知名科学家的思想、智慧、信念和意志的介绍，重点突出中国科学家对科学界的贡献，以利于学生创新思维和家国情怀的培养。

3. 教学丛书的研究方法

正如前文所述，我们要像做科研那样研究教学，研究思想同样蕴藏在本套教学丛书中。

(1) 凸显文献介绍，尊重历史，还原历史。我国著名教育家、化学家傅鹰教授曾经多次指出："一门科学的历史是这门科学中最宝贵的一部分，因为科学只能给我们知识，而历史却能给我们智慧。"基础课教材适时、适当引入化学史例，有助于培养学生正确的价值观，激发学生学习化学的兴趣，培养学生献身科学的精神和严谨治学的科学态度。我们尽力查阅了一般教材和参考书籍未能提供的必要文献，并使用原始文献，以帮助学生理解和学习科学家原始创新思维和科学研究方法。对原理和历史事件，编写中力求做到尊重历史、还原历史、客观公正，对新问题和新发展做到取之有道、有根有据。希望这些内容也有助于解决青年教师备课资源匮乏的问题。

(2) 凸显学科发展前沿。教材创新要立足于真正起到导向的作用，要及时、充分反映化学的重要应用实例和化学发展中的标志性事件，凸显化学新概念、新知识、新发现和新技术，起到让学生洞察无机化学新发展、体会无机化学研究乐趣，延伸专业深度和广度的作用。例如，氢键已能利用先进科学手段可视化了，多数教材对氢键的介绍却仍停留在"它是分子间作用力的一种"的层面，本丛书则尝试从前沿的视角探索氢键。

(3) 凸显中国科学家的学术成就。中国已逐步向世界科技强国迈进，无论在理论方面，还是应用技术方面，中国科学家对世界的贡献都是巨大的。例如，唐敖庆院士、徐光宪院士、张乾二院士对簇合物的理论研究，赵忠贤院士领衔的超导研究，张青莲院士领衔的原子量测定技术，中国科学院近代物理研究所对新核素的合成技术，中国科学院大连化学物理研究所的储氢材料研究，我国矿物浮选的新方法研究等，都是走在世界前列的。这些事例是提高学生学习兴趣和激发爱国热情最好的催化剂。

(4) 凸显哲学对科学研究的推进作用。科学的最高境界应该是哲学思想的体现。哲学可为自然科学家提供研究的思维和准则，哲学促使研究者运用辩证唯物主义的世界观和方法论进行创新研究。

徐光宪院士认为，一本好的教材要能经得起时间的考验，秘诀只有一条，就是"千方百计为读者着想"[徐光宪. 大学化学, 1989, 4(6): 15]。要做到：①掌握本课程的基础知识，了解本学科的最新成就和发展趋势；②在读完这本书和做完每章的习题后，在潜移默化中学到科学的思考方法、学习方法和研究方法，能够用学到的知识分析和解决遇到的问题；③要易学、易懂、易教。朱清时院士认为最好的基础课教材应该要尽量保持系统性，即尽量保证系统、清晰、易懂。清晰、易懂就是自学的人拿来读都能够引人入胜[朱清时. 中国大学教学, 2006, (08): 4]。我们的探索就是朝这个方向努力的。

创新是必须的，也是艰难的，这套"无机化学探究式教学丛书"体现了我们改革的决心，更凝聚了前辈们和编者们的集体智慧，希望能够得到大家认可。欢迎专家和同行提出宝贵建议，我们定将努力使之不断完善，力争将其做成良心之作、创新之作、特色之作、实用之作，切实体现中国无机化学教材的民族特色。

"无机化学探究式教学丛书"编写委员会

2020 年 6 月

前　言

　　"无机化学探究式教学丛书"是基础无机化学教学的辅助用书,本分册为该丛书的第 22 分册。本分册立足于高等学校一年级本科生基础无机化学中"镧系元素和锕系元素"教学内容,力求满足师生的教与学参考需求,并且可作为无机化学研究人员的工具书。f 区是元素化学中特殊的一个区,包含镧系元素与锕系元素两个系列共 30 种元素。与以往教材相比,本书具有以下特点:

　　(1) 编排框架方面。镧系元素和锕系元素在 f 区"上下对称",性质的规律性大体相同,但有各自不同的特点。本书将锕系元素单独列为一章,重点介绍其结构特点、重要反应、化合物及应用等,并在比较锕系和镧系元素相似点的基础上,突出锕系元素的自身特点,明确锕系元素和镧系元素的异同点和各自的特点,体现两系元素的交融和发展。

　　(2) 教材内容方面。本书将最新理论、最新研究成果、最新前沿及实践成果引入教学内容,将原理、概念和基础知识与实际应用关联,突出教材的高阶性、创新性和挑战度。将稀土元素应用单独设为一章,与稀土元素在磁性、荧光、医药等各个领域最新科研进展相结合,体现知识与工业生产、社会经济发展的关系。开设"专题讲座"——历史事件回顾,引用文献 900 余条,从而使教材系统完善,有助于培养学生自我获取知识的能力和创新意识。

　　(3) 思政教育方面。我国稀土资源储量世界第一,在资源开发和工业生产中的理论研究、工程技术开发也是独占鳌头。本书在稀土元素的提取章节中,突出中国科学家对稀土元素利用及世界科学进步的贡献,实现强化价值引领,助推专业教育与思政教育相融合。

　　为利于教学使用和学生自学,书中设置了三个层次的习题:①学生自测练习题,包含标准化试题:是非题、选择题、填空题和简答题;②课后习题;③英文选做题。所有习题均有参考答案。

　　同时,为利于课堂上教师与学生的交流,还编写了部分例题和思考题(可扫描二维码查看解答提示),这部分内容的设置十分有利于教学由"教师讲"为主到"学生自主学习"的转变,激发学生热爱化学和学习、研究化学的热情。

全书图文并茂,有近百幅彩色图片,便于授课。

本分册由陕西师范大学徐玲担任主编,陕西科技大学刘冰(编写第 4 章、第 7 章、历史事件回顾及课后习题)和西安文理学院焦宝娟(编写第 5 章)担任副主编,最后由徐玲统稿。

书中引用了较多书籍、研究论文的成果,在此对所有作者一并表示诚挚的感谢。

鉴于作者水平有限,书中不足之处在所难免,敬请读者批评指正。

徐 玲

2023 年 5 月

目　　录

(1) 明确**稀土元素概念**以及混合稀土元素分组命名。

(2) 熟悉**镧系元素**和**锕系元素**的名称、存在、**电子结构特征**、制备及用途。

(3) 熟悉**镧系元素**性质通性和特点，了解其**光谱**和**磁性**特征。

(4) 了解稀土元素的**一般性质**、结构和制备方法。

(5) 熟悉**镧系元素的重要化合物**，重点掌握氧化物和氢氧化物的性质及特点。

(6) 了解**镧系元素的结构特点**、**配位化合物**特点及其热力学性质。

(7) 了解**镧系元素**的矿物**提取工艺及分离方法**，熟悉溶剂萃取法及离子交换法的原理。

(8) 了解**锕系元素**的一般性质、重要反应和化合物、分离、应用和毒性，理解**与镧系元素的异同点**。

(1) 稀土元素具有**"工业维生素"**和**"新材料之母"**的称号，作为多种功能材料的关键元素，被广泛应用于科技、军工等领域。海湾战争中，加入稀土元素镧的夜视仪成为美军坦克压倒性优势的来源，请谈谈其中的原因。

(2) 镧系元素和锕系元素两个系列共 30 种元素，构成两大平行系列。在周期表中，为什么镧系元素和锕系元素开辟了一个"新区"？

(3) 我国作为主要的稀土储藏国和生产国，以占世界约 36% 的稀土资源量供应全球约 90% 的稀土产品。在稀土资源利用方面，我国的稀土资源现状和发展状况如何？

(4) 北京大学徐光宪院士获得2008年度国家最高科学技术奖，被誉为"中国稀土之父"，请谈谈徐光宪院士对于中国稀土发展的影响。

(5) 2020 年发现一类具有新的几何结构的金属硼球烯 $La_3B_{18}^-$，它的稳定结构为 D_{3h} 对称的空心笼；2022 年我国科学家首次在月球上发现的嫦娥石是一种富含稀土元素的磷酸盐矿物。除此之外，你还了解哪些新的稀土元素材料？

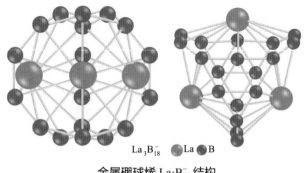

金属硼球烯 $La_3B_{18}^-$ 结构

参考文献

Chen T T, Li W L, Chen W J, et al. 2020. Nature Comm, 11: 2766.

第1章

f区元素概述

1.1　f区元素、镧系元素和稀土元素的概念

1.1.1　f区元素

f区元素(f-block element)包含镧系元素和锕系元素，属于周期表ⅢB族元素。这些元素的最后 1 个电子填充在$(n-2)$f亚层上，为了区别于 d 区过渡元素，将镧系元素及锕系元素合称为内过渡元素(inner transition element)。因为它们都是金属，又可以统称为f区金属[1]。

1.1.2　镧系元素

镧系元素(lanthanide，用 Ln 表示)是第 57 号元素镧到第 71 号元素镥共 15 种元素的统称，与 d 区ⅢB族元素外层和次外层的电子构型基本相同，新增加的电子大多填入从外侧数第三个电子层，即 4f 电子层中，基态原子的电子构型为$4f^{0\sim14}5d^{0\sim1}6s^2$，又称为 4f 系元素。

镧的电子构型为$4f^05d^16s^2$，无 f 电子，长期以来就有"镧系元素成员是否包括镧"的争论，至今仍在讨论中[2]。本书立足于性质的相似性，采取将镧至镥 15 种元素全部归入镧系元素的观点，这与 1968 年国际纯粹与应用化学联合会(International Union of Pure and Applied Chemistry，IUPAC)的推荐[3]和部分专著、教科书一致[4-7]。

在漫长的镧系元素发现史中，人们利用分级结晶和分级沉淀等古老的分离方法发现新的镧系元素。1913 年莫塞莱(H. G. J. Moseley，1887—1915)提出莫塞莱定律[8]，即

$$\sqrt{\frac{1}{\lambda}} = a(Z - b) \qquad (1\text{-}1)$$

式中，a、b 为常数；λ 为元素的 X 射线波长；Z 为元素的原子序数。

在莫塞莱定律之后，人们逐渐澄清了有关镧系元素数目问题中的一些错误，并明确了镧(La)和铪(Hf)之间只有 14 种镧系元素存在。

例题 1-1

为什么在 La 和 Hf 之间只有 14 种镧系元素存在？

解 从目前的理论来看，因为镧系元素属内过渡元素，其未充满的轨道处于内层的 4f 层，对于 f 轨道来说，其角量子数 $l = 3$，磁量子数 $m = 2l+1 = 7$，可容纳的电子数是 $2\times7 = 14$，故从 4f 电子数为 0 的镧至 4f 电子数全充满的铪之间只能容纳从铈至镥的 14 种元素。

思考题

1-1 查阅相关文献，解释为什么元素镧没有 f 电子，但是仍把它放在镧系，而且它与其他镧系元素的性质很相似。

1.1.3 稀土元素

稀土元素(rare earth element，用 Re 表示，注意与铼元素区分)或称稀土金属(rare earth metal)是元素周期表第 3 列钪、钇和镧系元素共 17 种金属元素的合称，都属于副族元素。钪和钇因为经常与镧系元素在矿床中共生，具有相似的化学性质，也被认为是稀土元素。

稀土元素在地壳中的丰度相当高(钷除外)，其中铈在地壳元素丰度排名第25，为 0.0068%(与铜接近)，是含量最高的稀土元素。虽然稀土元素并不稀有，但其倾向于两两或多种一起生成合金，难以被单独分离，且稀土元素在地壳中的分布相当分散。直至 18 世纪末，人们都是将元素的氧化物(称为"土"，主要是指有碱性、不溶于水、加热不易熔化也不发生变化的物质)当作元素。"钇土"和"铈土"的发现即被认为是发现了钇元素和铈元素。因此，"稀土"只是一种沿用名称。

我国稀土资源丰富，在稀土元素研究领域有很多杰出的贡献。钪和钇与稀土元素化学性质相似，且 f 区元素完全包含在稀土元素中，因此本分册中以稀土元素代替 f 区元素讲解其整体性质。

1.2　稀土元素的发现和命名

　　人类发现的第一种稀土矿物是从瑞典伊特比(Ytterby)镇的矿山中提取出的硅铍钇矿，许多稀土元素的英文名称源于此地。从 1794 年芬兰著名化学家加多林(J. Gadolin，1760—1852)发现第一种稀土元素钇[9]，到 1945 年最后一种稀土元素钷被美国橡树岭国家实验室马林斯基(J. A. Marinsky)等发现，跨越了三个世纪、历经 150 多年[10-11]。稀土元素的发现和命名见表 1-1。

表 1-1　稀土元素的发现和命名

元素	发现时间	发现者	发现途径及命名来由
La	1839 年	[瑞典] 莫桑德尔(C. G. Mosander)	从镧土中分离出氧化镧。命名源自希腊词 "lanthanein"，意为 "躲开人们的注意" "隐藏起来"
Ce	1803 年	[德] 克拉普罗特(M. H. Klaproth) [瑞典] 贝采利乌斯(J. J. Berzelius) [瑞典] 希辛格(W. Hisinger)	各自独立在瑞典铈硅矿石中分离出氧化铈，当时把它称为 "铈土"。命名是为了纪念发现火星与木星之间的小行星 "谷神星"(Ceres)
Pr	1885 年	[奥地利] 韦尔塞巴赫(C. A. von Welsbach)	从混合稀土中分离出两种新元素——镨和钕。镨被命名为 "praseodymium"。源自拉丁文，意思是 "绿色的孪生子"
Nd	1885 年	[奥地利] 韦尔塞巴赫	同上，钕被命名为 "neodymium"。源自拉丁文，意思是 "新的孪生子"
Pm	1945 年	[美] 马林斯基 [美] 格伦丁宁(L. E. Glendenin) [美] 克里尔(C. D. Coryell)	在铀的裂变产物残渣中用离子交换法分离得到钷的同位素，从而发现了钷元素[12]。命名 "promethium" 源自希腊神话中的盗火者普罗米修斯(Prometheus)的名字，意为 "火神"(普罗米修斯从太阳上盗取火种带到人间)
Sm	1879 年	[法] 德布瓦博德朗(L. de Boisbaudran)	从混合稀土中首先分离出氧化钐，当时称为 "钐土"，经光谱研究证明是一种新元素，从而首先发现了钐。命名 "samarium" 源自萨马斯基矿石，用来纪念一位俄国的矿业官员萨马斯基
Eu	1896 年	[法] 德马塞(E. A. Demarcay)	从不纯的氧化钐中分离出氧化铕，并证明它是一种新元素。命名 "europium" 源自欧洲 Europe 一词
Gd	1880 年	[瑞士] 马里纳克(J. C. G. de Marignac)	发现钐后的第二年，1880 年瑞士科学家马里纳克发现了两种新元素并分别命名为 "gamma alpha" 和 "gamma beta"。后来证实 gamma beta 和钐是同一元素。1886 年，法国化学家德布瓦博德朗从不纯的氧化钐中分离出氧化钆，并确定它是一种新元素，命名为 "gadolinium"，用来纪念稀土元素的第一位发现人——芬兰化学家加多林
Tb	1843 年	[瑞典] 莫桑德尔	通过对钇土的研究，发现元素(terbium)铽。命名来源于最初发现钇矿石的产地，瑞典斯德哥尔摩附近的伊特比镇

续表

元素	发现时间	发现者	发现途径及命名来由
Dy	1886 年	[法] 德布瓦博德朗	用分级沉淀的方法从"钬土"中分离出钬和镝, 并通过光谱研究证明后者是一种新金属[13]。命名来自希腊语"dysprositos", 意为"难以找到""难以捉摸"
Ho	1879 年	[瑞典] 克莱夫(P. T. Cleve)	从不纯的氧化铒中分离出两种新元素的氧化物——氧化钬和氧化铥。命名为"holmium", 用来纪念克莱夫的出生地——瑞典首都斯德哥尔摩, 古人称它为"Holmia"
Er	1843 年	[瑞典] 莫桑德尔	与钇和铽一起从伊特比镇所产的矿石加多林矿中发现的一种新"土"。元素符号取自小镇"Ytterby"的第四个和第五个字母
Tm	1879 年	[瑞典] 克莱夫	与钬一起被发现。命名为"thulium", 用来纪念克莱夫的祖国所在地——斯堪的纳维亚半岛, 其旧称为"Thule"
Yb	1878 年	[瑞士] 马里纳克	从伊特比所产的矿石——加多林矿中发现的第四种新"土"。命名同小镇的名字"Ytterby"
Lu	1907 年	[法] 于尔班(G. Urbain)	在用硝酸盐分步结晶法研究硝酸镱时, 分离出氧化镥。命名为"lutecium", 源自巴黎的古代名称"Lutetia"
Y	1794 年	[芬兰] 加多林	1787 年, 阿伦尼乌斯(Arrhenius)在瑞典伊特比镇附近发现一种新的矿石, 即硅铍钇矿, 并根据发现村落的名称将它命名为 ytterbite。加多林在 1794 年于阿伦尼乌斯的矿物样本中发现了氧化钇。维勒在 1828 年首次分离出钇的单质
Sc	1879 年	[瑞典] 尼尔森(L. F. Nilson)	在斯堪的纳维亚半岛的黑稀金矿和硅铍钇矿中通过光谱分析发现了钪元素, 并根据斯堪的纳维亚半岛的拉丁文名称命名为 scandium

1.3　稀土元素在自然界中的存在

1.3.1　稀土元素的丰度

稀土元素在自然界中广泛存在。通过获得的陨星、陨石和对太阳和太阳系的光谱分析, 发现宇宙中存在稀土元素(表 1-2)[14-15]。球粒陨石是太阳和地球的原始物质, 对其中稀土元素丰度的研究, 有助于了解地球和行星的形成与演化。稀土元素在岩石和矿物中的丰度通常用相对于球粒陨石或北美页岩中稀土的丰度来表示[16]。

表 1-2　在太阳和太阳系中稀土元素的相对丰度(相对于每 10^6 个 Si 原子的原子数量)

原子序数	元素	丰度	
		太阳	太阳系
21	Sc	24.5	35
39	Y	2.82	4.8
57	La	0.302	0.445
58	Ce	0.794	1.18
59	Pr	0.102	0.149
60	Nd	0.380	0.78
62	Sm	0.12	0.226
63	Eu	0.01	0.085
64	Gd	0.295	0.297
65	Tb	无数据	0.055
66	Dy	0.257	0.36
67	Ho	无数据	0.079
68	Er	0.13	0.225
69	Tm	0.041	0.034
70	Yb	0.2	0.216
71	Lu	0.13	0.036

1.3.2　稀土元素在地壳中分布的特点

1. 分布

矿物中稀土元素含量不高,在地壳中丰度约为 0.016%,约 $153\,g \cdot t^{-1}$。比较丰富的稀土元素在地壳中会与相似的工业金属混合在一起,这些金属包括铬、镍、铜、锌、钼、锡、钨或铅。然而,相较于普通的基础元素和贵金属,稀土元素没有倾向集中的沉积矿而只有少数可开采的氧化物矿床。稀土元素在地球整体中的丰度见表 1-3,图 1-1 为地球的上层大陆地壳中元素的相对丰度。

2. 特点

稀土元素存在于地球的大陆地壳上层,首先,原子序数是偶数的稀土元素(^{58}Ce、^{60}Nd、…)在宇宙中的丰度比相邻原子序数为奇数的稀土元素(^{57}La、^{59}Pr、…)高,服从奥多-哈金斯规则(Oddo-Harkins rule)[17]。这是由于核的结合能和稳定性的改变取决于中子数(N)和质子数(Z)是奇数或偶数,N 和 Z 都是偶数的核最稳定,N 和 Z 都是奇数的稳定性最小。其次,越轻的稀土元素越不相容,在大陆地壳中,轻的稀土元素比重的稀土元素更为集中。

表 1-3   稀土元素在地球整体中的丰度(ppm，1ppm=10^{-6})[18]

元素	Ganapathy 的数据(1974)	Smith 的数据(1977)	元素	Ganapathy 的数据(1974)	Smith 的数据(1977)
La	0.48	0.78	Tb	0.067	
Ce	1.28	2.2	Dy	0.45	0.21
Pr	0.162		Ho	0.101	
Nd	0.87	1.2	Er	0.29	0.093
Sm	0.26	0.22	Tm	0.044	
Eu	0.100	0.066	Yb	0.29	
Gd	0.37	0.35	Lu	0.049	0.015

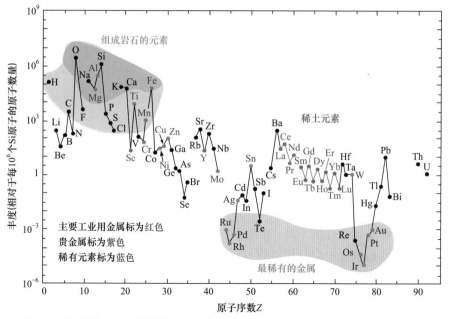

图 1-1   地球的上层大陆地壳中元素的丰度(相对于每 10^6 个 Si 原子的原子数量)

1.3.3   稀土元素的存在状态

稀土元素原子结构类似，自成一族。它们的特征配位原子是氧，故主要存在于含氧的矿物中。它们紧密结合并共生于相同的矿物中：①以离子化合物形式组成矿物晶格，如独居石、氟碳铈矿等。②以类质同晶置换(Ca、Sr、Ba、Mn、Zr、Th 等)的形式分散在造岩矿石中，如磷灰石、钛铀矿等。③呈吸附状态存在于矿物中，如黏土矿、云母矿等。

稀土元素对 Ca、Ti、Nb、Zr、Th、F^-、PO_4^{3-} 和 CO_3^{2-} 等有明显的亲和力，因此最重要的是碳酸盐和磷酸盐矿物。在地壳中稀土元素集中于岩石圈中，主要富集在花岗岩、伟晶岩、正长岩中。

1.3.4　稀土元素资源的分布

同种矿石中各稀土元素的含量差别很大。例如，独居石及氟碳铈矿中以轻稀土为主，钪钇矿石以钪和钇为主，黑稀金矿以钇及重稀土为主。2019 年美国地质勘探局数据显示，2019 年全世界已知有约 12000 万 t 稀土资源储量，我国的稀土总量(4400 万 t)约为世界总储量的 36%。其他拥有稀土资源的国家和地区有巴西(2200 万 t，18%)、越南(2200 万 t，18%)、俄罗斯(1200 万 t，10%)、印度(690 万 t，5.75%)、澳大利亚(340 万 t，2.83%)、美国(140 万 t，1.16%)、独立国家联合体、加拿大、南非和马来西亚等[19]。

1.3.5　我国稀土资源的分布和特点

我国是世界第一大稀土资源国。2012 年 6 月 20 日，国务院新闻办公室发布《中国的稀土状况与政策》白皮书[20]。该文件指出，我国承担了世界 90%以上的稀土市场供应。我国稀土行业的快速发展，不仅满足了国内经济社会发展的需要，而且为全球稀土供应做出了重要贡献。

截至 2023 年，已在全国 2/3 以上的省(自治区)发现上千处矿床、矿点和矿化产地，除内蒙古包头的白云鄂博、赣南、粤北、四川攀枝花和凉山为稀土资源主要分布区外，山东、湖南、广西、云南、贵州、福建、浙江、湖北、河南、山西、辽宁、陕西、新疆等省(自治区)也有稀土矿床发现。

全国稀土资源总量的 94%分布在内蒙古、江西、广东、四川、山东等，形成北、南、西、东的分布格局，具有北轻南重、矿点分布合理的特点：①轻稀土矿主要分布在内蒙古包头等北方地区和四川凉山，离子型中重稀土矿主要分布在江西赣州、福建龙岩等南方地区。②资源类型较多，有内生、变质、外生等类型。稀土矿物种类丰富，包括氟碳铈矿、独居石矿、离子型矿、磷钇矿、褐钇铌矿等，稀土元素较全。③综合利用价值高，我国多数稀土矿除了含有稀土元素外，还含有 Nb、Ta、Ti、U 等稀有元素。

思考题

1-2　什么是离子型稀土矿？它为什么具有重要意义？

1-3　查阅相关资料，分析中国在快速发展稀土行业过程中存在哪些问题。

1.4 稀土元素的一般性质

1.4.1 稀土元素的电子构型及成键情况

钇的电子构型为

$$1s^22s^22p^63s^23p^63d^{10}4s^24p^64d^15s^2$$

镧系原子的电子构型为

$$1s^22s^22p^63s^23p^63d^{10}4s^24p^64d^{10}4f^n5s^25p^65d^m6s^2$$

或者写成$[Xe]4f^n5d^m6s^2$，其中$[Xe]$为氙的电子构型，$n=0\sim14$，$m=0$ 或 1。

钇和镧系离子的特征价态为+3，当形成正三价离子时，其电子构型为

$$Y^{3+} \quad 1s^22s^22p^63s^23p^63d^{10}4s^24p^6$$

$$Ln^{3+} \quad 1s^22s^22p^63s^23p^63d^{10}4s^24p^64d^{10}4f^n5s^25p^6$$

镧系原子和离子的电子构型列于表 1-4。

表 1-4　镧系原子和离子的电子构型[21]

原子序数	元素名称	元素符号	电子排布								
			原子的价电子构型						离子的价电子构型		
			气态原子			固态原子			+2	+3	+4
57	镧	La		$5d^1$	$6s^2$		$5d^1$	$6s^2$		$4f^0(La^{3+})$	
58	铈	Ce	$4f^1$	$5d^1$	$6s^2$	$4f^1$	$5d^1$	$6s^2$	$4f^15d^1(Ce^{2+})$	$4f^1(Ce^{3+})$	$4f^0(Ce^{4+})$
59	镨	Pr	$4f^3$		$6s^2$	$4f^2$	$5d^1$	$6s^2$		$4f^2(Pr^{3+})$	$4f^1(Pr^{4+})$
60	钕	Nd	$4f^4$		$6s^2$	$4f^3$	$5d^1$	$6s^2$	$4f^4(Nd^{2+})$	$4f^3(Nd^{3+})$	$4f^2(Nd^{4+})$
61	钷	Pm	$4f^5$		$6s^2$	$4f^4$	$5d^1$	$6s^2$		$4f^4(Pm^{3+})$	
62	钐	Sm	$4f^6$		$6s^2$	$4f^5$	$5d^1$	$6s^2$	$4f^6(Sm^{2+})$	$4f^5(Sm^{3+})$	
63	铕	Eu	$4f^7$		$6s^2$	$4f^7$		$6s^2$	$4f^7(Eu^{2+})$	$4f^6(Eu^{3+})$	
64	钆	Gd	$4f^7$	$5d^1$	$6s^2$	$4f^7$	$5d^1$	$6s^2$		$4f^7(Gd^{3+})$	
65	铽	Tb	$4f^9$		$6s^2$	$4f^8$	$5d^1$	$6s^2$		$4f^8(Tb^{3+})$	$4f^7(Tb^{4+})$
66	镝	Dy	$4f^{10}$		$6s^2$	$4f^9$	$5d^1$	$6s^2$		$4f^9(Dy^{3+})$	$4f^8(Dy^{4+})$
67	钬	Ho	$4f^{11}$		$6s^2$	$4f^{10}$	$5d^1$	$6s^2$		$4f^{10}(Ho^{3+})$	
68	铒	Er	$4f^{12}$		$6s^2$	$4f^{11}$	$5d^1$	$6s^2$		$4f^{11}(Er^{3+})$	
69	铥	Tm	$4f^{13}$		$6s^2$	$4f^{12}$	$5d^1$	$6s^2$	$4f^{13}(Tm^{2+})$	$4f^{12}(Tm^{3+})$	
70	镱	Yb	$4f^{14}$		$6s^2$	$4f^{14}$		$6s^2$	$4f^{14}(Yb^{2+})$	$4f^{13}(Yb^{3+})$	
71	镥	Lu	$4f^{14}$	$5d^1$	$6s^2$	$4f^{14}$	$5d^1$	$6s^2$		$4f^{14}(Lu^{3+})$	

从表 1-4 可以看出：①在气态原子中，没有 4f 电子的 La($4f^0$)、4f 电子半充满的 Gd($4f^7$)和 4f 电子全充满的 Lu($4f^{14}$)都有一个 5d 电子，即 $m = 1$；此外，铈原子也有一个 5d 电子，其他镧系原子的 m 都为 0。②对于三价镧系离子(Ln^{3+})，在其内层的 4f 轨道中，从 Ce^{3+} 的 $4f^1$ 开始逐一填充电子，依次递增至 Lu^{3+} 的 $4f^{14}$。这些 4f 电子在空间上被外层的 $5s^25p^6$ 充满电子的壳层屏蔽[22]，受外界的电场、磁场和配位场等影响较小，使它们的性质显著不同于 d 电子裸露在外的 d 区过渡元素的离子。

1.4.2　稀土离子的价态

稀土离子的特征价态为+3 价，但铈可被氧化成+4 价。除此以外，还有一些可被氧化成高价或还原成低价的稀土：Sm^{2+}(1906 年)，Eu^{2+}(1991 年)，Yb^{2+}(1929 年)[23]；20 世纪 50 年代制得纯四价的 Pr^{4+} 和 $Tb^{4+[24-25]}$；60 年代以后制得 Nd^{2+}、Nd^{4+}、Dy^{2+}、Dy^{4+} 和 $Tm^{2+[26]}$。在 17 种稀土元素(Ln+Y+Sc)中，目前已知有 9 种元素(Ce、Pr、Nd、Sm、Eu、Tb、Dy、Tm 和 Yb)具有可变的价态。

> **思考题**
>
> 1-4　查阅相关文献，说明如何制得+2 价或+4 价镧系元素的化合物。
> 1-5　为什么 Ln^{2+} 只存在于固体中？

镧系元素中，没有 4f 电子的 La^{3+}($4f^0$)、4f 轨道半充满的 Gd^{3+}($4f^7$)和全充满的 Lu^{3+}($4f^{14}$)具有最稳定的+3 价，其邻近的镧系离子为趋向稳定性电子构型 $4f^0$、$4f^7$ 和 $4f^{14}$，因此具有变价的性质，越靠近它们的离子，变价的倾向越大(图 1-2)。La 和 Gd 右侧的邻近元素倾向于氧化成高价(Ce^{4+}、Tb^{4+})，Lu 的右侧是稳定的四价非镧系元素 Hf^{4+}。Gd 和 Lu 左侧的邻近元素倾向于还原成低价(Eu^{2+}、Yb^{2+})，La 左侧为稳定的二价非镧系元素 Ba^{2+}。可分为 La-Gd 和 Gd-Lu 两个先高后低的波形周期，离 La、Gd、Lu 越远的镧系元素变价的倾向越弱。在前一周期(La-Gd)中元素的变价倾向大于后一周期(Gd-Lu)中相应位置的元素，如 $Ce^{4+} > Tb^{4+}$，$Pr^{4+} > Dy^{4+}$；$Eu^{2+} > Yb^{2+}$，$Sm^{2+} > Tm^{2+}$。

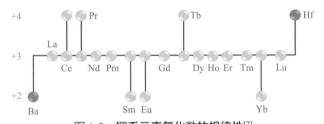

图 1-2　镧系元素氧化数的规律性[7]

$4f^0$、$4f^7$、$4f^{14}$ 构型是稀土离子不同氧化物稳定性的一个因素，但热力学和动力学因素也很重要[6]，稀土离子价态与电荷迁移带和标准电负性有着密切的关系。

例题 1-2

为什么镧系元素的两种非特征氧化态主要出现在与第一个镧系元素(La)、正中一个镧系元素(Gd)和最后一个镧系元素(Lu)邻近的元素上？

解 这是因为相应的 Ln^{3+}：$La^{3+}(4f^0)$、$Gd^{3+}(4f^7)$和$Lu^{3+}(4f^{14})$处于稳定结构，获得+2 氧化态是相当困难的；$Ce^{3+}(4f^1)$和$Tb^{3+}(4f^8)$失去一个电子即达稳定结构，因而出现+4 氧化态；$Eu^{3+}(4f^6)$和$Yb^{3+}(4f^{13})$接受一个电子即达稳定结构，因而出现+2 氧化态。

1.4.3 稀土元素的原子半径和离子半径

稀土元素原子半径[27]和离子半径[28]数据见表 1-5。

表 1-5 稀土元素原子半径和离子半径

原子序数	元素符号	原子半径/pm	离子半径/pm		
			+2	+3	+4
21	Sc	164.06		73.2	
39	Y	180.12		89.3	
57	La	187.91		106.1	
58	Ce	182.47		103.4	92.0
59	Pr	182.79		101.3	90.0
60	Nd	182.14		99.5	
61	Pm	181.10		97.9	
62	Sm	180.41	111.0	96.4	
63	Eu	204.18	109.0	95.0	
64	Gd	180.13		93.8	84.0
65	Tb	178.33		92.3	84.0
66	Dy	177.40		90.8	
67	Ho	176.61		89.4	
68	Er	175.66		88.1	
69	Tm	174.62	94.0	86.9	
70	Yb	193.92	93.0	85.8	
71	Lu	173.49		84.8	

从表 1-5 中可以看出以下规律。

1. 递减为主

从钪经钇到镧，电子层数逐渐增多，原子核对外层电子的吸引力逐渐减小，原子半径和离子半径(M³⁺)逐渐增大。从镧到镥，原子半径和离子半径都较大，但总体逐渐减小。这是因为电子填充在内部的 4f 壳层时，同一 4f 壳层中的一个电子被另一个电子的屏蔽是不完全的，所以作用在每个 4f 电子的有效核电荷随着原子序数的增大而增大，引起原子半径及离子半径随着原子序数的增大而收缩(图 1-3，图 1-4)。

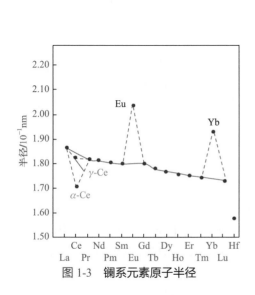

图 1-3 镧系元素原子半径

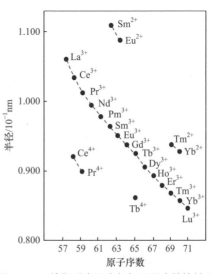

图 1-4 三价镧系离子半径与原子序数的关系

2. 双峰效应

由图 1-3 可以看出，在原子半径的递减过程中也有例外，铕和镱的原子半径比相邻元素的原子半径大得多。一般把原子半径在 Eu 和 Yb 处出现骤升的现象称为镧系元素性质递变的 "双峰效应"(bimodal effect)。这是因为铕的 4f 轨道达到了半充满状态，镱的 4f 轨道达到了全充满状态，半充满和全充满状态属于稳定状态，使得它们的金属晶体中，只有 6s 轨道能给出 2 个自由电子形成金属键，原子间的结合力没有其他镧系元素强，所以金属铕和镱的密度、熔点、升华能较低，半径较大。

3. 镧系收缩

镧系元素从镧开始一直到镥，增加的电子相继填入倒数第 3 层的 4f 轨道。由于 f 能级过于分散，以至于 4f 电子对原子核的屏蔽作用较小，不能像 s、p、d 能级中电子那样有效屏蔽原子核，所以随着原子序数递增，其外层电子的有效核电荷数增加(比 s、p 等能级的有效核电荷数要大)，原子核对最外层的电子吸引力呈增强趋势，但这些元素的电子层数并没有增多，因而使得原子半径和离子半径的变化总趋势逐渐减小(图 1-3 和图 1-4)，这一现象称为镧系收缩(lanthanide contraction)，也称为"单向变化"(unidirectional change)。

镧系收缩现象产生的影响很大。首先，收缩缓慢使相邻两元素之间的半径减小幅度比其他过渡元素的减小幅度小，使镧系元素性质相似，给分离增加了困难。其次，由于镧系收缩现象，同族第二、第三过渡系金属的原子半径和离子半径接近，性质相似。例如，IVB 族的锆(Zr，80 pm)和铪(Hf，79 pm)、VB 族的铌(Nb，70 pm)和钽(Ta，69 pm)、VIB 族的钼(Mo，62 pm)和钨(W，62 pm)半径接近，在矿物中共生，化学性质相似，这三对元素难以分离。最后，镧系收缩使得 Y^{3+} 的半径大小(89.3 pm)落在了 Ho^{3+}(89.4 pm)和 Er^{3+}(88.1 pm)之间，钇成为稀土元素的成员，并与重稀土元素共生于矿物中。而同族的 Sc^{3+} 半径(73.2 pm)与 Lu^{3+} 半径(84.8 pm)接近，而钪又常与钇共生，于是稀土元素就包括了钪元素。

4. 钆断效应

由图 1-5 发现，镧系元素三价离子半径的变化中，Gd 处有微小的不连续性，与相邻离子半径的差值大小不同，原因是 Gd^{3+} 具有半充满的 $4f^7$ 电子结构，屏蔽能力略有增加，有效核电荷略有减小，所以 Gd^{3+} 半径的减小幅度小，这称为钆断效应(gadolinium off effect)。

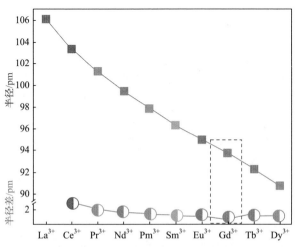

图 1-5　三价镧系离子半径、相邻离子半径差与镧系离子的关系

5. 特殊的铈元素原子半径

由图 1-3 发现，元素铈的原子半径较相邻金属原子半径小，这是因为它的 4f 电子有部分离域，使得它的金属晶形不固定，显示的价态不是纯的三价(表 1-6)。

表 1-6　铈元素的半径和价态[29]

物相	原子半径/pm	价态
理想的三价铈	184.3	—
β-Ce	183.21	3.04
γ-Ce	182.45	3.06
δ-Ce	182	3.06
α-Ce	173	3.67
α'-Ce	166.9	4.00
理想的四价铈	167.2	

6. 离子半径与元素价态、配位数相关

离子半径的大小除了与元素种类相关，还取决于元素价态与配位数。由图 1-4 可知，价态越低，离子半径越大。而离子的配位数越大，其离子半径也越大(表 1-7)。

表 1-7　稀土离子在不同配位数时的有效离子半径(pm) [21]

离子	配位数					
	6	7	8	9	10	12
La^{3+}	103.2	110.0	116.0	121.6	127	136
Ce^{3+}	101	107	114.3	119.6	125	134
Ce^{4+}	87		97		107	114
Pr^{3+}	99		112.6	117.9		
Pr^{4+}	85		96			
Nd^{2+}			129	135		
Nd^{3+}	98.3		110.9	116.3		127
Sm^{2+}		122	127	132		124
Sm^{3+}	95.8	102	107.9	113.2		
Eu^{2+}	117	120	125	130	135	
Eu^{3+}	94.7	101	106.6	112.0		
Gd^{3+}	93.8	100	105.3	110.7		

续表

离子	配位数					
	6	7	8	9	10	12
Tb^{3+}	92.3	98	104.0	109.5		
Tb^{4+}	76		88			
Dy^{2+}	107	113	119			
Dy^{3+}	91.2	97	102.7	108.3		
Ho^{3+}	90.1		101.5	107.2	112	
Er^{3+}	89.0	94.5	100.4	106.2		
Tm^{2+}	103	109				
Tm^{3+}	88		99.4	105.2		
Yb^{2+}	102	108	114			
Yb^{3+}	86.8	92.5	98.5	104.2		
Lu^{3+}	86.1		97.7	103.2		
Y^{3+}	90.0	96	101.9	107.5		

1.4.4　镧系离子的颜色

一些三价镧系元素在水溶液中具有漂亮的颜色(图 1-6)[30]，显示出十分明显的周期性。

氧化态	镧	铈	镨	钕	钷	钐	铕	钆	铽	镝	钬	铒	铥	镱	镥
+2						Sm^{2+}	Eu^{2+}						Tm^{2+}	Yb^{2+}	
+3	La^{3+}	Ce^{3+}	Pr^{3+}	Nd^{3+}	Pm^{3+}	Sm^{3+}	Eu^{3+}	Gd^{3+}	Tb^{3+}	Dy^{3+}	Ho^{3+}	Er^{3+}	Tm^{3+}	Yb^{3+}	Lu^{3+}
+4		Ce^{4+}	Pr^{4+}	Nd^{4+}					Tb^{4+}	Dy^{4+}					

图 1-6　水溶液中镧系离子的近似颜色

离子的颜色与未成对电子数有关(表 1-8)，镧系离子的颜色是由电子发生 f→f 跃迁引起的。当 f→f 跃迁所需要的能量在可见光范围内时，离子展示出一定的颜色，否则为无色。具有 f^0 和 f^{14} 结构的 La^{3+} 和 Lu^{3+} 由于无法进行 f→f 跃迁，在可见光范围内无吸收光谱而表现为无色；具有 $f^1(Ce^{3+})$、$f^6(Eu^{3+})$、$f^7(Gd^{3+})$、$f^8(Tb^{3+})$ 的离子，发生 f→f 跃迁需要的能量较高，吸收光谱带全部或大部分落在紫外区，所以也是无色的(其中 Eu^{3+} 和 Tb^{3+} 为淡粉色)。$f^{13}(Yb^{3+})$ 发生 f→f 跃迁需要的能量较低，吸收光谱带在近红外区，因而也是无色的。

表 1-8　Ln^{3+}的成单电子数和颜色

离子	未成对电子数	颜色	未成对电子数	离子
La^{3+}	$0(4f^0)$	无色	$0(4f^{14})$	Lu^{3+}
Ce^{3+}	$1(4f^1)$	无色	$1(4f^{13})$	Yb^{3+}
Pr^{3+}	$2(4f^2)$	绿色	$2(4f^{12})$	Tm^{3+}
Nd^{3+}	$3(4f^3)$	浅紫色、浅红色	$3(4f^{11})$	Er^{3+}
Pm^{3+}	$4(4f^4)$	粉红色、黄色	$4(4f^{10})$	Ho^{3+}
Sm^{3+}	$5(4f^5)$	淡黄色	$5(4f^9)$	Dy^{3+}
Eu^{3+}	$6(4f^6)$	浅粉红色	$6(4f^8)$	Tb^{3+}
Gd^{3+}	$7(4f^7)$	无色	$7(4f^7)$	Gd^{3+}

思考题

1-6　市场上常见一种色泽与天然宝石相近的宝石,这是利用了稀土离子的什么性质?

1-7　Ce^{4+}呈现橙红色,它的生色机理是什么?

1-8　使波长变短(增强光能)的转换称为"上转换"。试举出镧系元素材料的上转换功能的两种用途。

1.4.5　稀土元素单质

镧系元素单质为银白色金属(图 1-7),比较软,有延展性。根据它们在元素周期表中的位置可以判断出,它们的活泼性仅次于碱金属和碱土金属,属于活泼金属,应隔绝空气保存。事实上,镧系元素单质和潮湿的空气接触就会氧化变色。

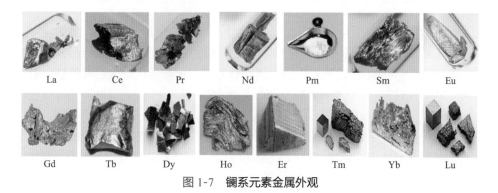

图 1-7　镧系元素金属外观

1. 镧系元素的一般性质

镧系元素的物理性质通常表现出一定的规律性，但铈和镱却明显异常。在金属中，铈和镱原子参与金属键的电子数(只提供 2 个价电子参与成键)与其他镧系元素不同，这是其性质异常的重要原因。镧系元素的密度、熔点、电离能、电极电势数据列于表 1-9。

表 1-9　镧系元素的密度、熔点、电离能、电极电势数据

元素符号	密度 /(g·cm^{-3})	熔点/℃	电离能 $I_1+I_2+I_3$/(kJ·mol^{-1})	电极电势/V	
				Ln^{3+} + 3e$^-$ === Ln	Ln(OH)$_3$ + 3e$^-$ === Ln + 3OH$^-$
La	6.166	920	3455.4	−2.37	−2.90
Ce	6.773	798	3524	−2.34	−2.87
Pr	6.475	935	3627	−2.35	−2.85
Nd	7.003	1016	3694	−2.32	−2.84
Pm	7.200	1168	3738	−2.29	−2.84
Sm	7.536	1072	3871	−2.30	−2.83
Eu	5.245	826	4032	−1.99	−2.83
Gd	7.886	1312	3752	−2.29	−2.82
Tb	8.235	1356	3786	−2.30	−2.79
Dy	8.559	1407	3898	−2.29	−2.78
Ho	8.780	1470	3920	−2.33	−2.77
Er	9.045	1522	3930	−2.31	−2.75
Tm	9.318	1545	4043.7	−2.31	−2.74
Yb	6.972	816	4193.4	−2.22	−2.73
Lu	9.840	1675	3885.8	−2.30	−2.74

1) 密度

图 1-8 显示镧系元素的密度随原子序数的增加而增大，但铕和镱的密度比较小，其原因是它们的 4f 轨道处于半充满和全充满，屏蔽效应增大，有效核电荷数降低，原子核对 6s 电子吸引力减小，半径增大。

2) 熔点

图 1-9 显示镧系元素单质的熔点随原子序数的递增而增加，铕和镱的熔点比较低。镧系元素的电离能 I_1、I_2、I_3 之和随着原子序数的递增也呈现出增加趋势，但铕和镱的较高，这也影响了它们的电极电势。

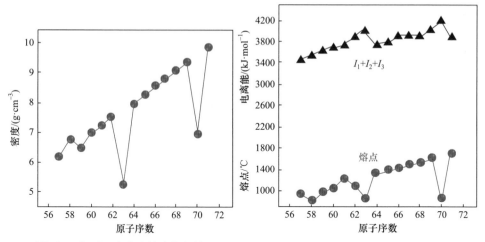

图 1-8　镧系元素密度的变化规律　　　　图 1-9　镧系元素单质熔点、电离能的变化规律

3) 电极电势

(1) 图 1-10 显示在酸性介质中，镧系元素的电极电势相差并不大，还原能力随原子序数递增而呈现出非常缓慢的降低趋势，但相差非常小。铕和镱表现特殊，还原能力不如其他镧系元素强；在碱性介质中，随着原子序数的增加，镧系元素单质的还原能力呈现出非常缓慢的减弱趋势。但无论是酸性还是碱性，镧系元素都显示出活泼金属的特性。

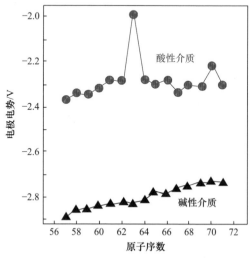

图 1-10　镧系元素电极电势变化规律

(2) 表 1-10 列出镧系变价的标准还原电势。从表中可以看出，当按镧系的标

准还原电势$(M^{4+}\rightarrow M^{3+})$和$(M^{3+}\rightarrow M^{2+})$的大小顺序排列时，根据 1969 年 IUPAC 的符号规定，$E^{\ominus}$的正值越大，还原形式越稳定，因而形成四价和二价镧系离子的倾向按如下顺序递减：

$$Ce^{4+}/Ce^{3+} > Tb^{4+}/Tb^{3+} > Pr^{4+}/Pr^{3+} > Nd^{4+}/Nd^{3+} > Dy^{4+}/Dy^{3+}$$

$$1.74\ V \quad 3.1\ V\pm0.2\ V \quad 3.2\ V\pm0.2\ V \quad 5\ V\pm0.4\ V \quad 5.2\ V\pm0.4\ V$$

$$Eu^{3+}/Eu^{2+} > Yb^{3+}/Yb^{2+} > Sm^{3+}/Sm^{2+} > Tm^{3+}/Tm^{2+}$$

$$-0.35\ V \quad -1.15\ V \quad -1.55\ V \quad -2.3\ V\pm0.2\ V$$

表 1-10　镧系离子$[M^{n+}\rightarrow M^{(n-1)+}]$($n=3$ 或 4)的标准还原电势

M	$E_{Ln}^{\ominus}$ ($M^{3+}\rightarrow M^{2+}$)		$E_{Ln}^{\ominus}$ ($M^{4+}\rightarrow M^{3+}$)	
	计算值/V	测量值/V	计算值/V	测量值/V
La	-3.1 ± 0.2			
Ce	-3.2		1.8	1.74
Pr	-2.7		3.4	3.2 ± 0.2
Nd	-2.6		4.6	5.0 ± 0.4
Pm	-2.6		4.9	
Sm	-1.6	-1.55	5.2	
Eu	-0.3	-0.35	6.4	
Gd	-3.9		7.9	
Tb	-3.7		3.3	3.1 ± 0.2
Dy	-2.6		5.0	5.2 ± 0.4
Ho	-2.9		6.2	
Er	-3.1		6.1	
Tm	-2.3	-2.3 ± 0.2	6.1	
Yb	-1.1	-1.15	7.1	
Lu			8.5	

思考题

　　1-9　为什么镧系元素的密度、熔点和电极电势随原子序数的递增出现不同的规律？

2. 镧系元素的化学性质

　　镧系元素的活泼性表现在它们可以和大多数非金属发生化学反应，主要生成氧化数为+3 的化合物。其典型反应如表 1-11 所示。其中，在室温下，稀土金属能

吸收 H_2，在 250～300℃迅速与 H_2 作用，生成 $ReH_n(n=2，3)$ 的氢化物。在真空、高温(1000℃以上)时，氢化物分解，完全排出氢。稀土金属能溶解在稀盐酸、硫酸、硝酸中，生成相应的盐。在氢氟酸和磷酸中生成难溶的氟化物和磷酸盐膜，从而不易溶解。

表 1-11　镧系元素的典型化学反应

反应物	产物	反应条件
$X_2(X = F、Cl、Br、I)$	LnX_3	室温下反应慢，573 K 以上燃烧
O_2	Ln_2O_3	室温下反应慢，423～453 K 燃烧，Ce、Pr、Tb 生成 $LnO_x(x = 1.5～2.0)$
$O_2 + H_2O$	$Ln_2O_3 \cdot xH_2O$	室温下轻稀土反应快，重稀土生成 Ln_2O_3，Eu 生成 $Eu(OH)_2 \cdot H_2O$
S_3	Ln_2S_3(某些还生成 LnS、LnS_2、Ln_3S_4)	在硫的沸点
N_2	LnN	1273 K 以上
C	LnC_2、Ln_2C_3	高温
H_2	LnH_2、LnH_3	573 K 以上反应快
H^+(稀 HCl、H_2SO_4、$HClO_4$、HAc)	$Ln^{3+} + H_2$	室温下反应快
H_2O	Ln_2O_3 或 $Ln_2O_3 \cdot xH_2O + H_2$	室温下反应慢，较高温度下反应很快

　　稀土金属也能与绝大部分主族金属和过渡金属形成化合物。有的金属间化合物具有特殊性能，如与铁系金属的化合物具有永磁性能，$SmCo_5$ 和 Sm_2Co_{17} 是优良的磁性材料；与镍形成的化合物具有强烈的吸氢性能，$LaNi_5$ 是优良的储氢材料；与镁等有色金属形成化合物，可改善合金的机械性能。

　　3. 稀土金属的晶体结构

　　常温、常压条件下，稀土金属有四种晶体结构(图 1-11)。图 1-11(a)是六方密堆结构，密置层按照 ABAB…方式重复堆积，钪、钇、钆和大多数重稀土金属都属于这种结构。图 1-11(b)是立方密堆(或面心立方)结构，密置层按照 ACBACB…方式重复堆积，铈和镱是这种结构。图 1-11(c)是双六方结构，ACAB…重复周期为 4 层的结构，镧、镨、钕等属于这种结构。只有钐是图 1-11(d)的斜方结构，ACACBCBAB…重复周期为 9 层的结构。各元素的晶格参数和它们晶形的转变温度列在表 1-12 中。

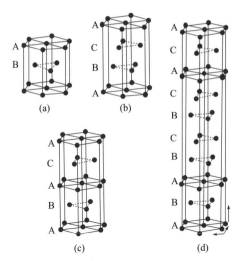

图 1-11　稀土金属的晶体结构

表 1-12　稀土金属的晶体结构及有关参数

元素	晶形	转变温度/℃	转变ΔH/J	晶格参数/10^2 pm			Re^{3+}离子半径/10^2 pm
				a	c	c/a	
α-Sc	六方密堆			3.3088	5.2680	1.592	0.732
β-Sc	体心立方	1335	4008.3				
α-Y	六方密堆			3.6482	5.7318	1.571	0.893
β-Y	体心立方	1478	4974	4.08			
α-La	双六方			3.7740	12.171	1.6125	1.061
β-La	立方密堆	310	280.3				
γ-La	体心立方	865	3150.5	4.26			
α-Ce	立方密堆						
β-Ce	双六方	−178		4.85			
γ-Ce	立方密堆			3.68	11.92	1.619	1.034
		～100(加热)		5.160			
		～10(冷却)					
δ-Ce	体心立方	726	2928.9	4.12			
α-Pr	双六方			3.6721	11.832	1.611	1.013
β-Pr	体心立方	795	310.8	4.43			
α-Nd	双六方			3.6583	11.7966	1.612	0.995
β-Nd	体心立方	863	2983.2	4.13			

续表

元素	晶形	转变温度/℃	转变ΔH/J	晶格参数/10^2 pm			Re³⁺离子半径/10^2 pm
				a	c	c/a	
Pm	双六方						0.979
	体心立方	890*					
Sm	斜方*			3.6290	26.207	1.605	0.964
	六方密堆*	727(冷却) 734(加热)					
	体心立方	926	3112.9				
Eu	体心立方			4.5827			0.950
α-Gd	六方密堆			3.6336	5.7810	1.59	0.938
β-Gd	体心立方	1235	3912.0	4.05			
α-Tb	六方密堆			3.6055	5.6966	1.580	
β-Tb	体心立方	1289	5033.5				0.923
Dy	六方密堆			3.5915	5.6501	1.573	0.908
	体心立方	1381	3995.7				
Ho	六方密堆			3.5778	5.6178	1.570	0.894
Er	六方密堆			3.5592	5.5850	1.569	0.881
Tm	六方密堆			3.5375	5.5540	1.570	0.869
α-Yb	六方密堆			5.4848			0.858
β-Yb	体心立方	795	1748.9				
Lu	六方密堆			3.5052	5.5495	1.583	0.848

*引自文献[31]，其他数据引自文献[32]。

　　当温度、压力变化时，多数稀土金属发生晶形转变。在高温、常压下，镧、铈、镨、钕、钷、钐、钆、铽、镝、镥、钪和钇均转变为体心立方，其他稀土金属未发生晶形变化，此时稀土金属有两种晶形：体心立方和六方密堆。金属镧由双六方转变为体心立方时，存在中间相的转变：

$$双六方 \xrightarrow{310℃} 立方密堆 \xrightarrow{865℃} 体心立方$$

钐也有类似现象：

$$斜方 \xrightarrow{734℃} 六方密堆 \xrightarrow{926℃} 体心立方$$

　　在室温、高压或高温、高压时，稀土金属的结构，除了铕、铒、铥和镥外，其他都发生变化。图 1-12 是镧和钐的温度和压力变化时的相图。表 1-13 列出了不同条件下的稀土金属的晶形结构。

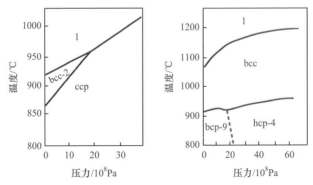

图 1-12　镧(左)和钐(右)的相图

bcc：body-centered cubic，体心立方；ccp：cubic close packing，立方密堆积；hcp：hexagonal closest packing，六方密堆积；bcp：body-centered cubic packing，体心立方堆积

表 1-13　稀土金属的晶形结构[33]

元素	室温，1.013×10⁵ Pa	低温，1.013×10⁵ Pa	高温，1.013×10⁵ Pa	室温，高压	高温，高压
La	双六方	—	六方密堆体心	立方密堆	立方密堆体心
Ce	立方密堆	立方密堆双六方	体心立方	六方密堆	立方密堆
Pr	双六方	—	体心立方	立方密堆	立方密堆
Nd	双六方	—	体心立方	六方密堆	立方密堆
Pm	双六方	—	体心立方	—	—
Sm	单斜	—	体心立方	双六方	体心立方
Eu	体心立方	体心立方	体心立方	—	—
Gd	六方密堆	六方密堆	体心立方	单斜	体心立方
Tb	六方密堆	单斜	体心立方	单斜	体心立方
Dy	六方密堆	单斜	体心立方	单斜	—
Ho	六方密堆	—	六方密堆	单斜	—
Er	六方密堆	六方密堆	六方密堆	六方密堆	六方密堆
Tm	六方密堆	—	六方密堆	—	—
Yb	立方密堆	六方密堆	体心立方	—	—
Lu	六方密堆	—	六方密堆	—	—
Y	六方密堆	—	体心立方	—	—
Sc	六方密堆	—	体心立方	—	—

4. 稀土金属的制备

近年来，随着稀土功能材料、钢铁和有色金属合金材料等领域高速发展，对稀土金属及合金的需求日益增加[34]。根据每种稀土金属及其合金各自的特点，已形成了较为完备的工艺体系[35]。1827 年，瑞典科学家首次用金属钠、钾还原无水氯化铈制得金属铈，此后一直到 20 世纪 60 年代，17 种稀土金属实验室相关规模试制基本成熟。目前稀土金属的制备技术主要包括金属热还原法、熔盐电解法和联合法三种(表 1-14)，其中金属热还原法可以分为钙热还原法和镧热还原法；联合法可以分为熔盐电解-真空蒸馏双联法和钙热还原-电子束/真空电弧炉熔炼。

表 1-14 稀土金属制备技术对比分析

工艺名称		工艺特点	适用范围
金属热还原法	钙热还原法	间断生产；生产效率低；加工成本较高；收率较低；渣量较大	蒸气压低、熔点高的中、重稀土金属钆、铽、镝、钬、铒等
	镧热还原法	间断生产；生产效率低；加工成本较高；收率较低；渣量较大	蒸气压较高的稀土金属钐、铕、镱等
熔盐电解法		连续生产，生产效率高；加工成本低；收率高；渣量小	镧、铈、镨、钕、镧铈、镧钕、镧铈镨钕混合稀土等
联合法	熔盐电解-真空蒸馏双联法	加工成本低；收率高；渣量小	镝、钇、钆、钪等稀土金属
	钙热还原-电子束/真空电弧炉熔炼	生产效率高；生产成本高；收率低；渣量大	镝、钇、钆等熔点低、蒸气压低的高品质稀土金属

其中 95%以上稀土金属(合金)都是采用熔盐电解法制备的。

1) 金属热还原法制备稀土金属

金属热还原法按所用原料的类型分为氟化物金属热还原法、氯化物金属热还原法和氧化物金属热还原法。

金属热还原法包括三个主要步骤：

第一步：金属无水卤化物的制备。

在无水氟化物和氯化物中最好不含 ReOF(ReOCl)和微量的 H_2O，以减少氢和氧对金属的污染，并要防止容器的污染和金属杂质的引入。

第二步：金属热还原。

在金属热还原步骤中，选择金属还原剂十分重要。还原剂的选择，从热力学考虑，要根据还原反应的自由能变化。当反应的自由能变小于零时，即还原剂的金属卤化物或氧化物的自由能数值比稀土卤化物或氧化物的小，反应才可能进行。

例如，金属钙还原氟化铈的反应：

$$2CeF_3 + 3Ca \longrightarrow 3CaF_2 + 2Ce \tag{1-2}$$

在 150 K 时，产物的 $\Delta G_m(CaF_2) = -481 \text{ kJ} \cdot \text{mol}^{-1}$，反应物的 $\Delta G_m(CeF_3) = -442 \text{ kJ} \cdot \text{mol}^{-1}$，则总的反应自由能的变化为

$$\Delta G_m = 3\Delta G_m(CaF_2) - 2\Delta G_m(CeF_3) = -559 \text{ kJ} \cdot \text{mol}^{-1} \tag{1-3}$$

所以 CeF_3 热还原时，可用金属钙为还原剂。

在实际生产中，还原剂的选择还要注意以下几点：①还原得到的金属与还原剂的产物能较好地分离；②采用低温还原，减少杂质污染，延长坩埚使用寿命；③还原剂最好不与还原得到的金属形成合金；④还原剂易于提纯；⑤作为还原剂的金属熔点和蒸气压比较低（锂除外）；⑥还原剂价廉，易于得到。

第三步：金属的纯化。

金属热还原得到的稀土金属含有不同成分和不同浓度的杂质，需要进一步纯化，才能得到纯金属。高纯稀土金属的制备技术主要有以下 5 种：真空蒸馏技术、真空重熔、区域熔炼、固态电迁移和电解精炼法，赵二雄等[36]对此做了详细综述。

2) 熔盐电解法制取稀土金属

熔盐电解法制取稀土金属从 1875 年希勒布兰德(W. Hillebrand)和诺尔顿(T. Norton)电解熔融氯化物制取稀土金属开始。1940 年，奥地利特里巴赫(Treibacher)公司实现了 2300 A 电解稀土金属的工业化生产。1974 年，德国高德斯密特(Goldschmidt) AG 公司采用 $ReCl_3$ 作电解原料实现了 50000 A 工业电解制备稀土金属。我国从 20 世纪 60 年代开始进行稀土氯化物电解原理研究，到 1974 年，上海跃龙化工厂建成了我国第一座万安培电解氯化物电解槽。目前，我国普遍使用 2000～6000 A 电解槽[36]，已经建立 2.5～3 kA 的生产车间。

轻稀土金属(La、Ce、Pr 和 Nd)和混合轻稀土金属均由电解法生产。电解法比金属热还原法的价格低，并能连续生产，但是产品的纯度没有金属热还原法高。由于工艺条件的特点，该方法应用于重稀土金属的制备受到一定限制。

电解法制取稀土金属是在熔盐体系中进行的。目前采用的有氯化物熔盐体系和氧化物-氟化物熔盐体系，所选用的熔盐体系应具备下述条件：①体系中其他盐的分解电压要比稀土盐的分解电压高(至少相差 0.2 V)，防止在阴极析出稀土的同时，其他金属也析出；②熔盐体系要有良好的导电性，熔化温度要低于操作温度，黏度要小；③稀土金属在其熔盐中的溶解度尽可能小，以提高电流效率；④电解的条件与电解电压和电流密度有关。

稀土氯化物熔盐电解的基本反应如下。

在阴极发生还原反应：

$$Re^{3+} + 3e^- \longrightarrow Re \tag{1-4}$$

但 Sm^{3+}、Eu^{3+} 等离子在阴极先发生不完全的还原反应：

$$Re^{3+} + e^- \longrightarrow Re^{2+} \tag{1-5}$$

在阳极发生氧化反应：

$$Cl^- - e^- \longrightarrow \frac{1}{2}Cl_2 \tag{1-6}$$

在氧化物-氟化物熔盐体系电解时，电极的主要反应：

$$\left\{ \begin{array}{ll} Re^{3+} + 3e^- \longrightarrow Re & \text{(阴极反应)} \quad (1\text{-}7) \\ O^{2-} + C - 2e^- \longrightarrow CO\uparrow & \\ 2O^{2-} + C - 4e^- \longrightarrow CO_2\uparrow & \text{(阳极反应)} \quad (1\text{-}8) \\ 2O^{2-} - 4e^- \longrightarrow O_2\uparrow & \end{array} \right.$$

稀土金属在阴极析出，在阳极放出 O_2、CO、CO_2 等气体。在电解制备镧和铈时，在阳极主要放出 CO、CO_2 的混合物，高温(1000℃以上)时主要放出 CO。在电解质缺氧时，还可能放出 C_mF_n 的氟碳化物。由于上述反应，在阴极析出的金属可能被 O_2、CO 等沾污。

历史事件回顾

1　混合稀土的分组命名

稀土元素性质极其相似而难以分离，不利于稀土资源的开发和利用。因此，研究稀土元素分组与分离的关系，既有利于开发和利用稀土资源，又可以深入认识这些元素间的性质差异。稀土元素分组是以性质、原子量、分离过程中所得的富集物，或以族中的主量元素与原子序数的相关性作为依据(图 1-13)[37]。

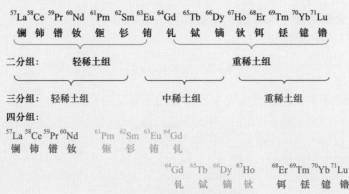

图 1-13　混合稀土分组示意图

一、二分组

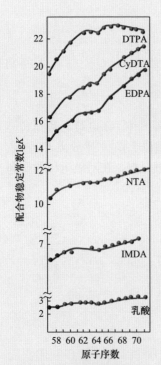

图 1-14　常见配体的稀土元
素配合物的稳定性
DTPA：二乙烯三胺五乙酸；
CyDTA：环己二胺四乙酸；
EDPA：二己三氨五乙酸；NTA：氨
基三乙酸；IMDA：亚氨基二乙酸

（一）二分组组界

根据稀土元素的化学性质、物理性质和地球化学性质的相似性和差异性，以及矿物处理的需要，常分为轻稀土组和重稀土组[38-40]。一般轻稀土矿中铈的含量较高，重稀土矿中钇的含量较多，又将此两组分别称为铈组和钇组。两组以钆为界，从 La 至 Eu 为轻稀土组，Gd 至 Lu(包括 Y)为重稀土组；也有以其在岩石和矿物中的共生为依据，以铕为界，La 至 Sm 为轻稀土组，Eu 后为重稀土组。例如，氟铈矿 CeF_3、碳酸铈钠矿(Ce、Na、Sr、Ca)(CO_3)、碳酸锶铈矿 $CeSr[(CO_3)_2(OH)] \cdot H_2O$、黄河矿 $CeBa[(CO_3), F]$ 等只含有 La 至 Sm 等轻稀土元素，而褐钇铌矿($YNbO_4$)等只含有重稀土元素。

（二）钆断效应与二分组

镧系三价离子从 Ce^{3+} 的 $4f^1$ 开始逐一填充电子，依次递增至 Gd^{3+} 的 $4f^7$，再到 Lu^{3+} 的 $4f^{14}$，可以看成是电子排布的两个周期，而 Gd 正好处于节点。这是二分组的热力学依据。以钆作为二分组的分界点，同样受到钆断效应影响[41]。例如，以 Re^{3+} 与一些常见配体生成配合物的稳定常数与原子序数作图(图 1-14)，可以从曲线上明显看到钆断效应；轻稀土可形成硝酸复盐，重稀土(除 Tb 外)均不能生成相应的硝酸复盐，轻稀土草酸盐溶解度很小，重稀土草酸盐溶解度较大；轻稀土和重稀土同某些碱金属或碱土金属生成的复盐溶解度有明显差别。这些以钆为分界线的性质都可用于轻、重两组稀土元素的分离工艺中。

二、三分组

混合稀土元素三分组是在稀土元素的分离工艺中产生的。

(一) 三分组在分离工艺中的应用

稀土硫酸盐和碱金属硫酸盐反应生成稀土硫酸复盐：

$$Re_2(SO_4)_3 + M_2SO_4 + xH_2O \longrightarrow Re_2(SO_4)_3 \cdot M_2SO_4 \cdot xH_2O\downarrow \qquad (1\text{-}9)$$

这里，$M = K^+$、Na^+、NH_4^+。

人们发现，全部稀土元素按这些复盐在水中的溶解度可分为三组：

(1) 难溶性的铈组稀土：La、Ce、Pr、Nd、Sm；

(2) 微溶性的铽组稀土：Eu、Gd、Tb、Dy；

(3) 可溶性的钇组稀土：Ho、Er、Tm、Yb、Lu、Y。

这一发现用在稀土元素的分离工艺中，但分离效果不佳。随着分离工艺的不断发展，人们发现了更多分离效果更好的萃取剂，提高了分离效果，这其中也都存在三分组现象。同时发现分离工艺不同，三分组的组界略有不同。

高胜利等[42]把制得的稀土硝酸盐高水合物在 H_2SO_4 或 P_4O_{10} 气氛中脱水制得低水合物，其水合度分为三组。在对这些硝酸盐水合物热分解机理的研究中，同样发现存在上述相应的三分组现象[43-45]。在研究稀土硝酸盐与丙氨酸固体配合物的红外光谱时，发现与 Re^{3+} 成键的—COO^- 的振动位移 $\Delta\nu = \nu_{as} - \nu_s$ 值，也存在相应的三分组现象[46]。

(二) 三分组的热力学基础

使用 $ReCl_3$ 的标准溶解焓、$ReCl_3 \cdot nH_2O$ 的标准溶解焓、$ReCl_3$ 的标准水合焓分别对原子序数作图都可得到不连续的三条线，分别相当于铈组、铽组和钇组(图 1-15～图 1-17)，说明三分组分类方法具有热力学基础，且反映了稀土元素简单三价离子性质的差别。同时，以 $Re(NO_3)_3 \cdot nH_2O$ 的晶格能对原子序数作图，也能找到三分组的热力学基础。高胜利等在研究稀土硝酸盐氨基酸配合物时，首先发现了在 $Re(NO_3)_3$-Ala/Met-H_2O 体系溶度图中存在着三分组现象[47-48]。

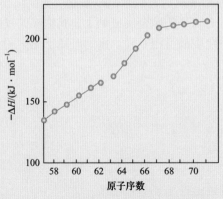
图 1-15 ReCl$_3$ 标准溶解焓对原子序数的变化

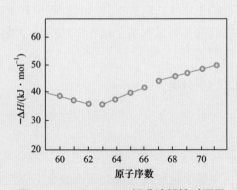
图 1-16 ReCl$_3$ · nH$_2$O 标准溶解焓对原子序数的变化

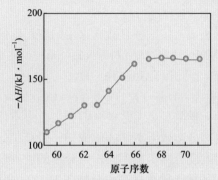
图 1-17 ReCl$_3$ 标准水合焓对原子序数的变化

三、四分组

(一) 四分组效应

四分组效应[49-61]将镧系元素按其性质的相似变化分成四个元素一组的四个分组，由 Peppard 等于 1969 年在总结某些镧系离子的液-液萃取体系的分配比或分离因素的变化时提出。四分组效应是指"15 个镧系元素的液-液萃取体系中，以 lg$K$(分配比)对原子序数 Z 作图，用四条平滑的曲线将图上标出的 15 个点分成四组，钆对应的点是第二组和第三组的交点。第一组和第二组曲线的延长线在 60 号和 61 号元素之间的区域相交，第三组和第四组曲线的延长线在 67 号与 68 号元素之间的区域相交"。在镧系元素配合物与原子序数的关系中，四分组效应是一个客观事实。例如，用双(2-乙基己基)磷酸酯(P$_{204}$)-HCl 及 2-乙基己基苯基磷酸(P$_{406}$)-HCl 萃取色谱分离稀土时，相邻稀土的分离系数与原子序数的关系曲线就存在四分组效应(图 1-18)，即将全部镧系元素分为四组：

(1) La、Ce、Pr、Nd;

(2) Pm、Sm、Eu、Gd;

(3) Gd、Tb、Dy、Ho;

(4) Er、Tm、Yb、Lu。

(二) 四分组的热力学基础

镧系元素的萃取过程往往伴随配合物的形成过程,各镧系元素配合物在溶液中的热力学稳定性影响它们各自的萃取性能,这就是四分组的热力学基础。例如,当用 P_{406} 作萃取剂时,以萃取标准自由能 $\Delta G^{\ominus}$ (将 La 的 $\Delta G^{\ominus}$ 值定为零,以此计算出其他元素的相对 $\Delta G^{\ominus}$ 值)对原子序数作图(图 1-19),显示出四分组现象。四分组中,中间元素(Ce-Pr、Sm-Eu、Tb-Dy、Tm-Yb)的 $\Delta G^{\ominus}$ 实测值比按头尾元素(La-Nd、Pm-Gd、Gd-Ho、Er-Lu)连线上的内标值更负。这说明中间元素的大多数配合物比较稳定,它们的萃取过程更易进行。

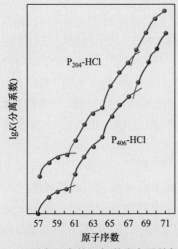

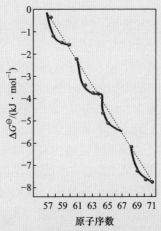

图 1-18　稀土元素萃取色谱分离系数与原子　　图 1-19　P_{406} 萃取标准自由能与原子序数的
　　　　　序数的关系　　　　　　　　　　　　　　　　　关系

镧系元素配合物性质与原子序数的四分组效应是镧系元素 4f 电子性质的反映。在图 1-18 中,四条曲线的三个交叉点分别落在原子序数为 60、64、67 的垂直线上,分别对应于 $4f^3$、$4f^7$、$4f^{10}$,即在 4f 能级中,除半满($4f^7$)稳定结构外,它的 1/4 满($4f^3$)和 3/4 满($4f^{10}$)也是稳定结构。不过后两种情况下稳定能特别小,往往不易察觉,这是"四分组效应"较"钆断效应"发现晚的原因。Jorgensen[54]和 Nugent[60]曾从 f 电子的相互作用来说明四分组效应,但没有给出令人满意的解释。总之,电子构型不同,能量就不同,四分组的本质是其 4f 电子构型的一种

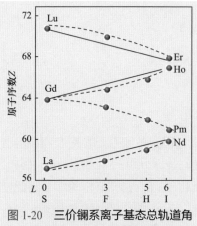

图 1-20 三价镧系离子基态总轨道角量子数 L 与原子序数的关系

反映。以三价镧系离子的基态总轨道角量子数 L 对原子序数作图,呈现斜 W 状(图 1-20)。

酸性和中性磷酸酯萃取剂、螯合萃取剂、亚砜萃取剂等对镧系元素的萃取分配比的数值与原子序数关系中都存在四分组效应,并且该效应也反映在镧系元素配合物的其他性质(如焓、熵、自由能等)与原子序数的关系中。

对各种天然物质进行的稀土元素地球化学研究表明,稀土元素的四分组效应对了解矿床的成因、揭示岩石特殊成因机制有很大帮助[62-68]。

四、钇在稀土元素中的位置

钇在稀土元素中,按不同因素考虑,其位置有所不同[40,69]。从钇配合物的稳定性考虑,若配合物的共价性键型增加,则配合物的稳定性取决于电离能(电离能对共价键配合物的生成热影响较大)。钇的电离能(20.52 eV)与钕的(22.1 eV)相近,所以钇配合物的稳定性接近钕。若配合物的离子键型增加,则钇配合物的稳定性取决于离子半径,位于钬与铒之间(Y^{3+} 89.3 pm,Ho^{3+} 89.4 pm,Er^{3+} 88.1 pm)。但大多数钇配合物的稳定性并不在钬与铒之间,比预料的稳定性低,位置向前移动,这是因为 Y^{3+} 不含 4f 电子,不存在晶体场稳定化能(与 Gd^{3+} 相似)。一般认为钇属于重稀土组,它的大部分性质介于镝与钬之间。

总之,镧系性质递变的规律被 Smith[70]、蒋明谦[71]、苏锵[72]和 Samsonov[73]等研究和总结之后,人们更加重视从稀土的分离工艺和对它们的各种性质的不断研究中研讨稀土元素分组。虽然可以找到这些分组的热力学基础,但要完全从理论上说明还有待进一步研究。例如,已知的 Fidelis 的"双-双效应"(double-double effect)[51,53]、Sinha 的"斜 W 规则"(oblique W rule)[59]和温元凯的"双峰效应"[74]等都将对稀土元素的分组及其分离起到重要作用。

▌▌历史事件回顾

▌ 2 有关 f 区元素定义的争论

20 世纪关于 f 区元素定义的争论,即镥(Lu)、铹(Lr)、镧(La)、锕(Ac)四种元素在周期表中的位置,一直持续至今。f 区元素的争论主要包括 Lavelle 法(镧系不包

括 La 而锕系不包括 Ac)、Jensen 法(71 号 Lu 和 103 号 Lr 属于ⅢB 族)、IUPAC 法
(镧系应包括 La 而锕系应包括 Ac，各有 15 种元素)三种不同观点：①Lavelle 法：
14 种镧系元素覆盖周期表中 58 号铈(Ce)到 71 号镥(Lu)；14 种锕系元素包含周期表
中 90 号钍(Th)到 103 号铹(Lr)。57 号镧(La)和 89 号锕(Ac)被归属于 d 区ⅢB 族。
②Jensen 法：镧系元素和锕系元素同样各自包含 14 种元素，但镧系元素不包括元
素镥(Lu)，锕系元素不包括元素铹(Lr)。14 种镧系元素为 57 号镧(La)到 70 号镱(Yb)，
14 种锕系元素为 89 号锕(Ac)到 102 号锘(No)。镥(Lu)和铹(Lr)属于ⅢB 族。③IUPAC
法：Lavelle 法和 Jensen 法均包含 14 种镧系和 14 种锕系元素，分别排除了 1 种元
素，归属到ⅢB 族。IUPAC 法中，周期表中 57 号镧(La)到 71 号镥(Lu)共 15 种元素
为镧系元素；89 号锕(Ac)到 103 号铹(Lr)共 15 种元素为锕系元素。IUPAC 法将镧
(La)、镥(Lu)和锕(Ac)、铹(Lr)分别纳入镧系元素和锕系元素。

　　镧系和锕系元素的分组与其价电子构型密切相关。镧系和锕系元素处于气态和固态
时，其核外价电子构型并不完全相同，其中 Lavelle 法中主要采用的价电子构型为固态原
子时的核外电子构型；Jensen 法和 IUPAC 法中采用的为气态原子时的价电子构型。

一、Lavelle 法：镧系不包括 La 而锕系不包括 Ac

　　Lavelle 法主要观点为镧系不包括 La，锕系不包括 Ac，其依据主要从 f 区元
素原子的电子构型特征着手，对镧系元素和锕系元素进行分类。此项工作最早开始
于 1961 年的光谱研究[75]。f 区元素理想的电子构型为[稀有气体]$(n-2)f^{x-1}(n-1)d^1ns^2$
$(x = 1\sim14)$。例如，Ce 的电子构型为$[Xe]4f^15d^16s^2$，Lu 为$[Xe]4f^{14}5d^16s^2$，Lr 为
$[Rn]5f^{14}6d^17s^2$。然而 La 的电子构型为$[Xe]5d^16s^2$，Ac 为$[Rn]6d^17s^2$，其最外层电子
均在$(n-1)d$ 轨道上，与ⅢB 族的 Sc、Y 元素一致(Sc 的电子构型为$[Ar]3d^14s^2$，Y
为$[Kr]4d^15s^2$)[76-78]，但与其他 f 区元素的电子构型[稀有气体]$(n-2)f^{1\sim14}(n-1)d^1ns^2$
差距较大。因此，单纯从电子构型的相似性观察，La、Ac 应与 Sc、Y 元素一样，
归属于 d 区ⅢB 元素，而含$(n-2)f^{14}$电子的 Lu、Lr 应属 f 区元素。所以，f 区的镧
系和锕系元素分别由 14 种元素组成：镧系元素由第六周期 Ce～Lu 组成，锕系由
第七周期 Th～Lr 组成。这个观点在历史上被称为 Lavelle 法(图 1-21)，Lavelle 法被
英国和美国化学会所接受，并被一些经典参考书引用[79-81]。

二、Jensen 法：71 号 Lu 和 103 号 Lr 属于ⅢB 族

　　Jensen 法主要观点为镧系不包括 71 号 Lu 元素，锕系不包括 103 号 Lr 元素，Lu
和 Lr 属于ⅢB 族。随着光谱学研究的深入，1968 年光谱研究发现[83-84]，第六周期的
稀土元素中只有 Ce、Gd、Lu 三种元素具有$[Xe]4f^{x-1}5d^16s^2$的电子构型，其余元素
的电子构型均为$[Xe]4f^x6s^2(x = 1\sim14)$；第七周期的锕系元素中只有 Ac、镤(Pa)、
铀(U)、镎(Np)、锔(Cm)和 Lr 六种元素具有$[Rn]5f^{x-1}6d^17s^2$电子构型；Th 的电子构

族 1	2	3	4	5	6	7	8	9	10	11	12	13	14	15	16	17	18
1 H 1.0079																	2 He 4.003
3 Li 6.941	4 Be 9.0122											5 B 10.811	6 C 12.011	7 N 14.007	8 O 15.999	9 F 18.998	10 Ne 20.180
11 Na 22.990	12 Mg 24.305											13 Al 26.982	14 Si 28.086	15 P 30.974	16 S 32.066	17 Cl 35.453	18 Ar 39.948
19 K 39.098	20 Ca 40.078	21 Sc 44.956	22 Ti 47.867	23 V 50.942	24 Cr 51.996	25 Mn 54.938	26 Fe 55.845	27 Co 58.933	28 Ni 58.693	29 Cu 63.546	30 Zn 65.39	31 Ga 69.723	32 Ge 72.61	33 As 74.922	34 Se 78.96	35 Br 79.904	36 Kr 83.80
37 Rb 85.468	38 Sr 87.62	39 Y 88.906	40 Zr 91.224	41 Nb 92.906	42 Mo 95.94	43 Tc 99.906	44 Ru 101.07	45 Rh 102.91	46 Pd 106.42	47 Ag 107.87	48 Cd 112.41	49 In 114.82	50 Sn 118.71	51 Sb 121.76	52 Te 127.60	53 I 126.90	54 Xe 131.29
55 Cs 132.91	56 Ba 137.33	57 La 138.91	72 Hf 178.49	73 Ta 180.95	74 W 183.84	75 Re 186.21	76 Os 190.23	77 Ir 192.22	78 Pt 195.08	79 Au 196.97	80 Hg 200.59	81 Tl 204.38	82 Pb 207.2	83 Bi 208.98	84 Po 209.98	85 At 209.99	86 Rn 222.02
87 Fr 223.02	88 Ra 226.03	89 Ac 227.03	104 Rf (261)	105 Db (262)	106 Sg (266)	107 Bh (262)	108 Hs (269)	109 Mt (266)	110 (273)	111 (272)	112 (294)						

镧系	58 Ce 140.12	59 Pr 140.91	60 Nd 144.24	61 Pm 146.92	62 Sm 150.36	63 Eu 151.96	64 Gd 157.25	65 Tb 158.93	66 Dy 162.50	67 Ho 164.93	68 Er 167.27	69 Tm 168.93	70 Yb 173.04	71 Lu 174.97
锕系	90 Th 232.04	91 Pa 231.04	92 U 238.03	93 Np 237.05	94 Pu 239.05	95 Am 241.06	96 Cm 244.06	97 Bk 249.08	98 Cf 252.08	99 Es 252.08	100 Fm 257.10	101 Md 258.10	102 No 259.10	103 Lr 262.11

图 1-21 Lavelle 法元素周期表[82]

型为$[Rn]6d^2 7s^2$，其余八种元素的电子构型为$[Rn]5f^7 s^2$。该光谱研究表明 f 区元素理想的基态电子构型更倾向于[稀有气体]$(n-2)f^n ns^2$。f 区元素中，Yb 和 No 具有[稀有气体]$(n-2)f^{14} ns^2$ 的电子构型，Lu 为$[Xe](n-2)f^{14}(n-1)d^1 s^2$，Lr 为$[Rn](n-2)f^{14}(n-1)d^1 ns^2$。因此，Lu 和 Lr 包含有$(n-1)d$ 电子，Lu 和 Lr 应该作为第六周期和第七周期的 d 区的第一种元素，而不是作为 f 区的元素。另一方面，Th 具有$[Rn]6d^2 7s^2$ 构型，因此[稀土气体]$(n-1)d^2 ns^2$ 电子构型为 f 区的不规则构型。La 的电子构型为$[Xe]5d^1 6s^2$，Ac 的电子构型为$[Rn]6d^1 7s^2$，同属 f 区的不规则构型，因此 La 和 Ac 分别为第五周期和第六周期 f 区的第一种元素，Yb 和 No 为每一周期 f 区的最后一种元素。被排除的 Lu 和 Lr 作为第六、第七周期 d 区的第一种元素，和 Sc、Y 同属于 d 区ⅢB 族(图 1-22)。

进一步考虑与同一周期、同一族其他元素的类比性。Lu 与第六周期 d 区元素(Hf～Hg)都具有完整的$[Xe]4f^{14}$ 核，而元素 La 仅具有$[Xe]$核。基于核构型的组成趋势，Lu 和 Lr 与第六周期 d 区元素高度的相似性支持将 Lu 和 Lr 归属到ⅢB 族。俄国科学家 Christyakov 依据电离能和原子半径的周期性变化，进一步支持 Lu 和 Lr 位于ⅢB 族的结论[83]。将 Lu 和 Lr 的离子半径、氧化还原电势、电负性与 Sc 和 Y 的化学性质进行比较(表 1-15)[85-86]，结合物理学家[87-91]对 Lu 和 Lr 元素的熔点[90-91]、室温晶体结构[90]、氧化态和不同金属氧化物[90]、激发态光谱[90]、超导性[89-90]和电导率[86]的比较(表 1-16)，说明 Lu 和ⅢB 族中的元素 Sc、Y 具有更多的相似性，支持 Lu 和 Lr 比 La 和 Ac 更适合归属在ⅢB 族。

20 世纪 80 年代，在前人研究的基础上[82-83]，Jensen 提出了 La、Ac 应该属于 f 区元素，而 Lu、Lr 属于 d 区元素。f 区每行包含 14 种元素：分别为第六周期的 La～Yb，第七周期的 Ac～No。

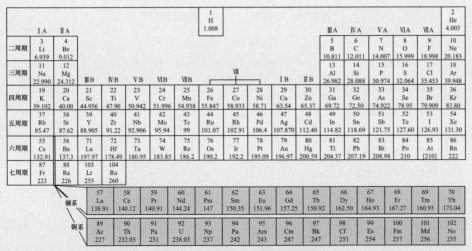

图 1-22　修订版的元素周期表[83]

表 1-15　d 区部分元素的不同性质的周期性变化[83]

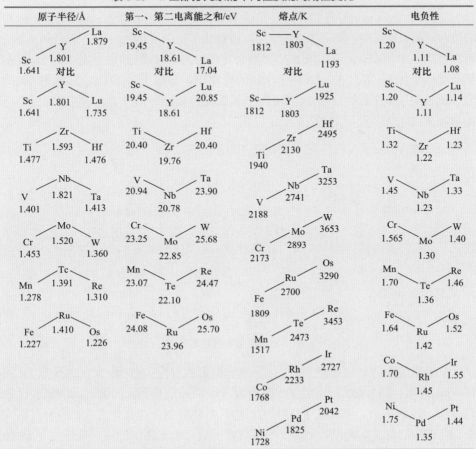

表 1-16　Sc、Y、Lu、La 性质比较[83]

性质	Sc	Y	Lu	La
最高氧化态	3+	3+	3+	3+
分级结晶中硫酸盐的沉淀[92]	Y 分族	Y 分族	Y 分族	Ce 分族
室温下金属结构[93]	hcp	hcp	hcp	特殊的双层 hcp
M_2O_3 氧化物结构[93](基于 Machatschki-Niggli 配位公式)	$_\infty^3[AB_{6/4}]c$	$_\infty^3[AB_{6/4}]c$	$_\infty^3[AB_{6/4}]c$	特殊的六边 CN-7A-M_2O_2 结构
X_3 氯化物结构[93](基于 Machatschki-Niggli 配位公式)	$_\infty^2[AB_{6/2}]m$	$_\infty^2[AB_{6/2}]m$	$_\infty^2[AB_{6/2}]m$	$_\infty^3[AB_{6/3}]h$
低的非氢 f 轨道的存在性[85]	否	否	否	是
导带的 d 区结构[87]	是	是	是	否
超导性[81,85]	否	否	否	是(49 K)

2020 年 Santiago 的研究[94]进一步证实了 Jensen 法的合理性：将 Lu 置于周期表第六周期ⅢB 族中，即元素 Y 的下方。观察 Sc、Y、Lu 的共价半径变化(图 1-23)，可以看出其半径变化趋势与ⅣB 族过渡金属(Ti、Zr 和 Hf)相似。同样，将 La 放在第六周期ⅢB 族，Sc、Y、La 原子半径的变化趋势与碱土金属(Ca、Sr 和 Ba)的一致。该结果表明 La 和 Lu 的区别来源于镧系收缩，Lu 和所有 5d 金属一样，半径的增加来源于 $4f^{14}$ 外壳的增加。

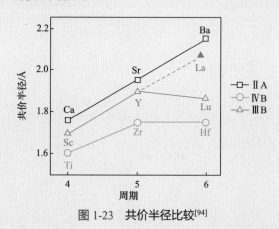

图 1-23　共价半径比较[94]

从元素配位数角度考虑[94]，f 区元素趋向形成高配位数(图 1-24)，元素 La 和铥(Tm)之间，超过 80%以上的结构具有大于 6 的高配位数。而第六周期副族过渡元素(从 Hf 到 Hg)，仅有低于 35%的结构具有较高的配位数。在 Lu 的所有结构中，约 60%结构显示高配位数。由于镧系离子的三个电离能分别对应失去了 6s 和

4f 电子，而 Lu^{3+} 的 4f 轨道完全占据，与第六周期副族过渡元素通常的氧化态相似，并且镧系元素倾向与含氧的给电子配体形成配合物。从图 1-25 可以看出，Lu 形成的配合物中，与第六周期副族过渡元素相似，金属中心与氧原子结合的百分数小于 75%，远小于镧系元素和氧原子结合的百分数，说明 Lu 应属于ⅢB族。

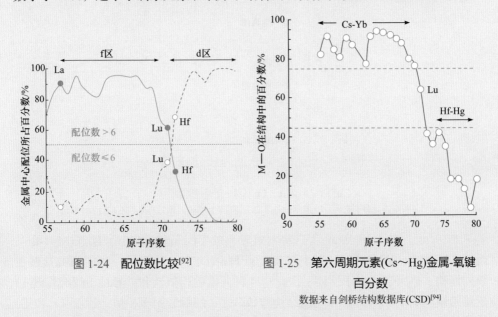

图 1-24　配位数比较[92]　　　　图 1-25　第六周期元素(Cs～Hg)金属-氧键

百分数

数据来自剑桥结构数据库(CSD)[94]

三、IUPAC 法：镧系包括 La 而锕系包括 Ac，各有 15 种元素

IUPAC 法兼容了 Jensen 法和 Lavelle 法两种方法：镧系和锕系元素分别包含 La、Lu 和 Ac、Lr 元素在内，各有 15 种元素。2016 年 Pyykkö[95]在 Jensen 法和 Lavelle 法两种方法的基础上，提出第三种观点：镧系元素涵盖 57 号 La 到 71 号 Lu 共 15 种元素；锕系元素包括 89 号 Ac 到 103 号 Lr 共 15 种元素。Pyykkö 分别研究了 f 区 15 种镧系元素和 15 种锕系元素的结构和性质。以 Lr 为例(图 1-26)，实验测定和理论计算出 Lr 的第一电离能为 4.96 eV[96]，由于其原子核内存在大量质子，Lr 的第一电离能值极低，与其他镧系元素 La～Lu 非常相似[97]，尤其与 Lu 元素相近。Pyykkö 根据 Lr 的基态相对论电子构型，研究了电子构型对 Lr 化学性质的影响。尽管 Lr 和 Lu 的基态电子构型不同，但 Lr 和 Lu 化学性质基本相同。因此 Pyykkö 认为传统的 f 区 14 种元素的排列法并不准确，而应该将所有镧系元素 La～Lu 和锕系元素 Ac～Lr 放在 f 区，每行包含 15 种元素，其电子构型由 f^0 排列到 f^{14}。这种排列方式已经被 IUPAC 接受并运用到现代元素周期表中[98-99]。

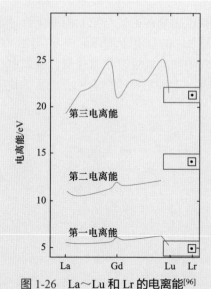

图 1-26　La~Lu 和 Lr 的电离能[96]

La~Lu 的电离能为实验值；Lr 的第一电离能为实验和计算值，第二、第三电离能为计算值

2019 年，Chandrasekar 等选择封装 $M@Pb_{12}^{2-}$ 团簇和 $M@Sn_{12}^{2-}$ 团簇(M = Lr^{n+}, Lu^{n+} 或 La^{3+}, Ac^{3+})作为模型，进行密度泛函理论(DFT)的计算[100]。通过研究这些团簇的结构、热力学和电子性质，探讨这 4 种元素的相似性和差异性。研究发现 Lr 封装团簇的电子、热力学和几何结构参数和 Lu 的封装团簇相似。尽管 Lr 和 Lu 原子的基态价电子构型不同，但在各种氧化态中，Lr 和 Lu 的性质具有高度相似性。La、Ac、Lr、Lu 封装团簇，4 种稀土金属离子形成了稳定的 18 电子结构，且 La、Ac 表现出和 Lr、Lu 高度的相似性质。该研究工作证明了 La^{3+}、Lu^{3+}、Lr^{3+}、Ac^{3+} 电子性质和结构的高度相似性，支持了 f 区放置 15 种元素的 IUPAC 法，与 Pyykkö 的观点一致。

四、讨论

结合对以上三种观点的讨论，尤其是对于 f 区元素整体性能的把握，本书认为第三种观点更为可取，因此在后期的讨论中，将以第三种观点中的 IUPAC 元素周期表作为基础。

参 考 文 献

[1] 张洪杰, 牛春吉, 冯婧. 稀土有机-无机杂化发光材料. 北京: 科学出版社, 2014.

[2] 徐玲, 刘保健, 刘冰, 等. 化学教育, 2021, 42(22): 106.

[3] 洪广言. 稀土发光材料基础与应用. 北京: 科学出版社, 2011.

[4] 徐光宪, 袁承业. 稀土溶剂萃取. 北京: 科学出版社, 1992.

[5] 易宪武, 黄春辉, 王慰, 等. 无机化学丛书(第七卷): 钪稀土元素. 北京: 科学出版社, 1992.

[6] 张若桦. 稀土元素化学. 天津: 天津科学技术出版社, 1987.

[7] 宋天佑, 程鹏, 徐家宁, 等. 无机化学(下册). 4 版. 北京: 高等教育出版社, 2019.

[8] Moseley H G J. J Phil Mag, 1913, 26: 1024.

[9] Gadolin J K. Vetenskaps Academiens Nya Handlingar, 1794, 15: 137.

[10] Moeller T. The Chemistry of Lanthanides. Oxford: Pergamon Press, 1973.

[11] Topp N E. The Chemistry of the Rare-Earth Elements. Amsterdam: Elsevier, 1965.

[12] Marinsky J A, Glendenin L E, Coryell C D. J Am Chem Soc, 1947, 69: 2781.

[13] 亦石. 稀土, 1980, 1: 68.

[14] Weeks M E. J Chem Educ, 1932, 9(10): 1751.

[15] Ross J E, Aller L H. Science, 1979, 191: 1223.

[16] 王中刚, 于学元, 赵振华. 稀土元素地球化学. 北京: 科学出版社, 1989.

[17] 杨元根. 地质地球化学, 1996, 4: 39.

[18] Henderson P. Rare Earth Element Geochemistry. Amsterdam: Elsevier, 1983.

[19] 张江苏, 张立伟, 张彦文, 等. 无机盐工业, 2020, 52(1): 9.

[20] 中华人民共和国国务院新闻办公室. 中国的稀土状况与政策. 北京: 国务院新闻办出版社, 2012.

[21] Wybourne B G. Spectroscopic Properties of Rare Earths. New York: John Wiley & Sons Inc, 1965.

[22] Freeman A J, Watson R E. Phys Rev, 1962, 127(6): 2058.

[23] Klemm W, Schüth W. Z Anorg All Chem, 1929, 184: 352.

[24] Marsh J K. J Chem Soc, 1946, 0: 15.

[25] Marsh J K. J Chem Soc, 1946, 0: 17.

[26] Aaprey L B, Kruse F H. J Inorg Nucl Chem, 1960, 13: 32.

[27] Gschneidner K A. The Rare Earths. New York: John Wiley & Sons Inc, 1961.

[28] Shannon R D. Acta Cryst A, 1976, 32: 751.

[29] Koskenmaki D C, Gschneidner K A. Handbook on the Physics and Chemistry of Rare Earths. Amsterdam: North Holland, 1978.

[30] Greenwood N N, Earnshaw A. Chemistry of the Elements. 2nd ed. Oxford: Butterworth-Heinemann, 1997.

[31] Kirchmayr H R, Poldy C A. Handbook on the Physics and Chemistry of Rare Earths. Amsterdam: North-Holland, 1979.

[32] 戴安邦等. 科学技术百科全书(第七卷): 无机化学. 北京: 科学出版社, 1980.

[33] Donohuc J. The Structures of the Elements. New York: John Wiley & Sons, 1974.

[34] 张帅, 李清清, 罗锋, 等. 稀土, 2022, 43(1): 1.

[35] 张文灿, 刘玉宝, 郭咏梅, 等. 稀土信息, 2020, 6: 6.

[36] 赵二雄, 罗果萍, 张先恒, 等. 金属功能材料, 2019, 26(3): 47.

[37] 高胜利, 杨丙雨. 稀有金属与硬质合金, 1991, 4(107): 41.

[38] 张臻悦, 何正艳, 徐志高, 等. 稀土, 2016, 37(1): 121.

[39] 史慧明, 何锡文, 张占祥, 等. 分析化学, 1987, 1: 38.

[40] 武汉大学化学系等. 稀土元素分析化学(上). 北京: 科学出版社, 1981.

[41] Ladd M F C, Lee W H. Inorg Nucl Chem, 1961, 23: 199.

[42] 杨祖培, 高胜利, 王增林, 等. 陕西师范大学学报(自然科学版), 1990, 18(3): 46.

[43] 高胜利, 何水祥, 姜相武, 等. 中国稀土学报, 1989, 7(3): 21.

[44] 高胜利, 姜相武, 刘翔纶, 等. 中国稀土学报, 1990, 8(2): 110.

[45] 高胜利, 何水样, 姜相武, 等. 中国稀土学报, 1990, 8(3): 277.

[46] 高胜利, 董发昕, 姜相武, 等. 化学通报, 1990, 8: 40.

[47] Jiang X W, Chen Y M, Gao S L. Chinese Sci Bull, 1993, 38(12): 1006.

[48] Gao S L, Ren D H, Liu C C, et al. Chinese Sci Bull, 1993, 38(24): 2048.

[49] Roy A, Nag K. J Inorg Nucl Chem, 1978, 40: 331.

[50] Peppard D, Mason G, Lewey S. J Inorg Nucl Chem, 1969, 31: 2271.

[51] 杨燕生. 稀土, 1980, 1: 7.

[52] Molina M J. Angew Chem Int Ed, 1996, 35(16): 1778.

[53] Bugent L. J Inorg Nucl Chem, 1970, 32: 3485.

[54] Jorgensen C K. J Inorg Nucl Chem, 1970, 32: 3127.

[55] Fidelis I, Siekierski S. J Inorg Nucl Chem, 1971, 33: 3191.

[56] Siekierski S. J Inorg Nucl Chem, 1970, 32: 519.

[57] Fidelis A, Siekierski S. J Inorg Nucl Chem, 1966, 28: 185.

[58] Fidelis I. Inorg Nucl Chem Letters, 1976, 12: 475.

[59] Sinha S P. Chim Acta, 1975, 58: 1978.

[60] Nugent L J, Baybarz R D, Burnett J L. J Phys Chem, 1973, 77: 1528.

[61] Singh P P. Coord Chem Rev, 1980, 32: 33.

[62] 赵振华. 地质地球化学, 1988, 1: 71.

[63] Zhao Z H, Masuda A, Shabani M B. Chinese J Geochem, 1992, 12: 221.

[64] 于志琪, 刘汇川, 陈希, 等. 地球化学, 2023, 52(03): 344.

[65] 杨武生, 丁汝福, 周守余. 地质找矿论丛, 2019, 34(4): 524.

[66] 程旺明, 杨凯, 马力, 等. 内蒙古科技与经济, 2017, 5: 61.

[67] 胡古月, 曾令森, 高利娥, 等. 地质通报, 2011, 30(1): 82.

[68] 杨兴武, 贾志磊, 王金荣, 等. 甘肃地质, 2017, 26(1): 25.

[69] Marsh J K. J Chem Soc, 1947, 0: 1084.

[70] Smith J D M. Nature, 1927, 120: 583.

[71] 蒋明谦. 中国化学会会志, 1950, 17: 169.

[72] 苏锵. 20 世纪稀土科技发展的回顾与前瞻. 北京: 中国稀土学会第四届学术年会, 2000.

[73] Samsonov G V, Pryadko I F, Pryadko L F. A Configurational Model of Matter. New York: Springer, 1995.

[74] 温元凯, 邵俊. 科学通报, 1977, 10: 417.

[75] Spedding F H, Daane A H. The Rare Earths. New York: John Wiley & Sons Inc, 1961.

[76] Lavelle L. J Chem Educ, 2008, 85: 1482.

[77] Lavelle L. J Chem Educ, 2009, 86: 1187.

[78] Lavelle L. J Chem Educ, 2008, 85: 1491.

[79] Cotton F A, Wilkinson G, Murillo C A, et al. Advanced Inorganic Chemistry. New York: John Wiley & Sons, 1999.

[80] Lange N A. Lange's Handbook of Chemistry. Sandusky: Handbook Publishers, 1946.

[81] Lide D R. CRC Handbook of Chemistry and Physics. Baca Raton: CRC Press Inc, 1913.

[82] Michael L. Found Chem, 2005, 7: 203.

[83] Jensen W B. J Chem Educ, 1982, 59: 634.

[84] Seaborg G T. Annual Review of Nuclear Science, 1968, 18: 53.

[85] Luder W F. Can Chem Educ, 1970, 5(3): 13.

[86] Ball M C, Norburg A H. Physical Aata for Inorganic Chemists. London: Longman, 1974.

[87] Landau L D, Lifshitz E M. Quantum Mechanics. London: Pergamon, 1959.

[88] Hamilton D C, Jensen M A. Phys Rev Letters, 1963, 11: 205.

[89] Hamilton D C. Amer J Phys, 1965, 33: 637.

[90] Matthias B T, Zacharisen W H, Webb G W, et al. Phys Rev Letters, 1967, 18: 781.

[91] Merz H, Ulmer K. Phys Letters, 1967, 26: 6.

[92] Levi S I. The Rare Earths. London: Longmans Green and Co, 1915.

[93] Wells A F. Structural Inorganic Chemistry. 4th ed. Oxford: Clarendon Press, 1975.

[94] Santiago A. CrystEngComm, 2020, 22: 7229.

[95] Xu W H, Pyykkö P. Phys Chem Chem Phys, 2016, 18: 17351.

[96] Sato T K, Asai M, Borschevsky A, et al. Nature, 2015, 520: 209.

[97] Cao X Y, Dolg M. Mol Phys, 2003, 101: 961.

[98] IUPAC Periodic table of the elements. https://iupac.org/what-we-do/periodic-table-of-elements.

[99] 中国化学会译. 元素周期表(中文版). [2021-10-23]. https://www.chemsoc.org.cn/library/a2611.html.

[100] Chandrasekar A, Joshi M, Ghantyj T. Chem Sci, 2019, 131: 122.

第2章

稀土元素的光谱性质和磁学性质

2.1 稀土元素的光谱性质

本节主要以镧系元素为例对稀土元素光谱性质进行介绍，镧系元素的电子构型为$[Xe]4f^{0\sim14}5d^{0\sim1}6s^2$，未充满的 4f 电子壳层和 4f 电子被外层的 $5s^25p^6$ 电子屏蔽。内层 4f 电子在不同能级之间跃迁，产生了大量的吸收光谱和荧光光谱信息，这些光谱信息提供化合物的组成、价态、结构、化学键的共价程度等相关信息。镧系元素可保持高的光稳定性和清晰的 4f-4f 转换，使发光光谱(紫外-可见-近红外，即 UV-VIS-NIR)区域清晰[1]。例如，紫外光区域有 Ce^{3+} 为 370～410 nm 的宽带(5d-4f 过渡)紫外发射[2]。可见光区域中，Eu^{3+}、Tb^{3+}、Sm^{3+} 和 Tm^{3+} 分别发出红光、绿光、橙光和蓝光。此外，Nd^{3+}、Yb^{3+}、Pr^{3+}、Er^{3+} 和 Ho^{3+} 在近红外区的发光表现出明显的差异[3]。设计特定光学性能的材料，已经成为当前稀土化学与物理的重要研究内容。

2.1.1 镧系离子的电子构型及基态光谱项

1. 电子构型

镧系元素电子构型为$[Xe]4f^{0\sim14}5d^{0\sim1}6s^2$，特点是电子填充在 4f 轨道上。从 La 到 Lu，4f 电子依次从 0 增加到 14。镧系元素易失去 6s 和 5d 电子层的 3 个外层电子，形成电子构型为$[Xe]4f^{0\sim14}$的+3 价镧系离子。+3 价镧系离子随着核电荷数的增加，其 4f 电子逐渐增加[4]。没有 4f 电子的 Y^{3+}、La^{3+} 和 4f 电子全充满的 $Lu^{3+}(4f^{14})$均具有封闭的壳层，是无色的离子，表现为光学惰性，可作为发光材料的基质[4]。镧系元素三价离子的电子构型、基态、发光颜色详见表 2-1。

表 2-1　三价镧系离子的电子构型和发光颜色

元素	元素符号	原子序数	Ln³⁺电子构型	Ln³⁺基态	4fⁿ组态光谱支项数	主要发光颜色
镧	La	57	[Xe] $4f^0$	$^1S_0$	1	
铈	Ce	58	[Xe] $4f^1$	$^2F_{5/2}$	2	黄光
镨	Pr	59	[Xe] $4f^2$	$^3H_4$	13	橙光，近红外光
钕	Nd	60	[Xe] $4f^3$	$^4I_{9/2}$	41	近红外光
钷	Pm	61	[Xe] $4f^4$	$^5I_4$	107	
钐	Sm	62	[Xe] $4f^5$	$^6H_{5/2}$	198	橙光，近红外光
铕	Eu	63	[Xe] $4f^6$	$^7F_0$	295	红光
钆	Gd	64	[Xe] $4f^7$	$^8S_{7/2}$	327	紫外光
铽	Tb	65	[Xe] $4f^8$	$^7H_6$	295	绿光
镝	Dy	66	[Xe] $4f^9$	$^6H_{15/2}$	198	蓝光/黄光，近红外光
钬	Ho	67	[Xe] $4f^{10}$	$^5I_8$	107	绿光，近红外光
铒	Er	68	[Xe] $4f^{11}$	$^4I_{15/2}$	41	绿光/红光，近红外光
铥	Tm	69	[Xe] $4f^{12}$	$^3H_6$	13	蓝光，近红外光
镱	Yb	70	[Xe] $4f^{13}$	$^2F_{7/2}$	2	近红外光
镥	Lu	71	[Xe] $4f^{14}$	$^1S_0$	1	

2. 镧系三价离子的基态光谱项和量子数随原子序数的变化规律[5]

镧系元素的发光性质主要来源于 4f 电子的轨道运动和能级特征。镧系元素中，4f 电子随原子序数的增加依次填入不同磁量子数(m)的子轨道时，组成了不同基态的总轨道量子数 $L(L = \sum m)$、总自旋量子数 $S(S = \sum m_s)$、轨道和自旋总角动量量子数 $J(J = L \pm S)$：若 4f 电子数 < 7(从 La^{3+}到 Eu^{3+}的前 7 个离子)，$J = L - S$；若 4f 电子数 $\geqslant 7$(从 Gd^{3+}到 Lu^{3+}的后 8 个离子)，$J = L + S$，基态光谱项为 $^{2S+1}L_J$。

根据自旋轨道值的不同，4f 壳层电子数 n 与 4f 轨道的七个波函数有多种关联方式。用洪德规则计算镧系元素的基准面，$n < 2l + 1$ 时，$J = J_{min}$；$n > 2l + 1$ 时，$J = J_{max}$；当 n 电子半充满($n = 2l + 1 = 7$)时，J 能级的倍数为等电子自旋(S)能级，即 $L = 0$ 处 $J = S$；当 $n < (2l + 1 = 7)$时，自旋轨道能级的能量随多重态能级 J 的增大而增大。例如，$Eu^{3+}(4f^6)$基态被分成 7 个 $^7F_J(J = 0 \sim 6)$光谱级($^7F_0$ 为基态)，连续两个自旋轨道能级间的能量差ΔE 与 J'成正比($\Delta E = \lambda J'$，其中 $J' = J + 1$)。部分三价镧系离子的电子性质见表 2-2[6]。

表 2-2　部分三价镧系离子的电子性质

Ln^{3+}		f^n (组态)		简并态数	谱项数	能级数	基谱项		λ/cm^{-1a}	
La^{3+}、Gd^{3+}		f^0	f^{14}	1	1	1	$^1S_0$	$^1S_0$	—	—
Ce^{3+}、Yb^{3+}		f^1	f^{13}	14	1	2	$^2F_{5/2}$	$^2F_{7/2}$	625	−2870
Pr^{3+}、Tm^{3+}		f^2	f^{12}	91	7	13	$^3H_4$	$^3H_6$	370	−1314
Nd^{3+}、Er^{3+}		f^3	f^{11}	364	17	41	$^4I_{9/2}$	$^4I_{15/2}$	295	−793
Pm^{3+}、Ho^{3+}		f^4	f^{10}	1001	47	107	$^5I_4$	$^5I_8$	250	−535
Sm^{3+}、Dy^{3+}		f^5	f^9	2002	73	198	$^6H_{5/2}$	$^6H_{15/2}$	231	−386
Eu^{3+}、Tb^{3+}		f^6	f^8	3003	119	295	$^7F_0$	$^7F_6$	221	−285
Gd^{3+}		$4f^7$		3432	119	327	$^8S_{7/2}$		0	

a. Yb^{3+} ($Yb_3Ga_5O_{12}$)和 Ce^{3+} ($CeCl_3$)外，水合 Ln^{3+} 自旋轨道耦合常数。

　　总自旋量子数 S 随原子序数的增加发生转折性变化,转折点在钆元素处(图 2-1)。总轨道量子数 L 和总角动量量子数 J 随原子序数的变化也呈现周期性变化，L 与 4f 壳层电子数 n 表现出如图 2-2 所示的非线性关系。

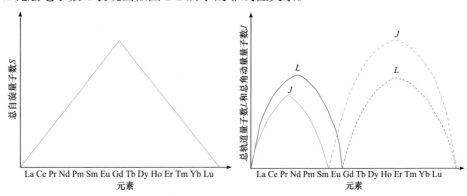

图 2-1　总自旋量子数的变化　　　图 2-2　总轨道量子数和总角动量量子数的
　　　　　　　　　　　　　　　　　　　　　　　变化

思考题

　　2-1　镧系三价离子的基态光谱项和量子数随原子序数的变化规律与过渡元素离子有什么不同?

2.1.2　镧系三价离子的能级

　　镧系离子除 f→f 跃迁外，三价 Ce^{3+}、Pr^{3+}、Tb^{3+} 和二价 Eu^{2+}、Yb^{2+}、Sm^{2+}、

Tm^{2+}、Dy^{2+}、Nd^{2+}等离子还有 d→f 跃迁，$\Delta l = 1$，这是允许跃迁。其光谱具有宽谱带、短寿命、强度较大并受晶体场影响较大等特点。镧系化合物现已被广泛用作激光材料、发光材料、陶瓷与玻璃的着色剂等，这些材料的光学性质与镧系离子的 4f 电子 f→f 组态或 f→d 组态间的跃迁有关。这些能级数目众多，能级对之间的可能跃迁数目约高达 20 万，表明镧系元素是一个巨大的光学材料宝库[7]。

基态或低能级跃迁至激发态高能级时，发生光的吸收；从激发态高能级跃迁至低能级或基态时，发生光的发射。大部分三价镧系离子的吸收光谱与荧光光谱主要发生在内层的 4f→4f 能级之间的跃迁。根据选择定则，这种 $\Delta l = 0$ 的电偶极跃迁是禁阻的，但事实上可观察到这种跃迁。这主要是由于 4f 组态与相反宇称的组态发生混合，或对称性偏离反演中心，原来禁阻的 f→f 跃迁变为允许，使得镧系离子的 f→f 跃迁的光谱具有谱线强度较低(振子强度约 10^{-6})、呈线状和荧光寿命较长等特点。

Gd^{3+}之前的 Ln^{3+}(4f 轨道中的电子数 $n = 0\sim6$)和之后的 Ln^{3+}(4f 轨道中的电子数为 14−n)是一对共轭元素，具有相似的光谱项。镧系离子受到的电子互斥、自旋轨道耦合、晶体场和磁场等作用对其能级的位置和分裂都有影响。例如，由于 $4f^n$ 轨道受 $5s^25p^6$ 轨道屏蔽，晶体场对 $4f^n$ 电子的作用小，引起的能级分裂只有几百个波数。能级的简并度与 4f 中的电子数目 n 的关系也受晶体场的影响：当 n 为偶数时(原子序数为奇数，J 为整数)，每个态是 $2J + 1$ 度简并。在晶体场的作用下，分裂为 $2J+1$ 个能级。当 n 为奇数时(原子序数为偶数，J 为半整数)，每个态是$(2J + 1)/2$ 度简并，在晶体场作用下，只能分裂为$(2J + 1)/2$ 个二重态能级。

1. 三价镧系离子能级具有一定的复杂性

镧系离子未充满的 4f 电子壳层和 4f 电子的自旋-轨道耦合作用，以及能量接近的 4f、5d、6s 电子产生了极其复杂的能级关系。在 Ln^{3+}可能存在的组态中，4f 是基态组态，向邻近的 $4f^{n-1}5d^1$、$4f^{n-1}6s^1$ 和 $4f^{n-1}6p^1$ 激发组态跃迁可以产生众多的能级(表 2-3)，有些能级的重叠使它们的能级更加复杂，导致有些很有用的能级利用受阻。

表 2-3　镧系离子的能级数[8]

Ln^{2+}	Ln^{3+}	n	基态光谱项	$4f^n$	能级数			总和	允许的跃迁
					$4f^{n-1}5d^1$	$4f^{n-1}6s^1$	$4f^{n-1}6p^1$		
	La	0	$^1S_0$	1	—	—	—	1	—
La	Ce	1	$^2F_{5/2}$	2	2	1	2	7	8
Ce	Pr	2	$^3H_4$	13	20	4	12	49	324
Pr	Nd	3	$^4I_{9/2}$	41	107	24	69	241	5393
Nd	Pm	4	$^5I_4$	107	386	82	242	817	—
Pm	Sm	5	$^6H_{5/2}$	198	977	208	611	1994	306604

续表

Ln^{2+}	Ln^{3+}	n	基态 光谱项	4f^n	能级数			总和	允许的跃迁
					4f^{n-1}5d^1	4f^{n-1}6s^1	4f^{n-1}6p^1		
Sm	Eu	6	$^7F_0$	295	1878	396	1168	3737	—
Eu	Gd	7	$^8S_{7/2}$	327	2725	576	1095	4723	—
Gd	Tb	8	$^7F_6$	295	3006	654	1928	5883	—
Tb	Dy	9	$^6H_{15/2}$	198	2725	576	1095	4594	—
Dy	Ho	10	$^5I_8$	107	1878	396	1168	3549	—
Ho	Er	11	$^4I_{15/2}$	41	977	208	611	1837	—
Er	Tm	12	$^3H_6$	13	386	82	242	723	—
Tm	Yb	13	$^2F_{7/2}$	2	107	24	69	202	3773
Yb	Lu	14	$^1S_0$	1	20	4	12	37	217

例题 2-1

为什么镧系三价离子的能级很复杂？这种复杂性带来的后果是什么？

解 大体可用下图说明：

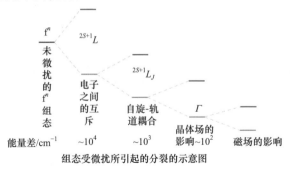

组态受微扰所引起的分裂的示意图

2. 三价镧系离子的 4f^n 能级图

三价镧系离子的 4f 组态能级均以支谱项为标志。将中性原子或自由离子的发射光谱数据加以理论处理并进行标记(可能不完全)，可获得 Ln^{3+} 的能级图(图 2-3)。将基态能级的数值定为零，其他 J 能级的数值相当于该 J 能级和基态能级的能量差，即从基态跃迁到激发态所需的能量(单位：波数，cm^{-1}①)。例如，Ce^{3+} 的 $^2F_{7/2}$ 数值为 2257 cm^{-1}，即为激发态 $^2F_{7/2}$ 和基态 $^2F_{5/2}$ 间的能量差。同理，Pr^{3+} 的 $^3P_2$ 能级数值为 23160 cm^{-1}，表示从激发态 $^3P_2$ 跃迁回基态 $^3H_4$ 时放出的能量[9]。

---

① 光谱学中，因为 $E = h\nu = hc/\lambda$，能量正比于波长的倒数，所以常以 cm^{-1} 为能量单位，1 cm^{-1} = 0.0001239 eV。

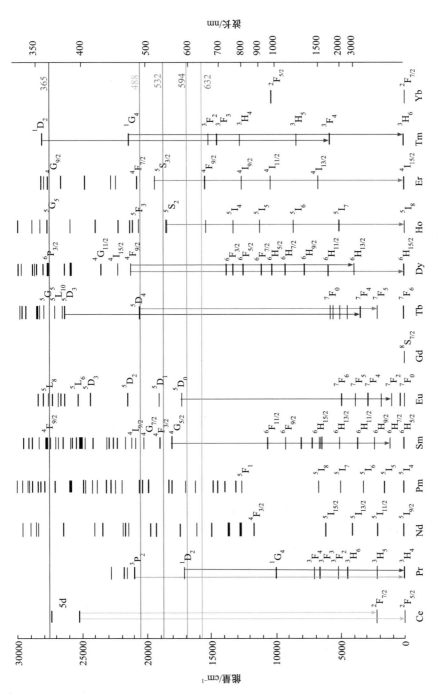

图2-3　三价镧系离子的 4f 能级图[10]

2.1.3 稀土离子的吸收光谱

稀土离子的吸收光谱有三个来源：f^n 组态内的 f→f 跃迁；组态间的 f→d 跃迁；配合物中的电荷跃迁(charge transition)。

1. f→f 跃迁

f→f 跃迁指 f^n 组态内的不同 J 能级间跃迁所产生的光谱。它的特点是：

(1) f→f 跃迁是宇称选择规则(parity selection rule)禁阻的。气态稀土离子的 f→f 跃迁光谱一般不能被观察到，但溶液和固态化合物由于配体场微扰能观察到相应的光谱，相对于强的 d→d 跃迁非常弱，其摩尔消光系数 $\varepsilon = 0.5\ L \cdot mol^{-1} \cdot cm^{-1}$，振动强度为 $10^{-8} \sim 10^{-5[11]}$。

例题 2-2

什么是宇称选择规则？

解 宇称选择规则是光谱选择定则，即原子能级之间辐射跃迁所遵从的规则。通常是指电偶极辐射跃迁的选择定则，电四极矩辐射、磁偶极辐射及更高级的辐射都比电偶极辐射弱得多。①选择定则表明不是任何两能级之间的辐射跃迁都有可能，只有遵从选择定则的能级之间的辐射跃迁才是可能的。②选择定则是确定原子光谱结构的重要规律，可以从量子力学推导出来，它是角动量守恒定律和宇称守恒定律的结果。③单价原子的选择定则是量子数满足 $\Delta l = \pm 1$，$\Delta J = 0, \pm 1$；多电子原子(LS 耦合)的选择定则是为奇性态或偶性态，以及量子数满足 $\Delta S = 0$，$\Delta l = 0, \pm 1$，$\Delta J = 0, \pm 1$(除去 $J = 0 \to J = 0$)；塞曼效应的选择定则还应加上磁量子数的限制。

(2) f→f 跃迁光谱是类线性的光谱。稀土离子类线性光谱的尖锐谱带来自外层 $5s^2$、$5p^6$ 电子对内层 4f 电子的屏蔽，使 4f 电子受环境的影响较小，在自由离子甚至溶液和固体化合物中产生类线性光谱，低温条件下更明显。而 d 区过渡元素离子的 d 电子是外层电子，其 d→d 跃迁光谱容易受到环境的影响，谱带变宽。稀土离子的 f→f 跃迁谱带的分裂为 100 cm^{-1} 左右，而 d 区过渡元素的 d→d 跃迁的谱带分裂为 $1000 \sim 3000$ cm$^{-1[12]}$。

(3) f→f 跃迁谱带的范围较广。Re^{3+} 的光谱覆盖了近紫外、可见光区和近红外区；封闭壳层结构的 Sc^{3+}、Y^{3+}、La^{3+}、Lu^{3+} 从基态跃迁至激发态需要的能量较高，因而它们在 $200 \sim 1000$ nm ($5000 \sim 10000$ cm^{-1})无吸收，为无色；Ce^{3+}、Eu^{3+}、Gd^{3+}、Tb^{3+} 的特征吸收带大部分或全部在紫外区，因此 Ce^{3+}、Eu^{3+}、Gd^{3+}、Tb^{3+} 为无色；Pr^{3+}、Nd^{3+}、Pm^{3+}、Sm^{3+}、Dy^{3+}、Ho^{3+}、Er^{3+}、Tm^{3+} 有吸收带在可见光区内，因此显示有颜色。

Re^{3+} 的 $4f^n$ 和 $4f^{14-n}$ 构型有相同或相近的颜色。例如,除 Pm^{3+} 和 $Ho^{3+}(f^{14-4})$ 外,$La^{3+} \to Gd^{3+}$ 和 $Gd^{3+} \to Lu^{3+}$ 的颜色变化相似(表 2-4)。

表 2-4 Re^{3+} 和 Re^{2+} 的颜色和吸收带

$4f^n$ 离子	未成对电子数	基态光谱项	主要吸收带/nm	颜色	主要吸收带/nm	基态光谱项	未成对电子数	$4f^{14-n}$ 离子
La^{3+}	$0(4f^0)$	$^1S_0$	无	无	无	$^1S_0$	$0(4f^{14})$	Lu^{3+}
Ce^{3+}	$1(4f^1)$	$^2F_{5/2}$	210.5 222.0 238.0 252.0	无	975.0	$^2F_{7/2}$	$1(4f^{13})$	Yb^{3+}
Pr^{3+}	$2(4f^2)$	$^3H_4$	444.5 469.0 482.0 588.5	绿	360.0 682.5 780.0	$^3H_6$	$2(4f^{12})$	Tm^{3+}
Nd^{3+}	$3(4f^3)$	$^4I_{9/2}$	354.0 521.8 574.5 739.5 742.0 797.5 803.0 868.0	微红	364.2 379.2 487.0 522.8 652.5	$^4I_{15/2}$	$3(4f^{11})$	Er^{3+}
Pm^{3+}	$4(4f^4)$	$^5I_4$	518.5 538.0 702.5 735.5	Pm^{3+}粉红 Ho^{3+}黄	287.0 361.1 416.1 450.8 537.9 641.0	^6I_n	$4(4f^{10})$	Ho^{3+}
Sm^{3+}	$5(4f^5)$	$^6H_{5/2}$	362.5 374.5 402.0	黄	350.4 365.0 910.0	$^6H_{15/2}$	$5(4f^9)$	Dy^{3+}
Eu^{3+}	$6(4f^6)$	$^1F_9$	375.5 394.1	无	284.4 350.3 367.7 477.2	$^7F_6$	$6(4f^8)$	Tb^{3+}
Gd^{3+}	$7(4f^7)$	$^8S_{7/2}$		无				
Sm^{2+}	$6(4f^6)$	$^7F_0$		红褐				
Eu^{2+}	$7(4f^7)$	$^8S_{7/2}$		黄				
Yb^{2+}	$0(4f^{14})$	$^1S_0$		绿				

2. f→d 跃迁

与 f→f 跃迁光谱不同，f→d 跃迁(如 $4f^n$→$4f^{n-1}5d^1$ 跃迁)是组态间的跃迁。宇称选择规则允许 f→d 跃迁，因而 4f→5d 的跃迁较强，其摩尔消光系数一般为 50~800 $L \cdot mol^{-1} \cdot cm^{-1}$ [5]；4f→5d 的跃迁中，5d 能级易受周围离子的配体场影响，4f→5d 跃迁的谱带比 f→f 跃迁宽。一般来说，比全空或半充满的 4f 壳层多 1 或 2 个电子的稀土离子更易于出现 $4f^n$→$4f^{n-1}5d^1$ 的跃迁，如 $Ce^{3+}(4f^1)$、$Pr^{3+}(4f^2)$、$Tb^{3+}(4f^8)$，其 $4f^{n-1}5d^1$ 的能级比其他三价镧系离子的低，易出现 $4f^n$→$4f^{n-1}5d^1$ 跃迁。表 2-5 列出了三价铈、镨、铽的氯化物和溴化物的第一个 f→d 跃迁的吸收带。

表 2-5　室温无水乙醇中三价铈、镨、铽的氯化物和溴化物的第一个 f→d 跃迁的吸收带[6-7]

	Re	吸收带宽度 σ /1000 cm^{-1}	最大摩尔消光系数 ε_{max} /(L·mol⁻¹·cm⁻¹)	吸收带半宽度 $\sigma(-)$ /1000 cm^{-1}
	Ce	33.0	1200	1.5
$ReCl_3$	Pr	44.2	1400	1.3
	Tb	43.8	700	0.8
	Ce	22.0	800	1.3
$ReBr_3$	Pr	43.8	1500	1.5
	Tb	43.3	500	0.9
	$CeCl_6^{3-}$	30.3	1600	0.8
	$CeBr_6^{3-}$	29.15	1600	1.05
ReX_6^{3-}	$TbCl_6^{3-}$	36.8	28	1.2
		42.75	1500	0.65
	$TbBr_6^{3-}$	36.0	弱	0.9

3. 电荷跃迁光谱

配体向稀土金属发生电荷跃迁产生的光谱为电荷跃迁光谱(charge transition spectrum)，电荷密度从配体的分子轨道向稀土离子轨道重新分配[5]。镧系元素配合物的电荷跃迁谱带取决于配体和金属离子的氧化还原性，易氧化的配体和易还原的稀土离子(如 Sm^{3+}、Eu^{3+}、Tm^{3+}、Yb^{3+} 和 Ce^{4+})形成的配合物易发生电荷跃迁。其谱带的位置比 f→f 和 f→d 跃迁更加依赖于配体，具有较强的强度和较宽的宽度[6]。

(1) 配体的影响。对相同的稀土离子而言，电荷跃迁带与配体的还原能力密切相关。例如，环戊二烯基离子氧化为中性分子(C_5H_5)的能力较弱，环戊二烯基的 Sm^{3+}、Yb^{3+} 配合物难以发生电荷跃迁。但环辛四烯比环戊二烯基更易被氧化为中性分子，环辛四烯的 Sm^{3+}、Yb^{3+} 配合物光谱可见到电荷跃迁带[8]。这说明电荷跃迁带的出现与配体的氧化性相关。

　　配合物的电荷跃迁带的位置与配体的还原性也有关系。Eu^{3+} 配合物电荷跃迁带的位置是按 H_2O、$H_2PO_4^-$、SeO_4^{2-}、SO_4^{2-}、CNS^-(水溶液)的次序，从高波数向低波数方向迁移(表 2-6)，其中 CNS^- 具有较强的还原性。同理，溴的还原性强于氯，Sm^{3+}、Eu^{3+}、Yb^{3+} 的 Br^- 配合物的电荷跃迁带位置总比 Cl^- 配合物的波数低(表 2-7)。

　　(2) 稀土离子的影响。稀土离子的氧化性影响电荷跃迁带的出现和位置，在稀土元素中只有可被还原的 Sm^{3+}、Eu^{3+}、Tm^{3+}、Yb^{3+} 配合物中才能出现电荷跃迁带。对于含相同配体的稀土元素配合物而言，稀土离子的氧化性越强，越易获得电子，电荷跃迁带越易出现在较低波数处。例如，上述四种稀土氯化物中，Eu^{3+} 最易被还原为 Eu^{2+}，它的配合物的电荷跃迁带出现在最低波数处；Tm^{3+} 最难被还原为 Tm^{2+}，它的配合物的电荷跃迁带则处于最高波数处：Eu^{3+}(33200 cm^{-1}) < Yb^{3+}(36700 cm^{-1}) < Sm^{3+}(43100 cm^{-1}) < Tm^{3+}(46800 cm^{-1})(表 2-7)。

表 2-6　铕(Ⅲ)配合物的电荷跃迁光谱[5]

	水溶液				乙醇溶液		
配体	跃迁带的宽度 σ /1000 cm^{-1}	跃迁带的半宽度 $\sigma(-)$ /1000 cm^{-1}	摩尔消光系数 ε /(L·mol^{-1}·cm^{-1})	配体	跃迁带的宽度 σ /1000 cm^{-1}	跃迁带的半宽度 $\sigma(-)$ /1000 cm^{-1}	摩尔消光系数 ε /(L·mol^{-1}·cm^{-1})
CNS^-	34.2	3.2	60	CNS^-	28.9	2.9	
$S_2O_3^{2-}$	35.5	3.0		Cl^-	36.2	2.6	200
SO_4^{2-}	41.7	2.8	100		41.7		
SeO_4^{2-}	44	3.0		Br^-	31.2	3.6	110
$H_2PO_4^-$	45.8	3.1	140		37.6		180
H_2O	53.2	5.1	235		43.5		170

表 2-7　Sm^{3+}、Eu^{3+}、Tm^{3+}、Yb^{3+} 的氯化物和溴化物的第一电荷跃迁带[5]

$ReCl_3^{6-}$	跃迁带的宽度 σ /1000 cm^{-1}	跃迁带的半宽度 $\sigma(-)$ /1000 cm^{-1}	摩尔消光系数 ε /(L·mol^{-1}·cm^{-1})	$ReBr_3^{6-}$	跃迁带的宽度 σ /1000 cm^{-1}	跃迁带的半宽度 $\sigma(-)$ /1000 cm^{-1}	摩尔消光系数 ε /(L·mol^{-1}·cm^{-1})
Sm	43.1	2.3	930	Sm	35.0	2.4	1050
Eu	33.2	2.1	400	Eu	24.5	2.0	250
Tm	46.8			Tm	38.6		300
Yb	36.7	1.7	160	Yb	29.2	2.4	105

例题 2-3

试举一个电荷跃迁光谱的例子。

解 发射红光的红色荧光粉一般是 Y_2O_3：Eu^{3+}粉末材料，其中电子激发包含了从 O^{2-}到 Eu^{3+}的电荷迁移，红光发射主要对应于 Eu^{3+}的 $4f^6$ 组态内 $^5D_0$-$^7F_2$ 的跃迁(波长为 611 nm)。

4. 电子云扩大效应

电子云扩大效应(electron cloud enlargement effect 或 nephelauxetic effect)是指金属离子在固体中的能级位置相对于自由离子状态下发生移动的现象。人们通过对大量化合物的能级比较[13-15]，发现固体中电子间的库仑作用的参数、Slater 积分或拉卡参量 B(Racah parameter)比自由离子的小。电子云扩大效应产生的原因可能是，金属离子与配体的配位作用导致轨道重叠，从而使 d 轨道电子离域、d 电子云扩大，或两个原子轨道形成分子轨道、配位键轨道重叠进而形成共价键，增加了轨道体积，使电子云扩大。例如，以 Eu^{3+}的 $^5D_0$ 能级为标准($^5D_0$ 能级在晶体场作用下不分裂)[16-18]，根据角动量理论计算电子云扩大效应对 Tb^{3+} $4f^75d$ 组态能级的影响，得到电子云扩大效应比率 β 的影响因子 $\kappa = 0.329$。与 $4f^75d$ 组态 ^9D 和 ^7D 能级的能级差比较发现，电子云扩大效应对 Tb^{3+} $4f^75d$ 组态能级影响的全部因子为晶体环境因子 h_e 和 Tb^{3+}相关的因子 k[19]。

5. 超灵敏跃迁

尽管 f→f 跃迁吸收强度低，但某些 f→f 跃迁吸收带的振动强度与稀土离子环境变化的相关性远超其他跃迁，称为超灵敏跃迁(super-sensitive transition)。这种跃迁服从电四极跃迁的选择规则($|\Delta J| = 2$，$|\Delta L| \leqslant 2$，$\Delta S = 0$)。如图 2-4 所示，水溶液

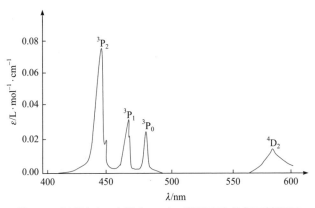

图 2-4 水溶液中 Pr^{3+}的 $^3H_4$→$^3P_2$ 跃迁产生的超灵敏跃迁

中 Pr^{3+} 的 $^3H_4 \to {}^3P_2$ 吸收强度比其他元素大，尽管光谱选律禁阻 f→f 跃迁，但随着 Pr^{3+} 周围环境变化，包括配体碱性、溶剂极性、配合物对称性、配位数、Pr^{3+} 本身性质等多种因素的影响[20-21]，$^3H_4 \to {}^3P_2$ 跃迁吸收带强度明显增大，因而产生了超灵敏跃迁。其他稀土离子的超灵敏跃迁光谱的实例见表 2-8。

表 2-8　稀土离子的超灵敏跃迁的实例

离子	跃迁的 J 能级	波数/cm^{-1}
Pr^{3+}	$^3H_4 \to {}^3P_2$	22500
Nd^{3+}	$^4I_{9/2} \to {}^4G_{5/2}, {}^2G_{7/2}$	17300
Pm^{3+}	$^5I_4 \to {}^5G_2, {}^5G_3$	17700，18260
Sm^{3+}	$^6H_{5/2} \to {}^4G_{9/2}, {}^6F_{11/2}$	17300，62000
Eu^{3+}	$^7F_0 \to {}^5D_0, {}^5D_1, {}^5D_2$	—
	$^7F_1 \to {}^5D_1, {}^5D_2$	—
Dy^{3+}	$^6F_{15/2} \to {}^6F_{11/2}$	7700
Ho^{3+}	$^5I_8 \to {}^5G_8, {}^3G_8$	22100，27700
Er^{3+}	$^4I_{15/2} \to {}^2H_{11/2}, {}^4G_{11/2}$	19200，26500
Tm^{3+}	$^3H_5 \to {}^3H_4$	12600

2.2　稀土元素的磁学性质

磁性(magnetism)直观表现为两个磁体之间的吸引力或排斥力。磁体中受引力或排斥力最大的区域称为磁极(magnetic pole)。磁极之间的相互作用与静电荷之间的作用相类似。至今为止，所发现的磁体上都有两个自由磁极存在，若其强度分别为 m_1 和 m_2，距离为 r，则两个磁极间的作用力 F 为

$$F = m_1 m_2 / 4\pi\mu_0 r^2 \tag{2-1}$$

式中，μ_0 为真空磁导率，值为 $4\pi \times 10^{-7}$ H·m^{-1}。

2.2.1　稀土元素的磁性来源

物质的磁性来源于物质内部的电子和核的电性质。例如，氢原子的磁场是电子自旋、电子绕质子的轨域运动和质子自旋三种磁矩的向量和。尽管核的磁效应比电子的磁效应约小三个数量级，在讨论中常忽略，但核的磁效应仍有其化学意义。

原子、离子或分子的电子磁效应来自电子的轨道运动和自旋运动，它们的磁性是轨道磁性和自旋磁性的某种组合。轨道磁性由轨道角动量决定，自旋磁性由自旋角动量产生，因此原子或离子的磁性取决于由总轨道角动量 L 和总自旋角动量 S 组合的整个原子或离子的总角动量 J。

稀土元素的原子或离子具有较大的轨道-自旋耦合，其自旋轨道耦合常数一般大于 200 cm^{-1}。常温下，所有的原子或离子实际上处于多重态的基组态上，它们的有效磁矩由下式给出：

$$\mu_{\text{eff}} = g\sqrt{J(J+1)} \tag{2-2}$$

式中，g 为朗德 g 因子(Lande g factor)。

除 Sm^{3+}、Eu^{3+} 外，其他元素的实测数据与上式的计算结果基本一致。Sm^{3+} 和 Eu^{3+} 的不一致被认为是测定时包含了较低激发态。

2.2.2 稀土元素的磁学基础知识

1. 磁行为的主要类型

物质的磁性分为五种：顺磁性(paramagnetism)、抗磁性(diamagnetism)、铁磁性(ferromagnetism)、亚铁磁性(ferrimagnetism)和反铁磁性(anti-ferromagnetism)。

顺磁性：一些物质在外磁场作用下感生出与外磁场同向的磁化强度，这种磁性为顺磁性，其磁化率 >0，数值处于 $10^{-6} \sim 10^{-3}$ 范围。顺磁性是由电子轨道运动或自旋运动引起的原子或分子磁矩，在外加磁场作用下，沿外磁场方向平行排列，产生整体磁化。

例题 2-4

哪些物质具有顺磁性？

解 顺磁性会出现在下列物质中：①具有奇数个电子的原子和分子。此时系统总自旋不为零。②具有未充满电子壳层的自由原子或离子，如各过渡元素、稀土元素和锕系元素。③少数含偶数个电子的物质，如 O_2。④元素周期表中Ⅷ族本身以及之前主族元素的金属。

抗磁性：在外磁场的作用下，原子系统获得与外磁场方向相反磁矩的现象称为抗磁性。抗磁性是一种微弱磁性，惰性气体、部分有机化合物、部分金属具有抗磁性，被称为抗磁性物质。其磁化率为负值，数值一般在 10^{-5} 数量级。抗磁性材料磁化率的大小与温度、磁场无关，其磁化曲线为一直线[22]。

铁磁性：物质中相邻原子磁矩做同向排列自发磁化而呈现的磁特性为铁磁性。

铁磁性物质在很小的磁场作用下就能被磁化到饱和，磁化率 >0，数值为 10～10^6 数量级。到目前为止，具有铁磁性的元素中仅有 11 个铁磁性纯元素晶体，包括 3d 金属铁、钴、镍，4f 金属钆、铽、镝、钬、铒、铥和面心立方的镨和钕，但其铁磁性的合金和化合物种类繁多。

例题 2-5

有人说"铁磁性金属没有抗磁性"，对吗？为什么？

解 材料的磁性来源于电子的轨道运动和自旋运动。任何材料处于外磁场中时，外磁场都会对电子轨道运动回路附加有洛伦兹力，使材料产生一种抗磁性，其磁化强度和磁场方向相反。抗磁性是电子轨道运动感生的，因此所有物质都具有抗磁性。但并非所有物质都是抗磁体，这是因为原子往往还存在轨道磁矩和自旋磁矩所组成的顺磁磁矩。原子系统具有总磁矩时，只有那些抗磁性大于顺磁性的物质才称为抗磁体。

亚铁磁性：某些物质中大小不等的相邻原子磁矩反向排列自发产生的磁化现象称为亚铁磁性。亚铁磁性宏观上与铁磁性相同，但磁化率较低，数值为 1～10^3 数量级。典型的亚铁磁性物质有铁氧体，它们与铁磁性物质最显著的区别在于内部磁结构的不同。

反铁磁性：物质中大小相等的相邻原子磁矩做反向排列自发磁化的现象称为反铁磁性，总磁矩为零。

思考题

2-2 不同类型的物质其磁行为能否发生相互转变？如果可以发生，需要哪些条件实现？

2. 稀土离子的磁矩

稀土离子基态的理论磁矩可由 $\mu_{eff} = g\sqrt{J(J+1)}$ 计算。

(1) $Pr^{3+}(4f^2)$ 的理论磁矩。Pr^{3+} 的基谱项为 $^3H_4$，则

$$g = 1 + \frac{J(J+1)+S(S+1)-L(L+1)}{2J(J+1)} = 1 + \frac{4\times(4+1)+1\times(1+1)-5\times(5+1)}{2\times4\times(4+1)} = \frac{4}{5} \tag{2-3}$$

$$\mu_{eff} = g\sqrt{J(J+1)} = \frac{4}{5}\sqrt{4\times(4+1)} = 3.58(\text{B.M.}) \tag{2-4}$$

(2) $Er^{3+}(4f^{11})$ 的理论磁矩。Er^{3+} 的基谱项为 $^4I_{15/2}$，则

$$\mu_{\text{eff}} = \frac{6}{5}\sqrt{\frac{15}{2} \times \left(\frac{15}{2} + 1\right)} = 9.58(\text{B.M.}) \tag{2-5}$$

Re^{3+}基态的理论磁矩如表 2-9 所示。除 Sm^{3+}、Eu^{3+}外，Re^{3+}的基态理论磁矩与实测磁矩接近。稀土离子的有效磁矩随原子序数的变化见图 2-5。由于镧系离子的总角动量呈现周期性变化使有效磁矩变化呈双峰状，除 Sm^{3+}和 Eu^{3+}外，其他离子的计算值和实验值相一致。Sm^{3+}、Eu^{3+}的实测磁矩比它们的基态理论磁矩大，Eu^{3+}更为明显，因为 Sm^{3+}和 Eu^{3+}的磁矩测定中包含了较低激发态。

表 2-9　稀土离子的磁矩

Re^{3+}	4f 电子数	基态	S	L	l	g	磁矩/B.M.	
							计算	实验
La^{3+}	0	$^1S_0$	0	0	0	—	0.0	0.0
Ce^{3+}	1	$^2F_{5/2}$	1/2	3	5/2	6/7	2.54	2.4
Pr^{3+}	2	$^3H_4$	1	5	4	4/5	3.58	3.5
Nd^{3+}	3	$^4I_{9/7}$	3/2	6	9/2	8/11	3.62	3.5
Pm^{3+}	4	$^5I_4$	2	6	4	3/5	2.68	—
Sm^{3+}	5	$^6H_{5/2}$	5/2	5	5/2	2/7	0.84	1.5
Eu^{3+}	6	$^7F_0$	3	3	0	1	0.0	3.4
Gd^{3+}	7	$^8S_{7/2}$	7/2	0	7/2	2	7.94	8.0
Tb^{3+}	8	$^7F_6$	3	3	6	3/2	9.72	9.5
Dy^{3+}	9	$^6H_{15/2}$	5/2	5	15/2	4/3	10.65	10.7
Ho^{3+}	10	$^5I_8$	2	6	8	5/4	10.61	10.3
Er^{3+}	11	$^4I_{15/2}$	3/2	6	15/2	6/5	9.58	9.5
Tm^{3+}	12	$^3H_6$	1	5	6	7/6	7.56	7.3
Yb^{3+}	13	$^2F_{7/2}$	1/2	3	7/2	8/7	4.54	4.5
Lu^{3+}	14	$^1S_0$	0	0	0	0	0.0	0.0

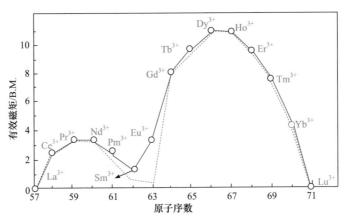

图 2-5　稀土离子的有效磁矩随原子序数的变化(虚线为计算磁矩，实线为实验磁矩)

思考题

　2-3　稀土的顺磁性是否与其光谱项有关?

例题 2-6

　　为什么 Sm^{3+}、Eu^{3+} 的实测磁矩总比它们的基态理论磁矩大，且 Eu^{3+} 更为明显?

　　解　原因如下：①体系的离子在不同能态上的分布应服从玻尔兹曼 (Boltzmann) 分布定律。当离子的基态能量与低激发态能量相差不大时，体系离子大部分处于基态，但也有部分处于低激发态，因此仅依据离子在基态的 J 值计算磁矩，就与实测磁矩有偏差。当离子的基态能量与低激发态能量相差较大时，可以粗略地认为体系离子基本上处于基态，因此根据基态的 J 值计算得到的理论磁矩与实测磁矩基本相符。Sm^{3+} 和 Eu^{3+} 的基态 $^6H_{5/2}$ 和 $^7F_0$ 与低激发态 $^6H_{7/2}$ 和 $^7F_j(j=1, 2, 3)$ 的能量差较小，即使在常温下，体系的离子也有部分处于 $^6H_{7/2}$ 和 $^7F_j(j=1, 2, 3)$ 的低激发态上，因此实测磁矩与单纯从基态的 J 值计算的磁矩不一致，如按基态 J 值计算 Sm^{3+} 的磁矩为 0.84 B.M.，实测磁矩为 3.40~3.51 B.M.[23]。②对于 J 能级间距较大(> kT)的一些离子，忽略 J 能级间的作用。离子在磁场作用下，J 能级的变化仅产生一级塞曼(Zeeman)效应，服从磁矩公式，计算结果与实测值基本相符。但 Sm^{3+}、Eu^{3+} 的基态 J 能级与最低激发态能级间距较小，J 能级间的相互作用不可忽略，它们的磁矩不服从磁矩公式，这也造成 Sm^{3+}、Eu^{3+} 的磁矩的基态理论值与实测值有较大偏差。

3. 稀土离子磁学性质

　　Re^{3+} 的磁性有如下特点：

　　(1) 除了 La、Lu、Sc、Y 外，其他稀土离子都含有成单电子，表现为顺磁性，且大多数 Re^{3+} 的磁矩比 d 过渡元素离子的大。

　　(2) Re^{3+} 基态 J 值决定磁矩的大小，Re^{3+} 的磁矩与原子序数的关系曲线中，在 Nd^{3+} 和 Ho^{3+} 处出现两个峰。

　　(3) 化合物中 Re^{3+} 的磁矩受环境影响较小，与理论磁矩接近(表 2-10)。Ln^{3+} 的单电子位于内层 4f 层中，外界环境的影响被 $5s^2$、$5p^6$ 层屏蔽，使其化合物中 Ln^{3+} 的磁矩与理论磁矩一致。

表 2-10　稀土元素配合物的分子磁矩(B.M.)[24]

Re^{3+}	计算值	$Re_2(SO_4)_3 \cdot 8H_2O$	Re_2O_3	$[Re(EDTA)]^-$	$[Re(HEDTA)]^-$	$[Re(DCTA)]$	$[Re(C_5H_5)_3]$
La^{3+}	0.00						
Ce^{3+}	2.54	2.37					

续表

Re^{3+}	计算值	Re$_2$(SO$_4$)$_3 \cdot$ 8H$_2$O	Re$_2$O$_3$	[Re(EDTA)]$^-$	[Re(HEDTA)]$^-$	[Re(DCTA)]	[Re(C$_5$H$_5$)$_3$]
Pr^{3+}	3.58	3.47	3.71	3.6			3.47
Nd^{3+}	3.62	3.52	3.71	3.6	3.3	3.5	3.52
Pm^{3+}	2.68						
Sm^{3+}	0.84	1.53	1.50	1.7	1.4	1.5	1.58
Eu^{3+}	0.00		3.32	3.6	3.1	3.2	3.54
Gd^{3+}	7.94	7.81	7.9	7.9	7.9	8.2	7.9
Tb^{3+}	9.7	9.4					9.6
Dy^{3+}	10.6		10.5				10.3
Ho^{3+}	10.6	10.3	10.5				10.4
Er^{3+}	9.6	9.6	9.5				9.4
Tm^{3+}	7.6		7.2				7.0
Yb^{3+}	4.5	4.4	4.5				4.3
Lu^{3+}	0.00						

非三价镧系离子的磁矩与等电子的三价镧系离子磁矩基本相同。PrO$_2$ 中 Pr^{4+}的磁矩为 2.48 B.M.，与等电子的 Ce^{3+}的磁矩 2.54 B.M.相近；Sm^{2+}、Eu^{2+}、Yb^{2+}的磁矩或磁化率基本与等电子的 Eu^{3+}、Gd^{3+}、Lu^{3+}相近；Eu^{2+}在 20℃时的摩尔磁化率(25800 × 4π × 10^{-12} SI 单位)与 Gd^{3+}的摩尔磁化率(25700 × 4π × 10^{-12} SI 单位)接近；Yb^{2+}的磁矩和 Lu^{3+}的磁矩相近，趋近于 0。但也有例外，Ce^{4+}的磁矩与 La^{3+}不同，为 0 B.M.。

镧系金属的磁性主要与其未充满的 4f 壳层有关，4f 电子处在内层，金属态的 5d^1、6s^2 电子为传导电子。除了 Sm、Eu、Yb 外，大多数镧系金属的有效磁矩与失去 5d^1、6s^2 电子的三价镧系离子磁矩几乎相同(表 2-11)。

常温下镧系金属均为顺磁物质，其中 La、Yb、Lu 的磁矩 < 1B.M.。随着温度的降低，镧系金属发生顺磁性转变为铁磁性或反铁磁性的有序变化。Tb、Dy、Ho、Er、Tm 等重稀土金属在较低温度时由反铁磁性转变为铁磁性；Gd 由顺磁性直接转变为铁磁性。镧系金属有序状态的自旋表现为蜷线形或螺旋形结构，而非简单的平行或反平行方式。镧系金属的居里温度[由铁磁性变为顺磁性时的温度称为居里温度(T_C)]和奈耳温度[物质由反磁性转变为顺磁性时的温度称为奈耳温度(T_N)]低于常温，镧系金属最高 T_C 为 Gd 的 293.2 K，其他镧系金属的数值见表 2-12。

表 2-11 稀土金属的磁学性能[24]

金属	基态	μ_{eff}理论/B.M.	μ_{eff}实测/B.M.	$\chi \times 10^3$	T_N/K	T_C/K
La	$^1S_0$	0	0.49	0.093		
Ce	$^2F_{5/2}$	2.54	2.51	2.43	12.5	

续表

金属	基态	μ_{eff}理论/B.M.	μ_{eff}实测/B.M.	$\chi \times 10^3$	T_N/K	T_C/K
Pr	$^3H_4$	3.58	3.56	5.32	25	
Nd	$^4I_{9/2}$	3.62	3.3	5.65	20.75	
Pm	$^5I_4$	2.68				
Sm	$^6H_{5/2}$	0.84	1.74	1.27	14.8	
Eu	$^7F_0$	0	7.12	33.1	90	
Gd	$^6S_{7/2}$	7.94	7.98	356		293.2
Tb	$^7F_6$	9.7	9.77	193	229	221
Dy	$^6H_{15/2}$	10.6	10.67	99.8	178.5	85
Ho	$^5I_8$	10.6	10.8	70.2	132	20
Er	$^4I_{15/2}$	9.6	9.8	44.1	85	19.6
Tm	$^3H_6$	7.6	7.6	26.2	51~60	22
Yb	$^2F_{7/2}$	4.5	0.41	0.071		
Lu	$^1S_0$	0	0.21	0.0179		
Y	$^1S_0$	0	1.34	0.186		
Sc	$^1S_0$	0	1.67	0.25		

例题 2-7

为什么 Eu 和 Yb 的磁矩与其他金属不同?

解　Eu 和 Yb 只能提供两个传导电子，以保持 4f 壳层半充满和全充满的稳定性，其有效磁矩与相应的二价离子的磁矩一致，与原子序数比它们大 1 的相邻金属的磁矩相近。例如，当 $T > 100$ K 时，Eu 的磁化率服从居里-外斯(Curie-Weiss)定律: $T = 108$ K，$\mu_{eff} = 7.12$ B.M.，与 Gd 的磁矩相近。Yb 的磁矩也接近于 Lu 的磁矩(非 Lu^{3+} 的 $^1S_0$ 态的磁矩值)，呈弱顺磁性，由其个别原子处在 $^2F_{7/2}$ 基态上引起。如果一个原子的 4f 壳层有一个电子空穴，即处在 $^2F_{7/2}$ 态，其余的原子处在无磁的 $^1S_0$ 态，即可使 Yb 呈弱的顺磁性。

2.2.3　稀土元素与 3d 过渡元素磁性的对比

1. 稀土元素和 3d 过渡元素的磁性差异

以镧系元素为例，与 3d 金属的磁性差异如下:

(1) 镧系元素的自发磁化为间接磁化作用。根据间接交换理论，镧系金属局域化的 4f 电子与 6s 电子发生交换作用，使 6s 电子极化。已极化的 6s 电子自旋促进相邻 4f 电子自旋的间接耦合，由此产生自发磁化。大多数镧系元素在低于室温时具有反铁磁性，较后的镧系元素在不同温度可表现出铁磁性和反铁磁性。

(2) 3d 过渡元素的自发磁化为直接磁化作用。铁、钴、镍等 3d 金属与相邻 3d

电子云重叠发生交换作用,该交换作用与两个自旋磁矩的夹角有关:夹角为 0°时,即同向排列,为铁磁性耦合;当夹角为 180°时,即反向平行耦合,为反铁磁性耦合。当交换作用很弱或不存在时,热运动将导致原子磁矩取向混乱,产生磁无序,即顺磁性。

2. 稀土元素与 3d 过渡元素化合物的磁性

稀土元素和其他金属可以形成金属间化合物,但只有与非零磁矩的 Mn、Fe、Co、Ni 等 3d 金属形成的化合物才具有重要的磁性。其中一些化合物的磁性能十分优异。例如,稀土与钴形成的化合物 $ReCo_5$、Re_2Co_{17} 是工业领域的新型永磁材料[25]。化合物中稀土金属与 3d 金属之间的自发磁化为间接磁化作用。轻稀土化合物比重稀土化合物的饱和磁化率大,3d 电子自旋磁矩在传导电子的媒介作用下与 4f 电子自旋磁矩总是反平行排列。对于轻稀土元素的基态总角动量量子数 $J = L-S$,总磁矩与 3d 电子自旋磁矩同向。而对于重稀土元素 $J = L+S$,总磁矩与 3d 电子自旋磁矩反向(图 2-6)。

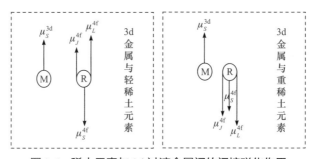

图 2-6 稀土元素与 3d 过渡金属间的间接磁化作用

稀土元素与 Mn、Fe、Co、Ni 等 3d 过渡金属形成 Re_mB_n 金属间化合物($m = 1$,$n = 2$、3、5;$m = 2$,$n = 7$、17;$m = 4$,$n = 3$ 等)。例如,Sm 与 Co 可形成 7 种金属间化合物:Sm_3Co、Sm_9Co_4、$SmCo_2$、$SmCo_3$、Sm_2Co_7、$SmCo_5$、Sm_2Co_{17},这些金属间化合物因组成不同而磁性不同。磁性材料对饱和磁化强度和居里温度有较高要求,ReB_5 和 Re_2B_{17} 金属间化合物最为重要,其磁性具备以下特点:

(1) 化合物饱和磁化强度与稀土元素相关。Re_mB_n 金属间化合物中存在 Re-Re、Re-3d 和 3d-3d 金属间作用,其中 Re-Re 的作用较弱,Re-3d 耦合强度居中,3d-3d 作用最强。在 Re-3d 金属耦合中,其自旋磁矩在任何情况下都反平行。如前所述,轻稀土金属($J = L-S$)的磁矩与 3d 金属的磁矩同向,总磁矩较大;相反,重稀土元素($J = L+S$)的磁矩与 3d 金属磁矩反向,总磁矩减小,因此轻稀土 Re_mB_n 金属间化合物的饱和磁化强度比重稀土的同类化合物大(图 2-7)。

(2) Re-3d 化合物具有较高的 T_C。T_C 的高低与金属间交换能力成正比。化合物的 3d-3d 电子间交换作用最强, 化合物的 T_C 温度也较高。与稀土元素单质相比, 化合物 ReB_5 和 Re_2B_{17} 有更高的 T_C(均在 400 K 以上, 图 2-8 和表 2-12)[27-28]。ReB_5 和 Re_2B_{17} 在常温下是铁磁性物质, 符合永磁材料的基本要求。

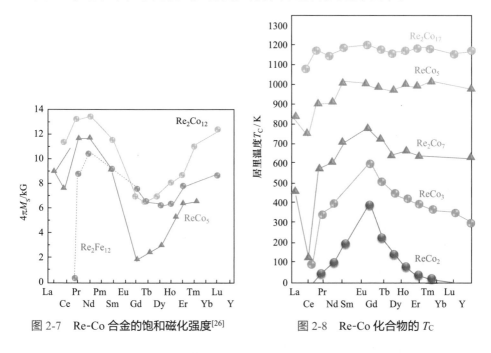

图 2-7　Re-Co 合金的饱和磁化强度[26]

图 2-8　Re-Co 化合物的 T_C

表 2-12　$ReCo_5$ 和 Re_2Co_{17} 化合物的居里温度和绝对饱和磁化强度[27]

化合物	T_C/K	M_0/(A·M^{-1})	化合物	T_C/K	M_0/(A·M^{-1})
YCo_5	977	6.8	Y_2Co_{17}	1167	27.8
$CeCo_5$	737	5.7	Ce_2Co_{17}	1083	26.1
$PrCo_5$	912	9.9	Pr_2Co_{17}	1171	31.0
$NdCo_5$	910	9.5	Nd_2Co_{17}	1150	30.5
$SmCo_5$	1020	6.0	Sm_2Co_{17}	1190	20.1
$GdCo_5$	1008	1.2	Gd_2Co_{17}	1209	14.4
$TbCo_5$	980	0.57	Tb_2Co_{17}	1180	10.7
$DyCo_5$	966	0.70	Dy_2Co_{17}	1152	8.3
$HoCo_5$	1000	1.1	Ho_2Co_{17}	1173	7.7
$ErCo_5$	986	0.46	Er_2Co_{17}	1186	10.1
$TmCo_5$	1020	1.9	Tm_2Co_{17}	1182	11.3

注: M_0 为 0 K 时的饱和磁化强度。

(3) Re-3d 化合物具有磁晶各向异性。$ReCo_5$ 化合物的结构为六方晶系, 表现出较强的磁晶各向异性, 其六重轴的 c 轴为易磁方向, 其他方向不易磁化。几乎

所有 $ReCo_5$ 在室温下均表现出单轴各向异性，单轴各向异性有利于产生高矫顽力，因此 $ReCo_5$ 具有较大的矫顽力和较高的最大磁能积。Re_2Co_{17} 化合物结构为六方和斜方两种晶系。多数 Re_2Co_{17} 化合物的易磁方向位于基面内垂直于六方或斜方晶轴。尽管它们的磁晶各向异性较低，且其相应矫顽力比 $ReCo_5$ 的低，但它们的饱和磁化强度和 T_C 比 $ReCo_5$ 高，Re_2Co_{17} 仍是一类有希望的磁性材料[29]。

参 考 文 献

[1] Nguyen T N, Ebrahim F M, Stylianou K C. Coord Chem Rev, 2018, 377: 259.

[2] Eliseeva S V, Bünzli J C G. Chem Soc Rev, 2010, 39: 18.

[3] Li B, Wen H M, Cui Y, et al. Prog Polym Sci, 2015, 48: 40.

[4] 张洪杰, 牛春吉, 冯婧. 稀土有机-无机杂化发光材料. 北京: 科学出版社, 2014.

[5] 苏锵. 稀土离子的光谱性质. 南京: 中国化学会成立 50 周年纪念大会专题报告, 1982.

[6] Bumzli J G G, Eliseeva S V. Inorganic Chemistry Ⅱ. Amsterdam: Elsevier, 2013.

[7] Kaminskii A A. Phys Stat Sol, 1985, 87: 11.

[8] Dieke G H, Crosswhite H M. Applied Optics, 1963, 2: 675.

[9] Yatsimirkii K B, Davidenko N K. Coord Chem Rev, 1979, 27: 223.

[10] Dejneka M J, Streltsov A, Pal S, et al. Pans, 2003, 100: 389.

[11] Moller T. The Chemistry of the Lanthanides. Oxford: Pergamon Press, 1973.

[12] Thompson M C. Handbook on the Physical and Chemistry of the Rare Earth. Amsterdam: North-Holland, 1979.

[13] Reisfeld R, Jorgensen C K. Laser and Excited States of Rare Earth. Berlin: Springer-Verlay, 1977.

[14] Gerloch M, Slade R C. Ligand-Field Parameters. Cambridge: Cambridge University Press, 1973.

[15] Newman D J. Aust J Phys, 1977, 37: 315.

[16] Caro P, Antic B E. J Physique, 1976, 37: 671.

[17] Boulon G, Bouderbala M, Seriot J. J Less-Common Met, 1985, 112: 41.

[18] 毕宪章, 张思远. 物理学报, 1988, 37(7): 1221.

[19] 师进生, 曲郸, 张思远. 高等学校化学学报, 2006, 7: 1303.

[20] Henrie D E, Smyser C E. J Inorg Nucl Chem, 1977, 39: 625.

[21] Henrie D E, Hen B K. J Inorg Nucl Chem, 1977, 39: 1583.

[22] 严密, 彭晓领. 磁学基础与磁性材料. 杭州: 浙江大学出版社, 2006.

[23] Cotton F A, Wilkinson G. Advanced Inorganic Chemistry. 3rd ed. London: Wiley, 1972.

[24] 张若桦. 稀土元素化学. 天津: 天津科学技术出版社, 1987.

[25] Strnat K, Hoffer G, Olson J, et al. J Appl Phys, 1967, 38: 1001.

[26] Kirchmayr H R, Poldy C A. Handbook on the Physics and Chemistry of Rare Earths. Amsterdam: North-Holland, 1979.

[27] 特贝尔, 克雷克. 磁性材料. 北京冶金研究所《磁性材料》翻译组译. 北京: 科学出版社, 1979.

[28] 金汉民. 磁性物理. 北京: 科学出版社, 2013.

[29] 张若桦. 稀土元素化学. 天津: 天津科学技术出版社, 1987.

第3章

稀土元素的重要化合物

3.1 氧化数为+3 的化合物

3.1.1 重要的稀土盐类

1. 卤化物[1-3]

LnF_3 不溶于水，$LnCl_3$ 易溶于水，在水溶液中结晶出水合物。$LnBr_3$ 与 $LnCl_3$ 类似，所带结晶水数目情况相同：La、Ce 为 7 个结晶水，Pr 为 6 个或 7 个结晶水，Nd~Lu 为 7 个结晶水；LnI_3 含有更多的结晶水：La~Eu 为 9 个结晶水，Gd~Dy 为 8 个或 9 个结晶水，Ho~Lu 为 8 个结晶水。

卤化物在水溶液中的性质已经进行了较多的研究。已测得一系列无水 $LnCl_3$ 和水合物在水中的溶解焓[3]：无水 $LnCl_3$ 的溶解焓为负值，按 La 到 Lu 的顺序增加，表明水合焓(负值)随 La^{3+} 半径的减小而增加。LnI_3 的溶解焓规律类似 $LnCl_3$，但 LnI_3 的溶解焓较相应 $LnCl_3$ 的更负。

除了 LnF_3 外，其他卤化物在水中溶解度较大(表 3-1)，且溶解度随温度升高而增大(表 3-2)。氯化物在醇中的溶解度一般随碳链的增长而下降，在甲醇、乙醇中溶解度较大，在醚、二氧六环和四氢呋喃中的溶解度较小，在磷酸三丁酯中有相当大的溶解度。

表 3-1　25℃水合三氯化物在水中的溶解度$(mol \cdot kg^{-1})$[4]

氯化物	溶解度	氯化物	溶解度
$LaCl_3 \cdot 7H_2O$	3.8944	$NdCl_3 \cdot 7H_2O$	3.9307
$CeCl_3 \cdot 7H_2O$	3.748	$SmCl_3 \cdot 7H_2O$	3.6414
$PrCl_3 \cdot 7H_2O$	3.795	$EuCl_3 \cdot 7H_2O$	3.619

续表

氯化物	溶解度	氯化物	溶解度
$GdCl_3 \cdot 6H_2O$	3.5898	$ErCl_3 \cdot 6H_2O$	3.7840
$TbCl_3 \cdot 6H_2O$	3.5795	$YbCl_3 \cdot 6H_2O$	4.0028
$DyCl_3 \cdot 6H_2O$	3.6302	$LuCl_3 \cdot 6H_2O$	4.136
$HoCl_3 \cdot 6H_2O$	3.739	$YCl_3 \cdot 6H_2O$	3.948

表 3-2　不同温度下三氯化物在水中的溶解度[3]

三氯化物	溶解度/[kg · (100 kg 溶液)$^{-1}$]					
	−10℃	0℃	10℃	25℃	30℃	50℃
YCl_3		43.3	43.4	43.5	44.0	45.0
$LaCl_3$	47.4	47.2	48.2	48.8	49.8	51.5
$NdCl_3$	49.1	49.2	49.3	49.7	50.5	52.2
$GdCl_3$	48.4	48.2	48.3	48.7	49.3	50.8
$ErCl_3$		50.7	51.0	51.3	51.6	52.5
$LuCl_3$		52.6	54.2	54.2	54.6	55.1

1) 无水卤化物制备

现已能制备所有的镧系和钪、钇元素的无水卤化物，重要的制备方法如下：

(1) 金属的卤化。为了得到纯净的三卤化物，最好采用直接卤化的方法，但这类反应一般较为激烈。

(2) 水合卤化物的脱水。水合卤化物加热水解生成卤氧化物，使无水卤化物中夹杂了不纯物。因此水合卤化物的脱水应在脱水剂存在下进行，通过在稀土卤化物溶液中加入过量的卤化铵进行脱水是制备卤化物较好的方法[5-8]。也可用乙酸酐或乙酰氯等作脱水剂，把水合盐与氯化亚硫酰或溴化亚硫酰回流制备无水的氯化物或溴化物。

(3) 氧化物的卤化。在三氟化物的制备中，可以用 NH_4F、F_2、ClF_3、BrF_3、SF_4、I_2F_2、CCl_3F 等作氟化剂与氧化物反应制备无水的氟化物；将 Re_2O_3 与 CaF_2 共熔可以得到相应的氟化物。稀土氧化物与 CCl_4、HCl、Cl_2、SCl_2、S_2Cl_2 等氯化剂作用可以制备无水的稀土氯化物。卤化铵与 Re_2O_3 在高温下反应也可得到相应的卤化物，过量的卤化铵随 N_2 气流升华或通过真空升华除去[9]。

除了上述方法外，还可以采用氨合物 $SeF_3 \cdot 0.4NH_3$、$YF_3 \cdot 0.35NH_3$ 和 $LnF_3 \cdot nNH_3$ 的热分解获得无水氟化物，利用卤化物的交换反应可从一种卤化物制备另一种卤化物，也可从碳化物或氢化物卤化制备卤化物。

2) 水合卤化物的制备

将稀土氧化物或碳酸盐直接溶解在氢卤酸中，或将无水卤化物直接溶解于水中都可以得到相应的水合卤化物。氟化物可由其他化合物[如 $Re(NO_3)_3$]与氢氟酸作用来制备。卤化物除了氟化物外都有较大的溶解度，蒸发时倾向于过饱和，因此不易用直接蒸发的方法析出纯净的水合物。氯化物和溴化物可在蒸发其溶液时通入 HX(防止水解)来制备饱和溶液，然后蒸发浓缩以析出水合物，但此法制备碘化物的效果较差。

思考题

3-1　解释镧系元素卤化物的结晶水数目为什么不同。

2. 硝酸盐[1,10-11]

水合硝酸盐的组成为 $Re(NO_3)_3 \cdot nH_2O$，其中 $n = 3 \sim 6$。轻稀土的 $Re(NO_3)_3 \cdot 6H_2O$(Re＝La、Ce、Pr、Sm)均为三斜晶系。把稀土氧化物溶解在一定浓度(1∶1)的硝酸中，溶液蒸发结晶可得到水合硝酸盐。无水硝酸盐可用氧化物在加压下与四氧化二氮在 150℃反应来制备。

稀土硝酸盐在水中的溶解度很大(> 2 mol·L^{-1}，25℃)，且随温度升高而增大。稀土硝酸盐的稀溶液是典型的 1∶3 电解质，它像氯化物一样，在 0.01 mol·L^{-1} 溶液中的电导遵守昂萨格(Onsager)方程。迁移数与浓度的平方根呈线性关系，在无限稀释的情况下，迁移数随镧系元素原子序数的增大而下降。稀土硝酸盐易溶于无水胺、乙醇、丙酮、乙醚及乙腈等极性溶剂中，并可用磷酸三丁酯及其他萃取剂萃取。

稀土硝酸盐热分解时放出氧和氧化氮，转变为氧化物，最低温度见表 3-3。稀土硝酸盐与铵、碱金属或碱土金属硝酸盐可形成复盐，如 $La(NO_3)_3 \cdot 2NH_4NO_3$、$La(NO_3)_3 \cdot 3Mg(NO_3)_2 \cdot 24H_2O$、$Y(NO_3)_3 \cdot 2NH_4NO_3$、$Ce(NO_3)_3 \cdot 2KNO_3 \cdot 2H_2O$ 等。

表 3-3　硝酸盐转变为氧化物的最低温度[11]

硝酸盐	氧化物	温度/℃
$Sc(NO_3)_3$	Sc_2O_3	510
$Y(NO_3)_3$	Y_2O_3	480
$La(NO_3)_3$	La_2O_3	780
$Ce(NO_3)_3$	CeO_2	450
$Pr(NO_3)_3$	Pr_6O_{11}	505
$Nd(NO_3)_3$	Nd_2O_3	830
$Sm(NO_3)_3$	Sm_2O_3	750

3. 硫酸盐

镧系元素的氢氧化物和氧化物溶于硫酸得到硫酸盐，常见的为水合硫酸盐 $Ln_2(SO_4)_3 \cdot 8H_2O$(其中 Ce 盐还可含 9 个结晶水)，加热时分解，1000℃左右热分解为相应的氧化物。

硫酸盐的物理性质列在表 3-4 中。

表 3-4　水合硫酸盐的物理常数[11]

硫酸盐	结晶数据					密度/(g·cm⁻³)
	晶系	$a/10^2$ pm	$b/10^2$ pm	$c/10^2$ pm	$\beta/(°)$	
$La_2(SO_4)_3 \cdot 9H_2O$	六方	10.98		8.13		2.821
$Ce_2(SO_4)_3 \cdot 9H_2O$	六方	10.997		8.018		2.831
$Ce_2(SO_4)_3 \cdot 8H_2O$	斜方	9.926	9.513	17.329		2.87
$Pr_2(SO_4)_3 \cdot 8H_2O$	单斜	13.690	6.83	18.453	102°52′	2.82
$Nd_2(SO_4)_3 \cdot 8H_2O$	单斜	13.656	6.80	18.426	102°38′	2.856
$Pm_2(SO_4)_3 \cdot 8H_2O$	单斜	13.620	6.79	18.390	102°29′	2.90
$Sm_2(SO_4)_3 \cdot 8H_2O$	单斜	13.590	6.77	18.351	102°20′	2.930
$Eu_2(SO_4)_3 \cdot 8H_2O$	单斜	13.566	6.781	18.334	102°14′	2.98
$Gd_2(SO_4)_3 \cdot 8H_2O$	单斜	13.544	6.774	18.299	102°11′	3.031
$Tb_2(SO_4)_3 \cdot 8H_2O$	单斜	13.502	6.751	18.279	102°09′	3.06
$Dy_2(SO_4)_3 \cdot 8H_2O$	单斜	13.491	6.72	18.231	102°04′	3.11
$Ho_2(SO_4)_3 \cdot 8H_2O$	单斜	13.646	6.70	18.197	102°00′	3.149
$Er_2(SO_4)_3 \cdot 8H_2O$	单斜	13.443	6.68	18.164	101°58′	3.19
$Tm_2(SO_4)_3 \cdot 8H_2O$	单斜	13.428	6.67	18.124	101°57′	3.22
$Yb_2(SO_4)_3 \cdot 8H_2O$	单斜	13.412	6.65	18.103	101°56′	3.286
$Lu_2(SO_4)_3 \cdot 8H_2O$	单斜	13.400	6.64	18.088	101°54′	3.30
$Y_2(SO_4)_3 \cdot 8H_2O$	单斜	13.471	6.70	18.200	101°59′	2.558

无水稀土硫酸盐易吸水，溶于水时放热。硫酸盐的溶解度随温度升高而下降，易重结晶。在 20℃时，稀土硫酸盐的溶解度由铈至铕依次降低，由钆至镥依次升高(表 3-5)。

表 3-5　稀土硫酸盐 $Re_2(SO_4)_3 \cdot 8H_2O$ 在水中的溶解度[12]

稀土元素	溶解度/[g · (100 g 水)$^{-1}$]	
	20℃	40℃
La	3.8	1.5
Ce	23.8	10.3
Pr	12.74	7.64
Nd	7.00	4.51
Sm	2.67	1.99
Eu	2.56	1.93
Gd	2.87	2.19
Tb	3.56	2.51
Dy	5.07	3.34
Ho	8.18	4.52
Er	16.00	6.53
Tm	—	—
Yb	34.78	22.99
Lu	47.27	16.93
Y	9.76	4.9

4. 草酸盐

镧系草酸盐 $Ln_2(C_2O_4)_3 \cdot H_2O$ 是最重要的镧系元素盐类之一，在酸性溶液中难溶，可将其与许多金属离子分离。633～1073 K 时，草酸盐热分解可得到镧系元素的氧化物。除 CeO_2、$PrO_x(x=1.5\sim2.0)$、Tb_4O_7 外，其余都为 Ln_2O_3。

除通过镧系卤化物与草酸反应制备镧系草酸盐外，还可用均相沉淀的方法制备镧系草酸盐：稀土中性溶液与草酸甲酯回流水解，沉淀出草酸盐，草酸和草酸铵也可作沉淀剂。轻稀土和钇产生十水合物的正草酸盐，重稀土产生含结晶水较少的正草酸盐和草酸铵复盐。稀土草酸盐及草酸复盐的晶格常数见表 3-6，属于单斜或三斜晶系。

表 3-6　稀土草酸盐及草酸复盐的晶格常数

草酸盐	晶系	晶格常数					
		$a/10^2$ pm	$b/10^2$ pm	$c/10^2$ pm	$\alpha/(°)$	$\beta/(°)$	$\gamma/(°)$
$Sc_2(C_2O_4)_3 \cdot 6H_2O$	三斜	9.317	8.468	9.489	93.04	106.50	86.27
$Y_2(C_2O_4)_3 \cdot 10H_2O$	单斜	11.09	9.57	9.61		118.1	
$La_2(C_2O_4)_3 \cdot 10H_2O$	单斜	11.81	9.61	10.47		119.0	

续表

草酸盐	晶系	晶格常数					
		$a/10^2$ pm	$b/10^2$ pm	$c/10^2$ pm	$\alpha/(°)$	$\beta/(°)$	$\gamma/(°)$
$Ce_2(C_2O_4)_3 \cdot 10H_2O$	单斜	11.780	9.625	10.101		119.01	
$Pr_2(C_2O_4)_3 \cdot 10H_2O$	单斜	11.254	9.633	10.331		114.52	
$Nd_2(C_2O_4)_3 \cdot 10H_2O$	单斜	11.678	9.652	10.277		118.92	
$Pm_2(C_2O_4)_3 \cdot 10H_2O$	单斜	11.57	9.61	10.27		118.8	
$Sm_2(C_2O_4)_3 \cdot 10H_2O$	单斜	11.577	9.643	10.169		118.87	
$Eu_2(C_2O_4)_3 \cdot 10H_2O$	单斜	11.089	9.635	10.120		114.25	
$Gd_2(C_2O_4)_3 \cdot 10H_2O$	单斜	11.516	9.631	10.08		118.82	
$Tb_2(C_2O_4)_3 \cdot 10H_2O$	单斜	10.997	9.611	10.020		114.11	
$Dy_2(C_2O_4)_3 \cdot 10H_2O$	单斜	11.433	9.615	9.988		118.76	
$Ho_2(C_2O_4)_3 \cdot 10H_2O$	单斜	11.393	9.906	9.955		118.75	
$Er_2(C_2O_4)_3 \cdot 10H_2O$	单斜	11.359	9.616	9.940		118.72	
$Er_2(C_2O_4)_3 \cdot 6H_2O$	三斜	9.644	8.457	9.836	93.54	105.99	85.05
$Tm_2(C_2O_4)_3 \cdot 6H_2O$	三斜	9.620	8.458	9.808	93.44	106.12	85.13
$Yb_2(C_2O_4)_3 \cdot 6H_2O$	三斜	9.611	8.457	9.778	93.33	106.24	85.29
$Lu_2(C_2O_4)_3 \cdot 6H_2O$	三斜	9.597	8.455	9.758	93.42	106.27	85.41

所有稀土草酸盐在水中的溶解度都很小(表 3-7)，轻稀土可以定量地以草酸盐形式从溶液中沉淀出来。在一定酸度条件下，草酸盐的溶解度随镧系原子序数的增大而增加。与轻稀土草酸盐比较，重稀土草酸盐因生成草酸根配合物 $Re(C_2O_4)_n^{3-2n}$ ($n = 1, 2, 3$)，其溶解度明显增加。

表 3-7 稀土草酸盐在水中的溶解度 [11]

$Re_2(C_2O_4)_3 \cdot 10H_2O$	溶解度/(g·L^{-1})	$Re_2(C_2O_4)_3 \cdot 10H_2O$	溶解度/(g·L^{-1})
La	0.62	Sm	0.69
Ce	0.41	Gd	0.55
Pr	0.74	Yb	3.34
Nd	0.74		

稀土草酸盐热分解时生成碱式碳酸盐和氧化物，800~900℃完全转化为氧化物。高温下，稀土氧化物易与含 SiO_2 的容器壁反应生成硅酸盐，所以应在铂皿中灼烧稀土草酸盐。

思考题

3-2　做完实验回收镧系元素时，为什么需要将其变成碳酸盐或草酸盐？

5. 碳酸盐[1,10]

向可溶性稀土盐的稀溶液中加入略过量的 $(NH_4)_2CO_3$，即可生成稀土碳酸盐沉淀。稀土水合碳酸盐能与大多数酸反应，在水中的溶解度为 $10^{-5} \sim 10^{-7}\,mol \cdot L^{-1}$（表 3-8）。稀土碳酸盐在 900℃时热分解为氧化物，热分解过程中，存在中间产物——碱式盐 $Re_2O_3 \cdot 2CO_2 \cdot 2H_2O$、$Re_2O_3 \cdot 2.5CO_2 \cdot 3.5H_2O$。稀土碳酸盐与碱金属碳酸盐可以生成稀土碳酸复盐 $Re_2(CO_3)_3 \cdot Na_2SO_4 \cdot nH_2O$。

表 3-8　稀土碳酸盐在水中的溶解度[11]

碳酸盐	溶解度(25℃)/(mol · L⁻¹)	碳酸盐	溶解度(25℃)/(mol · L⁻¹)
$La_2(CO_3)_3$	2.38×10^{-7}	$Gd_2(CO_3)_3$	7.4×10^{-6}
	1.02×10^{-6}	$Dy_2(CO_3)_3$	6.0×10^{-6}
$Ce_2(CO_3)_3$	$(0.7 \sim 1.0) \times 10^{-6}$	$Y_2(CO_3)_3$	1.54×10^{-6}
$Pr_2(CO_3)_3$	1.99×10^{-6}		2.52×10^{-6}
$Nd_2(CO_3)_3$	3.46×10^{-6}	$Er_2(CO_3)_3$	2.10×10^{-6}
$Sm_2(CO_3)_3$	1.89×10^{-6}	$Yb_2(CO_3)_3$	5.0×10^{-6}
$Eu_2(CO_3)_3$	1.94×10^{-6}		

6. 磷酸盐[1,11,13-15]

pH = 4.5 的稀土溶液中加入 Na_3PO_4 可得到稀土磷酸盐沉淀，组成为 $RePO_4 \cdot nH_2O$（$n = 0.5 \sim 4$）或 $RePO_4$。La～Gd 的 $RePO_4$ 属于单斜晶系，其中 $LaPO_4$、$CePO_4$ 和 $NdPO_4$ 有单斜、六方两种晶系，Tb～Lu 和 Y 的 $RePO_4$ 属于四方晶系。稀土磷酸盐在水中溶解度较小，$LaPO_4$ 的溶解度为 $0.017\,g \cdot L^{-1}$，$GdPO_4$ 的溶解度为 $0.0092\,g \cdot L^{-1}$，$LuPO_4$ 的溶解度为 $0.013\,g \cdot L^{-1}$。用类似于磷酸盐的制备方法，可得到组成为 $Re_4(P_2O_7)_3$ 的焦磷酸盐，它们在水中的溶解为 $10^{-2} \sim 10^{-3}\,g \cdot L^{-1}$。

7. 高氯酸盐[11]

用稀土氧化物与浓度 1:1 高氯酸水溶液反应可以得到水合的高氯酸盐，组成为 $Re(ClO_4)_3 \cdot nH_2O$，$n = 8$（Re = La, Ce, Pr, Nd, Y）和 $n = 9$（Re = Sm, Gd）。它们在水中的溶解度较大，在空气中易吸水。加热水合高氯酸盐可以分步脱水，250～300℃时开始分解，产物为 $ReOCl$。

3.1.2 氧化物和氢氧化物

1. 氧化物

镧系元素的稳定氧化物通式为 Ln_2O_3，可通过镧系元素单质在空气中燃烧制备，该燃烧反应剧烈放热，如 La_2O_3、Sm_2O_3、Y_2O_3 的标准摩尔生成焓分别为 $-1793\ kJ \cdot mol^{-1}$、$-1810\ kJ \cdot mol^{-1}$、$-1905\ kJ \cdot mol^{-1}$，高于 Al_2O_3 的标准摩尔生成焓 $-1678\ kJ \cdot mol^{-1}$，因此，镧系元素单质是比铝更优良的还原剂。Ln_2O_3 为高熔点的碱性氧化物，难溶于水和碱，易溶于除 HF 和 H_3PO_4 外的无机酸，与碱土元素氧化物性质相似，可吸收空气中的 CO_2 形成碳酸盐、碱式碳酸盐，在 800℃进行灼烧可得到无碳酸盐的氧化物。氧化物与水反应生成氢氧化物，如水蒸气与氧化物水热反应制得 $Re(OH)_3$ 和 $ReO(OH)$。

除 Ce、Pr、Tb 外，其余稀土元素的 Re_2O_3 可通过灼烧氢氧化物或含氧酸盐如 $Re_2(CO_3)_3$、$Re_2(C_2O_4)_3$、$Re_2(SO_4)_3$ 等制得，但 $RePO_4$ 例外。在空气中灼烧 Ce、Pr、Tb 的氢氧化物或含氧酸盐，分别得到 CeO_2、Pr_6O_{11}、Tb_4O_7。稀土金属与氧直接化合也可制备相应氧化物，如 Pr_2O_3 与氧在 450℃反应，或在 300℃、$5.066 \times 10^6\ Pa$ 条件下与氧反应可以得到 PrO_2。不定组成的氧化铽与氧反应可得到 TbO_2，将 Cs、Pr、Tb 的高价氧化物还原也可以得到三价氧化物 Re_2O_3。CeO_2、PrO_2、TbO_2 具有 CaF 型的结构，Ce、Tb 的氧化物还形成一系列不定组成的有缺陷的结构，其组成和相应结构取决于氧的平衡分压和加热过程(表 3-9)。

表 3-9　稀土氧化物

氧化物	颜色	晶系	氧化物	颜色	晶系
$LaO_{1.5}$	白	六方	$PrO_{1.778}$	黑	三斜
$CeO_{1.5}$	白	六方	$PrO_{1.8}$	黑	单斜
$CeO_{1.714}$	蓝黑	斜方	$GdO_{1.5}$	白	体心立方
$CeO_{1.778}$	深蓝			白	单斜
$CeO_{1.800}$	深蓝		$TbO_{1.5}$	白	体心立方
$CeO_{1.818}$	深蓝			白	单斜
CeO_2	浅黄	面心立方	$TbO_{1.714}$	褐	斜方
$PrO_{1.5}$	黄	体心立方	$TbO_{1.809}$		三斜
	浅绿	六方	$TbO_{1.918}$	深褐	三斜
$PrO_{1.65}$	黑	体心立方	$TbO_{1.833}$		单斜
$PrO_{1.714}$	黑	斜方	$TbO_{1.95}$	深褐	面心立方

续表

氧化物	颜色	晶系	氧化物	颜色	晶系
$DyO_{1.5}$	白	体心立方	$SmO_{1.5}$	白	体心立方
	白	单斜			单斜
$HoO_{1.5}$	白	体心立方	EuO	深红	岩盐
		单斜	$EuO_{1.33}$	黑	单斜
$ErO_{1.5}$	粉	体心立方	$EuO_{1.5}$	白	体心立方
		单斜		黄	单斜
$PrO_{1.818}$	黑	单斜	$TmO_{1.5}$	白	体心立方
$PrO_{1.826}$	黑	面心立方			单斜
$PrO_{1.833}$	黑	单斜	$YbO_{1.5}$	白	体心立方
PrO_2	黑	面心立方			单斜
$NdO_{1.5}$	浅蓝	六方	$LuO_{1.5}$	白	体心立方
		体心立方			单斜
$PmO_{1.5}$	黄	体心立方	$ScO_{1.5}$	白	体心立方
		单斜			

稀土氧化物的热稳定性和 CaO、MgO 相当，熔点、沸点较高，氧化物磁矩与相应的三价离子的磁矩相近。

2. 氢氧化物

在 Ln^{3+} 溶液中加入 NaOH，生成 $Ln(OH)_3$ 沉淀。$Ln(OH)_3$ 的碱性和碱土金属的氢氧化物相似，但溶解度低。Ln^{3+} 和碱土金属离子相比，半径小、电荷高、极化能力强、氢氧化物和氧化物的共价性成分高、溶解度低。即使在氯化铵存在下，在 Ln^{3+} 溶液中加入氨水，也能生成 $Ln(OH)_3$ 沉淀。$Ln(OH)_3$ 开始沉淀的 pH 和溶度积常数如表 3-10 所示。

表 3-10　$Ln(OH)_3$ 开始沉淀的 pH 和溶度积常数(298K)

离子	沉淀颜色	开始沉淀的 pH			K_{sp}
		硝酸盐	氯化物	硫酸盐	
La^{3+}	白	7.82	8.03	7.41	1.0×10^{-19}
Ce^{3+}	白	7.60	7.41	7.35	1.5×10^{-20}

续表

离子	沉淀颜色	开始沉淀的 pH			K_{sp}
		硝酸盐	氯化物	硫酸盐	
Pr^{3+}	浅绿	7.35	7.05	7.17	2.7×10^{-22}
Nd^{3+}	紫红	7.31	7.02	6.95	1.9×10^{-21}
Pm^{3+}	—				
Sm^{3+}	黄	6.92	6.83	6.70	6.8×10^{-22}
Eu^{3+}	白	6.91	—	6.68	3.4×10^{-22}
Gd^{3+}	白	6.84	—	6.75	2.1×10^{-22}
Tb^{3+}	白	—	—	—	2.0×10^{-22}
Dy^{3+}	黄	—	—	—	1.4×10^{-22}
Ho^{3+}	黄	—	—	—	5.0×10^{-23}
Er^{3+}	浅红	6.76	—	6.50	1.3×10^{-23}
Tm^{3+}	绿	6.40	—	6.21	3.3×10^{-24}
Yb^{3+}	白	6.30	—	6.18	2.9×10^{-24}
Lu^{3+}	白	6.30	—	6.18	2.5×10^{-24}

Ln(OH)$_3$溶于酸生成盐，胶状的 Ln(OH)$_3$碱性强，可吸收空气中的 CO_2 生成碳酸盐。

脱水的稀土氢氧化物 ReO(OH)在高温、高压下通过水热法制备，得到单斜晶系的化合物，能溶于酸。

Ce(OH)$_3$不稳定，只能在真空条件下制备，在空气中被缓慢氧化，干燥情况下很快变成黄色的 Ce(OH)$_4$。如果溶液中有次氯酸盐或次溴酸盐，Ce(OH)$_3$沉淀会被氧化成 Ce(OH)$_4$。因此，Ce(OH)$_3$是一种强还原剂。

思考题

3-3 镧系元素氢氧化物的碱性有什么规律？原因是什么？

3.2　氧化数为+2 和+4 的化合物

稀土元素一般能生成特征的+3 氧化态，在一定条件下还能生成+2 和+4 氧化态。钐、铕、铥和镱等较其他稀土元素易呈+2 氧化态，铈、镨、铽和镝等呈+4 氧化态。

3.2.1　氧化数为+2 的化合物

钐、铕、镱可形成二价离子，其基本性质如表 3-11 所示。其中 Eu^{2+} 最稳定，表现出与碱土金属离子(特别是 Sr^{2+} 和 Ba^{2+})的相似性。例如，$EuSO_4$ 和 $BaSO_4$ 属于类质同晶，溶解度都很小。$Eu(OH)_2$ 开始沉淀的 pH 比 $Ln(OH)_3$ 高得多，可通过沉淀 pH 为基础的碱度法分离 Eu^{2+}(aq)与 Ln^{3+}(aq)。碱度法分离后得到的 Eu^{2+} 溶液中加入 $BaCl_2$ 和 Na_2SO_4，可使 $EuSO_4$ 与 $BaSO_4$ 共沉淀。用稀 HNO_3 洗涤时，沉淀中的 Eu^{2+} 被氧化为 Eu^{3+} 进入溶液，Eu^{2+}(aq)也可被 Fe^{3+}(aq)氧化。Eu^{2+} 在空气中不稳定，分离和分析操作应在惰性气体保护下进行。

表 3-11　Ln^{2+} 的性质

离子	颜色	离子半径/pm	电极电势/V $Ln^{3+} + e^- \rightleftharpoons Ln^{2+}$
Sm^{2+}	浅红色	111	−1.55
Eu^{2+}	草黄	109	−0.429
Yb^{2+}	绿色	93	−1.21

1. 卤化物[16-18]

钕($4f^4$)、钷($4f^5$)、钐($4f^6$)、铕($4f^7$)、镝($4f^{10}$)、铥($4f^{13}$)和镱($4f^{14}$)的二氯化物、二溴化物和二碘化物，钐、铕、镱的二氟化物及镧、铈、镨、钆的二碘化物都是已知的，均可通过稀土金属、H_2、$LiBH_4$、Zn、Mg、C 等为还原剂，在一定温度下通过还原三卤化物制备。也可利用三卤化物的热分解以及稀土金属与卤化汞反应制备相应的二卤化物(表 3-12)。

表 3-12　二卤化物的制备方法

方法	制备得到的二卤化物
三卤化物的氢还原	钐、铕和镱的二氯化物、二溴化物、二碘化物以及铕的二氟化物
三卤化物的稀土金属还原	钐、铕和镱的二氯化物、二溴化物，钐和镱的二氟化物，镧、铈、镨、钕、钆、镝和铥的二碘化物
三卤化物的锌还原	钐、铕和镱的二氯化物
三卤化物的镁还原	钐的二氯化物
三卤化物的碳还原	钐的二氯化物
三卤化物的热分解	铕的二氟化物、钐的二碘化物
稀土金属还原卤化汞	铥和镝的二碘化物

二卤化物的结构和晶格常数及配位数见表 3-13。钐、铕、铥和镱等二卤化物与碱土金属卤化物同晶，氟化物一般具有 CaF_2 结构，氯化物一般具有 $PbCl_2$ 或 SrI_2 两种结构，二溴化物具有 $SrBr_2$ 和 $CaCl_2$ 型结构，二碘化物具有 $SrBr_2$、SrI_2、CdI_2 和 EuI_2 型结构。由于镧系收缩，Ln^{2+} 的半径随原子序数的增加而递减，配位数也随之减小。随着阴离子体积增大，同一金属的配位数随氯、溴、碘的次序减小，但多数情况下，氟化物中金属的配位数为 8，较氯化物的配位数小。

表 3-13　稀土元素二卤化物的性质

化合物	颜色	结构	晶格常数/10^2 pm	配位数	熔点/℃
SmF_2	紫	CaF_2 型	5.869	8	—
EuF_2	淡黄绿	CaF_2 型	5.840	8	—
YbF_2	淡灰	CaF_2 型	5.599	8	—
$NdCl_2$	深绿	$PbCl_2$ 型	$a_0 = 9.06, b_0 = 7.59, c_0 = 4.50$	9	841
$SmCl_2$	红褐	$PbCl_2$ 型	$a_0 = 8.993, b_0 = 7.556, c_0 = 4.517$	9	855
$EuCl_2$	白	$PbCl_2$ 型	$a_0 = 8.965, b_0 = 7.538, c_0 = 4.511$	9	731
$DyCl_2$	黑	SrI_2 型	$a_0 = 13.38, b_0 = 7.06, c_0 = 6.76$	7	721
$TmCl_2$	深绿	SrI_2 型	$a_0 = 13.10, b_0 = 6.93, c_0 = 6.68$	7	718
$YbCl_2$	绿黄	SrI_2 型	$a_0 = 13.139, b_0 = 6.948, c_0 = 6.698$	7	702
$SmBr_2$	红褐	$SrBr_2$ 型	—	8/7	669
		$PbCl_2$ 型	$a_0 = 9.506, b_0 = 7.977, c_0 = 4.754$	9	—
$EuBr_2$	白	$SrBr_2$ 型	$a_0 = 11.574, b_0 = 7.908$	8/7	683
$YbBr_2$	黄	$CaCl_2$ 型	$a_0 = 6.63, b_0 = 6.93, c_0 = 4.37$	6	673
NdI_2	深紫	$SrBr_2$ 型	—	8/7	562
SmI_2	深绿	EuI_2 型	—	7	520
EuI_2	褐绿	EuI_2 型	$a_0 = 7.62, b_0 = 8.23, c_0 = 7.88, \beta = 98°$	7	580
		SrI_2 型	$a_0 = 15.12, b_0 = 8.18, c_0 = 7.83$	7	—
DyI_2	深紫	$CdCl_2$ 型	$a_0 = 7.445, \alpha = 36.1°$	6	659
TmI_2	黑	CdI_2 型	$a_0 = 4.520, c_0 = 6.967$	6	756
YbI_2	黑	CdI_2 型	$a_0 = 4.503, c_0 = 6.972$	6	772

稀土元素的二氯化物、二溴化物和二碘化物在空气和水中不稳定，能被迅速氧化成三价化合物，放出 H_2。$NdCl_2$、$DyCl_2$ 和 $TmCl_2$ 与 H_2O 反应激烈，放出 H_2 并生成 $Re(OH)_3$ 沉淀。

2. 氧化物[16-17,19-20]

EuO 是一种暗红色的固体，是目前得到的最稳定的低价稀土氧化物，在干、湿空气中均无明显反应。YbO 和 SmO 不易制备。

EuO 以 Eu_2O_3 为原料、金属 La 或 Eu 为还原剂制备：Eu_2O_3 与金属 Eu 在钽或钼的容器中，在 800～2000℃ 条件下反应，最后蒸除过量的金属得到 EuO。Eu_2O_3 与石墨在 1300℃ 条件下也可生成 EuO。将稀土氯氧化物与氢化锂在 600～800℃ 真空下反应，可制得低价氧化物。金属镱与氧气在液氨中，于-33℃或更低的温度下，或在低压下于 200～300℃ 可制备 YbO。

3. 氢氧化物

二价稀土氢氧化物有绿色 $Sm(OH)_2$、黄色 $Eu(OH)_2$ 和淡黄色 $Yb(OH)_2$，它们极易被氧化，甚至在惰性气体中也能被氧化，形成三价氢氧化物，其中 $Eu(OH)_2$ 相对较为稳定。可通过 Eu^{2+}溶液与 $10\ mol\cdot L^{-1}$ NaOH 溶液反应或 100℃、真空条件下 Eu^{2+} 的溶液与 NaOH 溶液反应生成 $Eu(OH)_2\cdot H_2O$ 沉淀。

4. 其他盐

硫酸盐：Re^{2+}的硫酸盐通过相应的二价稀土溶液与硫酸盐反应制备，二价稀土硫酸盐在湿空气中易被氧化为三价。稀土硫酸盐难溶于水，颜色与溶液中相应的二价稀土离子的颜色相近。$SmSO_4$ 和 $EuSO_4$ 属于正交晶系(表 3-14)，$YbSO_4$ 是六方晶系，与 $CePO_4$ 同晶。

表 3-14　二价硫酸盐和碳酸盐的结构[16]

化合物	颜色	晶系	晶格常数/10^2 pm		
			a	b	c
$SmSO_4$	橙黄	正交	8.45	5.38	6.91
$EuSO_4$	白	正交	8.32	5.34	6.82
$SrSO_4$	白	正交	8.359	5.352	6.866
$BaSO_4$	白	正交	8.8701	5.4534	7.1507
$SmCO_3$	橙褐	正交	8.58	5.97	5.09
$EuCO_3$	黄	正交	8.45	6.05	5.10
$YbCO_3$	淡绿	正交	8.13	5.87	4.98
$CaCO_3$	白	正交	7.968	6.741	4.958
$SrCO_3$	白	正交	8.414	6.029	5.107
$BaCO_3$	白	正交	8.8345	6.5490	5.2556

碳酸盐：二价稀土溶液中加入碳酸盐可析出稀土碳酸盐沉淀，其颜色与溶液中相应的二价离子的颜色相近。稀土碳酸盐极易被湿空气和水氧化，$EuCO_3$ 一般保存在封管中。稀土碳酸盐($SmCO_3$、$EuCO_3$、$YbCO_3$)均属于正交晶系碳酸钙的结构，晶格常数见表 3-14。

草酸盐：$EuSO_4$ 与饱和草酸铵溶液反应，可以得到红褐色的 $EuC_2O_4 \cdot H_2O$，与草酸锶同晶，不溶于水，但能溶于酸而分解。

磷酸盐：按比例向 Eu^{2+} 溶液中加入磷酸盐溶液，可得到浅绿色的 $Eu_3(PO_4)_2$ 沉淀，其晶体结构和 $Sr_3(PO_4)_2$ 相似。

3.2.2 氧化数为+4 的化合物

铈、镨、钕、铽、镝都能形成氧化数为+4 的化合物，但只有 Ce^{4+} 化合物在水溶液和固体中稳定，Ce^{4+} 为橙红色。固体 CeO_2 为白色，不与酸和强碱作用，有还原剂如 H_2O_2、Sn^{2+} 存在时，溶于酸得到 Ce^{3+} 溶液。

1. 卤化物[2,16-18]

四价稀土卤化物中，仅得到四氟化物和氟或氯的配合物，未曾制得其他的四卤化物。铈、镨、铽的四氟化物为白色，在溶液中四氟化物易被还原为三价离子并放出氧气。例如，CeF_4、TbF_4 缓慢地溶解于稀硝酸时，得到 Ce^{3+} 或 Tb^{3+}，并放出氧气。铈、镨、铽的四氟化物的分解压力明显不同，CeF_4 相当稳定，TbF_4 在室温和真空下有很大的分解压力，TbF_4、PrF_4 在较低温度下分解失氟。用 $CeCl_3$、CeO_2、CeF_3(或 $CeF_3 \cdot \frac{1}{2}H_2O$)等为原料，F_2、ClF_3 和 XeF_3 等为氟化剂进行氟化反应，可得到 CeF_4。溶液中四价铈离子与 HF 作用，也可得到水合氟化物 $CeF_4 \cdot H_2O$。但 $CeF_4 \cdot H_2O$ 脱水时，绝大部分分解为 CeF_3，因此难以通过脱水来制备无水的四氟化铈。TbF_4 可用 Tb^{3+} 化合物的氟化反应来制备。通过 Na_2PrF_6(固)与 HF(液)反应制备 PrF_4 比较困难，纯度很低，仅含 40%；若在氟的气氛中制备，可以提高 PrF_4 的纯度。

CeF_4 能被还原性的气体还原，如 CeF_4 在 350℃时可被 H_2、NH_3 和 H_2O(气)还原为 CeF_3；高温时，与 H_2O(气)生成 CeO_2。CeF_4 和 CeO_4 在 400℃加热，生成 CeF_3 和 O_2。

铈、镨、钕、铽、镝的四价离子可形成 M_3LnF_7 和 M_2LnF_6 类型的氟的配合物，如 K_3CeF_7、Na_3PrF_7、Cs_3NdF_7、Cs_3TbF_7、Cs_3DyF_7、Rb_3CeF_7、Rb_3PrF_7、K_3TbF_7、Li_2PrF_6、$SrTbF_6$、$BaPrF_6$ 等[21-22]。铈、镨、铽的配合物均为无色，但在热氟气氛中镨的配合物是黄色的。

铈的配合物在湿空气或水中缓慢分解，得到水合二氧化铈。镨的配合物被湿空气和水分解而还原为三价铽。Cs_3TbF_7 在湿空气中却是稳定的，在水中也没有明显的变化。

2. 二氧化物[16-18,23]

稀土元素中只有铈、镨和铽有纯的四价氧化物 ReO_2，并形成一系列组成在 $Re_2O_3 \sim ReO_2$ 的化合物，可与碱金属氧化物形成复合氧化物。

CeO_2 是最重要、最具有代表性的铈的氧化物，具有 CaF_2 结构，为黄色固体(纯品为白色)，熔点为 2600℃，不溶于水。CeO_2 可由三价的草酸盐、碳酸盐、硝酸盐或氢氧化物在空气中灼烧得到。但灼烧法不能用于制备 PrO_2 和 TbO_2，其三价草酸盐等灼烧只能得到 Pr_6O_{11} 或 Tb_4O_7。PrO_2 可由 Pr_6O_{11} 在纯氧、1.013×10^5 Pa、320℃下氧化两天得到，或 Pr_2O_{11} 在水中煮沸，歧化为 $Pr(OH)_3$ 和 PrO_2，再以浓乙酸溶解 $Pr(OH)_3$ 分离得到。TbO_2 可在 350℃通过氧与 Tb_4O_7 作用制得，或将 Tb_4O_7 被热盐酸和乙酸的混合酸催化、歧化制备，也可由 Tb_2O_3 在 $HClO_4 \cdot H_2O$ 中、3.039×10^7 Pa 条件下加热生成。

四价氧化物都是强氧化剂，CeO_2、PrO_2、TbO_2 的 $E^\ominus$ 分别为 1.26 V、2.5 V、2.3 V。它们的氧化还原电势与体系中的 H^+ 浓度有关，酸度低，电势下降；稀酸中较稳定；浓酸中放出氧，变为三价离子。可将浓 HCl 氧化，放出 Cl_2，将 Mn^{2+} 氧化为 MnO_4^-。在碱性溶液中稳定，氧化还原电势明显降低，如 PrO_2 在中性或碱性溶液中的 $E^\ominus = 0.5$ V。

CeO_2 相比于 PrO_2 和 TbO_2，其热稳定性较高，800℃时保持不变，980℃时失去部分氧。PrO_2 和 TbO_2 的分解温度较低，将 PrO_2 和 TbO_2 在空气中加热，350℃即失去氧变为 Pr_6O_{11} 和组成接近于 $TbO_{1.5}$ 的氧化铽。

3. 盐类

磷酸盐和碘酸盐：Ce^{4+} 的磷酸盐和碘酸盐均可从水溶液中沉淀出来，不溶于 NH_4NO_3，不溶于水和酸，可用于 Ce^{4+} 和其他三价稀土的分离。

草酸盐：由于草酸的还原性，$Ce(C_2O_4)_2$ 不太稳定，易被还原为 Ce^{3+} 的草酸盐。难溶于水的 $Ce(C_2O_4)_2$ 可与 $(NH_4)_2C_2O_4$ 作用，生成 $(NH_4)_4[Ce(C_2O_4)_4]$ 配合物而溶解。

硝酸盐：纯 $Ce(NO_3)_4$ 尚未制得，但与铵、碱金属、碱土金属可以形成硝酸配合盐，如 $(NH_4)_2[Ce(NO_3)_6]$ 为可溶性配合物，在溶液和晶体中，NO_3^- 以双齿方式配位 Ce^{4+}，在溶液中以 $[Ce(NO_3)_6]^{2-}$ 形式存在。

硫酸盐：CeO_2 与浓 H_2SO_4 作用生成 $Ce(SO_4)_2$，在溶液中不稳定，可在溶液中加入 H_2SO_4 稳定 $Ce(SO_4)_2$。$Ce(SO_4)_2$ 可与铵或碱金属硫酸盐形成复盐 $Ce(SO_4)_2 \cdot 2(NH_4)_2SO_4 \cdot 2H_2O$。在酸性溶液中，$Ce(SO_4)_2$ 可氧化 H_2O_2：

$$2Ce(SO_4)_2 + H_2O_2 \longrightarrow Ce_2(SO_4)_3 + H_2SO_4 + O_2 \uparrow \qquad (3\text{-}1)$$

思考题

3-4　用 $Ce(SO_4)_2 \cdot 2(NH_4)_2SO_4 \cdot 2H_2O$ 作氧化剂的铈量法有哪些优点?

例题 3-1

用硝酸浸取 $Ce(OH)_4$,溶液的 pH 一般控制在 2.5。通过计算说明在该条件下 $Re(OH)_3$ 和 $Ce(OH)_4$ 可以得到分离。已知: $K_{sp}^{\ominus}[Ce(OH)_4] = 1.5 \times 10^{-51}$,$K_{sp}^{\ominus}[Re(OH)_3] = 1.0 \times 10^{-19} \sim 2.5 \times 10^{-24}$。

解　pH 为 2.5 即 pOH 为 11.5,则

$$c(OH^-) = 3.16 \times 10^{-12} \ (\text{mol} \cdot \text{L}^{-1})$$

在该条件下残留的 Ce^{4+} 浓度为

$$c(Ce^{4+}) = \frac{K_{sp}^{\ominus}[Ce(OH)_4]}{[c(OH^-)]^4} = \frac{1.5 \times 10^{-51}}{(3.16 \times 10^{-12})^4} = 1.5 \times 10^{-5} (\text{mol} \cdot \text{L}^{-1})$$

即在 pH 为 2.5 时,$Ce(OH)_4$ 基本上沉淀完全。

由于 $K_{sp}^{\ominus}[Re(OH)_3] = 1.0 \times 10^{-19} \sim 2.5 \times 10^{-24}$,即使按后者计算,当 $c(Re^{3+})$ 为 $0.10 \ \text{mol} \cdot \text{L}^{-1}$ 时,沉淀需要的 OH^- 浓度为

$$c(OH^-) = \sqrt[3]{\frac{K_{sp}^{\ominus}[Re(OH)_4]}{c(Re^{3+})}} = \sqrt[3]{\frac{2.5 \times 10^{-24}}{0.10}} = 2.9 \times 10^{-8} (\text{mol} \cdot \text{L}^{-1}) > 3.16 \times 10^{-12} (\text{mol} \cdot \text{L}^{-1})$$

所以在 pH 为 2.5 时(即使 pH 再大一些)都不会析出 $Re(OH)_3$ 沉淀,从而使 $Re(OH)_3$ 和 $Ce(OH)_4$ 得以分离。

3.3　纳米稀土氧化物

在稀土元素的多种纳米氧化物中,纳米氧化镧、氧化铈及氧化钇的应用尤为广泛。

3.3.1　纳米氧化镧

纳米氧化镧有很多优良的特性,如光学活性高、催化活性高、吸附选择性强等[24],在催化剂材料[25-27]、传感器材料[28]、电池材料[29]、压电材料、陶瓷材料、

储氢材料、永磁材料、发光材料[30-31]等方面有广泛应用。氧化镧有 A 型、B 型和 C 型三种晶体结构,其中 A 型最常见,为六方晶系结构[32-33],A 型或 B 型在 770～2303 K 之间形成,当温度低于 770 K 时,C 型结构可稳定存在。

纳米氧化镧的制备方法如下:

静电纺丝法:Durmuşŏglu 等[34]以聚乙烯醇为前驱体,采用静电纺丝法制备了硼掺杂的 Bi_2O_3-La_2O_3 纳米纤维。经过研究发现,硼掺杂增加了 La_2O_3 晶体衍射峰的强度,使其比表面积从未掺杂的 $12.93\ m^2 \cdot g^{-1}$ 增加到 $20.44\ m^2 \cdot g^{-1}$。Feng 等[35]将 WCl_6 和 $La(NO_3)_3 \cdot 6H_2O$ 分散到 N,N-二甲基甲酰胺、乙醇和乙酸混合液中,磁力搅拌 1 h,加入聚乙烯吡咯烷酮搅拌形成纺丝液,可获得分布均匀、直径约为 200 nm 的 La_2O_3-WO_3 纳米纤维。

低温燃烧制备法:张海瑞等[36]以 $La(NO_3)_3 \cdot 6H_2O$ 为原料,柠檬酸为燃料,前驱体溶液 pH=2,烧结温度为 700～900℃,时间为 1.5 h,低温燃烧制备出粒径为 50～100 nm、分布均匀的纳米 La_2O_3 粉体。王亚娇等[24]以 $La(NO_3)_3 \cdot 6H_2O$ 为原料,甘油为燃烧剂,聚乙二醇作分散剂,溶液 pH = 3,烧结温度为 750℃,烧结时间为 1.5 h,获得平均粒径为 35 nm 的纳米 La_2O_3 粉体。

3.3.2　纳米氧化铈

铈的常见氧化物为 Ce_2O_3 和 CeO_2,虽然在 Ce_2O_3 和 CeO_2 之间存在相当多的氧化物物相,但均不稳定。纳米氧化铈是一种重要的稀土氧化物混合电子-离子导体,具有较高的储氧能力、良好的氧化还原性能、较好的化学稳定性,Ce^{3+}/Ce^{4+} 转化可得到丰富的氧空位缺陷[37]。在固体氧化物燃料电池[38]、传感器[39]、催化氧化[40]等领域得到了广泛的研究。

制备纳米 CeO_2 的方法有水热合成法、沉淀法、溶剂热法、溶胶-凝胶法、微乳液等[41]。

水热合成法:Hirano 等[42]以硝酸铈、硫酸铈和硫酸铈铵为铈源,氨水为还原剂,180℃水热条件下,制备出粒径为 30 nm 的纳米 CeO_2 颗粒,为水热合成法制备纳米 CeO_2 奠定了基础。田俊杰等[43]以硝酸铈和柠檬酸为原料,在反应体系中加入十六烷基三甲基溴化铵(CTAB)作为模板剂,制备出纳米 CeO_2,与未添加 CTAB 得到的产物相比,比表面积增大了 $23\ m^2 \cdot g^{-1}$,结晶度得以提高。冯静等[44]以硝酸铈为铈源,尿素为还原剂,活性炭为模板剂,通过水热合成法,获得了具有良好催化性能的花状纳米 CeO_2。

沉淀法:Boro 等[45]以硝酸铈为铈源,以氨水为沉淀剂,通过调节 pH、高温灼烧沉淀,制备了粒径为 5 nm 的纳米 CeO_2。董相廷等[46]采用沉淀法,以乙醇为分散剂和保护剂,氨水为沉淀剂沉淀 Ce^{3+},经灼烧得到粒径为 7 nm 的纳米 CeO_2。研究发现有机溶剂可有效缓解团聚现象,促进 Ce^{3+} 向 Ce^{4+} 的转化,并由于乙醇的包覆作用，纳米 CeO_2 粒径均一，该法可大批量制备纳米 CeO_2。

溶剂热法：于丽丽等[47]以硝酸铈为铈源，乙醇与水为分散剂，添加聚乙烯吡咯烷酮(PVP)为模板剂，制备出形貌大小分布均一、粒径约为 400 nm 的纳米微球 CeO_2；当 PVP 的浓度为 4 mol·L^{-1} 时，可制备出 300 nm 八面体纳米 CeO_2。

溶胶-凝胶法：董相廷等[48]通过胶溶法以硝酸铈为原料，甲苯为溶剂、分散剂，加入十二烷基苯甲酸钠作为模板剂，制备出纯度高、粒径为 3 nm 的 CeO_2 纳米颗粒。

微乳液法：孙维艳等[49]将聚氧乙烯(3)醚(AEO-3)/正辛烷/甲醇混合液作为反应的非水微乳液，通过单微乳液法制备出粒径为 10～20 nm 的 CeO_2 纳米球。

3.3.3 纳米氧化钇

纳米氧化钇是应用最为广泛的纳米稀土氧化物之一，具有耐热耐腐、高温稳定性好、介电常数为 12～20 的特性，广泛用于陶瓷材料、光学玻璃、磁体、催化剂、超导体、绝缘体和红色荧光粉领域[50-53]。其主要制备方法有溶胶-凝胶法[54]、模板法[55-56]、沉淀法[57]、水热法[58-60]、电沉积法等。

模板法：Zhang 等[56]用三聚氰胺-甲醛微球作为模板，制备出单分散、粒径均一的 Y_2O_3 空心球。

沉淀法：常用沉淀剂有尿素、氨水、碳酸氢铵等。潘旭杰等[61]以硝酸钇为母液，尿素为沉淀剂，以聚乙二醇 PEG-2000 或十六烷基三甲基溴化胺(CTMAB)为分散剂，用氨水调节溶液 pH = 6～9，与正丁醇制成浆液，共沸蒸馏得到前驱体，于马弗炉中 600℃煅烧 150 min，得到不同形貌的 Y_2O_3。

水热与溶剂热法：Wang 等[59]以柠檬酸钠作为表面活性剂，通过溶剂热法成功合成了平均尺寸 500～600 nm 掺 Eu 的 Y_2O_3 空心微球。

电沉积法：王莹等[62]将六水合氯化钇配成 0.005 mol·L^{-1} 电解液，以不锈钢为阴极板，阴极板位于平行石墨对电极之间，水浴温度 10℃，电流密度为 0.5 mA·cm^{-2}，反应 48 h，将沉积在钢板上的样品刮下来于 600℃煅烧，得到粒径为 5 nm 的纳米氧化钇晶粒。

参 考 文 献

[1] Topp N E. The Chemistry of the Rare-Earth Elements. Amsterdam: Elsevier, 1965.

[2] Haschke J M. Handbook on the Physics and Chemistry of Rare Earths. Amsterdam: North-Holland, 1979.

[3] Burgess J, Kijowski J. Advance in Inorganic Chemistry and Radiochemistry. New York: Academic Press, 1981.

[4] Hinchey R J, Cobble J W. Inorg Chem, 1970, 9: 917.

[5] Taylor M D, Carter P. Inorg Nucl Hem, 1981, 24: 387.

[6] Totz R W, Melson G A. Inorg Chem, 1972, 11: 17201.

[7] Haschke J M. Inorg Chem, 1976, 15: 508.

[8] Taylor M D. Chem Rev, 1962, 62: 503.

[9] Dworkin A S, Bronstein H R, Bredig M A. J Phys Chem, 1963, 67: 2715.

[10] Moeller T. The Chemistry of the Lanthanides. Oxford: Pergamon Press, 1973.

[11] 中山大学金属系. 稀土物理化学常数. 北京: 冶金工业出版社, 1978.

[12] 泽里克曼. 稀有金属冶金学(下册). 北京: 冶金工业出版社, 1959.

[13] Buyers A G, Giesbrecht E, Audrieth L F. J Inorg Nucl Chem, 1657, 5: 133.

[14] Mooney E C L. J Chem Phys, 1948, 16: 1003.

[15] Hezel A, Ross S D. J Inorg Nucl Chem, 1967, 29: 2085.

[16] Johnson D A. Advance in Inorganic Chemistry and Radiochemistry. New York: Academic Press, 1977.

[17] 洪广言. 稀土化学导论. 北京: 科学出版社, 2014.

[18] 贾慧灵, 徐阳, 吴锦绣, 等. 稀土, 2022, 43(4): 37.

[19] Jayaraman A. Handbook on the Physics and Chemistry of Rare Earths. Amsterdam: North-Holland, 1979.

[20] Rauer G. Progress in the Science and Technology of the Rare Earths. Oxford: Pergamon Press, 1968.

[21] Cotton F A, Willinson G. Advance Inorganic Chemistry. New York: John Wiely & Sons, 1972.

[22] Hoppe R. The Rare Earths in Modern Science and Technology. New York: Plenum Press, 1982.

[23] Eyring L. Handbook on the Physics and Chemistry of Rare Earths. Amsterdam: North-Holland, 1979.

[24] 王亚娇, 储刚, 郭琴, 等. 精细石油化工, 2012, 29(1): 19.

[25] 陈建钗, 余长林, 李家德, 等. 无机材料学报, 2015, 30(9): 943.

[26] Li H R, Feng B. Mater Sci Semicond Process, 2016, 43: 55.

[27] Li C, Hu R S, Qin L T, et al. Mater Lett, 2013, 113: 190.

[28] Shi L, Liu Y G, Chen Y J. Sensor Actuat B: Chem, 2009, 140(2): 426.

[29] Wang H, Yang C, Liu S X. J Nanosci Nanotechno, 2014, 14: 6880.

[30] 莎仁, 王喜贵, 吴红英, 等. 内蒙古师范大学学报(自然科学汉文版), 2009, 38(1): 66.

[31] Chung J W, Yang H K, Moon B K, et al. J Ceram Process Res, 2012, 13: S6.

[32] 张晶, 赵伟杰, 奚立民, 等. 稀土, 2017, 38(4): 122.

[33] 文宏强. La_2O_3 及其掺杂的第一性原理研究. 武汉: 武汉工程大学, 2014.

[34] Durmusŏglu S, Uslu I, Tunc T, et al. J Polym Res, 2011, 18: 1999.

[35] Feng C H, Wang C, Cheng P F, et al. Sensor Actuat B, 2015, 221: 434.

[36] 张海瑞, 储刚, 周莉, 等. 人工晶体学报, 2010, 39(5): 12861.

[37] Liu J S, Song B Y, Huang J, et al. J Alloy Comp, 2021, 873: 159774.

[38] Close J W, Shin S, Oh S, et al. ACS Appl Mater Interfaces, 2019, 11: 46651.

[39] Liu F, Yang L, Yin X, et al. Biosens Bioelectron, 2019, 141: 111446.

[40] Close X, Zheng Y, Li L, et al. Appl Catal B Environ, 2019, 252: 98.

[41] 张澜, 马永强, 遇世友, 等. 包装工程, 2021, 42(1): 68.

[42] Hirano M, Kato E. J Am Ceram Soc, 1996, 79(3): 777.

[43] 田俊杰, 纳薇, 王华, 等. 材料导报, 2013, 27(1): 105.

[44] 冯静, 陈洪林, 张小明. 化工环保, 2018, 38(5): 559.

[45] Boro D, Stephen P. J Europ Ceram Soc, 1999, 11(19): 1925.

[46] 董相廷, 李铭, 张伟, 等. 中国稀土学报, 2001, 19(1): 26.

[47] 于丽丽, 刘宝, 钱立武, 等. 山东大学学报(工学版), 2010, 40(4): 75.

[48] 董相廷, 刘桂霞, 孙晶, 等. 中国稀土学报, 2002, 20(2): 123.

[49] 孙维艳, 吕银荣, 王峰. 日用化学工业, 2020, 50(3): 159.

[50] Khachatourian A M. Ceram Int, 2015, 41(2): 2006.

[51] Mehdi G H, Paola F, Francesco P, et al. Ceram Int, 2013, 39: 4513.

[52] Lu Q P, Hou Y B, Tang A W, et al. Mater Lett, 2013, 99: 115.

[53] Guo H, Qiao Y M. Opt Mater, 2009, 31(4): 583.

[54] Chen W F, Li F S, Liu L L, et al. J Rare Earths, 2006, 5(24): 543.

[55] Jiu H F, Fu Y H, Zhang L X, et al. Micro Nano Lett, 2012, 7(9): 947.

[56] Jia G, You H P, Song Y H, et al. Inorg Chem, 2010, 49(17): 7721.

[57] Tan C B, Liu Y X, Han Y N, et al. J Lumin, 2011, 131: 1198.

[58] Abhijit P J, Chang W K, Hyun G C, et al. J Phys Chem C, 2009, 113: 13600.

[59] Wang Q, Guo J, Jia W J, et al. J Alloys Compd, 2012, 542: 1.

[60] 江学良, 张姣, 余露, 等. 无机化学学报, 2016, 32(8): 1337.

[61] 潘旭杰, 代如梅, 金艳花, 等. 无机盐工业, 2014, 46(8): 41.

[62] 王莹, 赵高扬. 功能材料, 2013, 44(5): 649.

第4章

稀土元素配位化学简介

4.1 稀土元素结构化学

4.1.1 稀土元素的结构特征

稀土元素的结构具备以下四个特征：①第六周期的稀土元素原子半径较大，其配位数一般为 6～12。②外界条件对具有较高配位数的稀土元素有较大的影响，如温度和压力的变化易导致稀土离子的异构现象，使稀土化合物具有两种或两种以上的结构。③空间位阻对稀土元素的配位数影响较大。相同的稀土离子，配体体积增大使稀土元素的配位数减小。④15 种镧系元素中，仅有镧的 4f 轨道没有填充电子，其电子结构具有特殊性，与其他镧系元素不同。

4.1.2 f 电子的配位场效应

八面体场中的角度分布图如图 4-1 所示。配体场为球形场时[图 4-1(a)]，七重简并的 4f 轨道能量相同，最多可容纳 14 个电子。配体场为八面体场时[图 4-1(b)]，七重简并的 4f 轨道分裂为三组：三重简并的 f_δ 轨道与配体直接迎头相碰，能量较高；另一类三重简并的 f_ε 轨道指向立方体的棱的中央，避开与配体直接迎头相碰，对配体的排斥作用有一定程度的下降，能量比 f_δ 低；单重态 f_β 轨道指向立方体的顶角，与配体位置错开，相距最远，能量最低。

八面体场中 f 轨道的分裂情况如图 4-2 所示：4f 电子被外层 5s 和 5p 电子屏蔽，受配体场影响小，镧系元素的分裂能很小。光谱研究表明：镧系元素分裂能 Δ_0 约为 100 cm^{-1}，为 d 区元素的 1/300(d 区元素约为 30000 cm^{-1})，因此镧系离子配合物的配位场效应十分微小。以镧系离子配合物中 4f 电子的排布是高自旋为计算前提条件，即 4f 电子尽可能成单地排列在七个轨道中，无低自旋排列，计算得到镧系离子在八面体场中的稳定化作用的能量，见图 4-3。

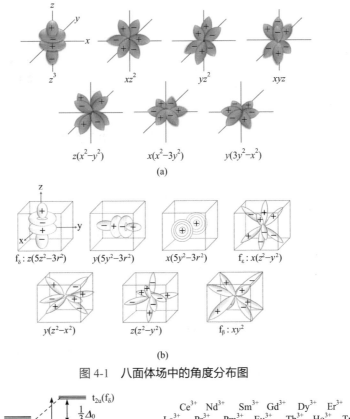

图 4-1　八面体场中的角度分布图

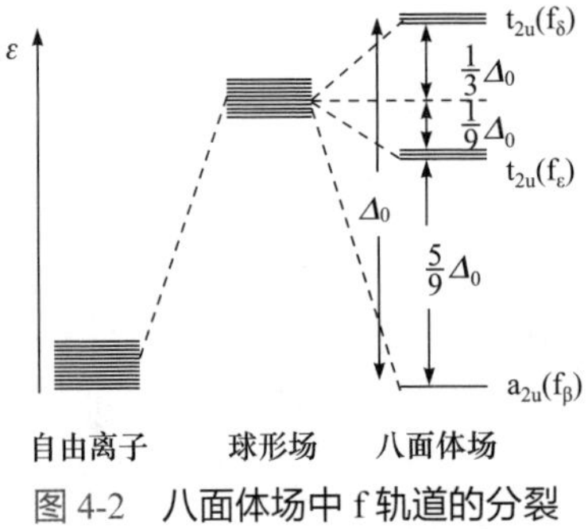

图 4-2　八面体场中 f 轨道的分裂 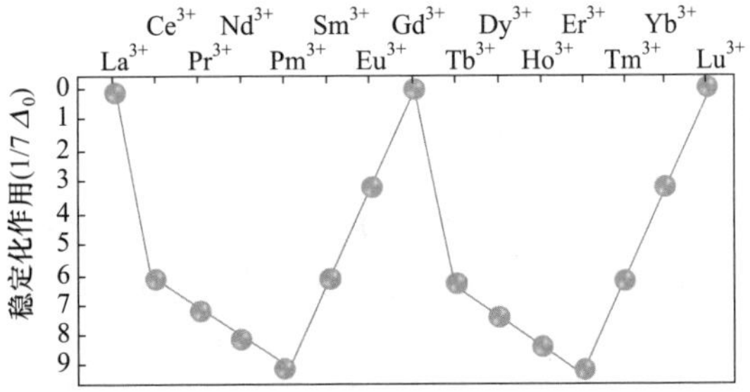　　图 4-3　镧系离子 4f 轨道在八面体场中的稳定化作用

4.2　稀土元素配合物简介

4.2.1　稀土元素配合物

　　稀土元素通过与桥联配体形成配位键，构筑空间有序的网络结构，形成稀土元素配合物。20 世纪 40 年代到 60 年代，稀土元素配合物的研究主要涉及稀土元

素分离技术，通过测定稀土元素配合物的平衡常数及在萃取剂中的分配比，研发用于离子交换分离的新型淋洗剂和用于溶剂萃取分离的新萃取剂。研究重点为合成含氧或含氧、氮的氨基多酸配体的稀土元素配合物；20 世纪 50 年代末到 60 年代初，研究具有高效发光性能的固态稀土元素配合物，如 β 二酮类稀土元素配合物；60 年代末到 70 年代初，研究应用于核磁共振谱位移试剂的稀土元素配合物；在非水溶液中制备水溶液中不稳定的配合物，如脂肪族多胺稀土元素配合物。近年来的研究重点主要集中在稀土元素配合物在各个领域的实际应用，如与生物体系中酶、氨基酸，冠醚、卟啉等含氮大环配体形成的稀土元素配合物在生物化学中的应用。

关于稀土元素配合物结构、化学键理论已经得到了充分的研究。徐光宪院士进行了分子轨道法的系统研究，提出适用于稀土元素配合物自旋非限制性的 INDO 方法[1]。

4.2.2　稀土元素配合物与 d 过渡金属配合物的比较

大多数稀土离子含有未充满的 4f 电子，因此稀土元素配合物的性质与 d 区过渡金属配合物有较大差异。

1. 成键类型

(1) 从 La^{3+} 到 Lu^{3+}，增加的电子均填充到内层的 4f 轨道上。4f 电子受到全满的 $5s^2$、$5p^6$ 轨道电子的充分屏蔽，其配位场效应较小，配位场稳定化能仅为 $4.18\ kJ \cdot mol^{-1}$ [2]。且由于 4f 电子云收缩，4f 轨道几乎不参与或较少参与化学键的形成，稀土元素与配体主要通过静电作用形成以离子型为主的化学键。稀土元素配合物的共价性质随稀土离子半径的减小而增加。Y 没有 4f 电子，Y^{3+} 的半径在三价稀土离子之间。当离子半径成为影响稀土元素配合物性质的主要因素时，Y 类似于镧系元素；当 4f 轨道成为影响配合物性质的主要因素时，Y 区别于镧系元素。Sc 可以利用 d 轨道成键，形成具有较大共价性的钪配合物。Sc^{3+} 具有半径小、离子势大、易水解的特点，反应体系中的水溶液 pH、金属与配体的比例等反应条件对钪配合物的形成影响较大，与镧系元素差别较大。

(2) d 区过渡元素离子裸露的外层 d 电子易受配位场的影响，其配位场效应较大，配位场稳定化能达 $418\ kJ \cdot mol^{-1}$ 甚至更高，使得过渡元素离子的 d 电子与配位原子的电子云重叠程度大、作用强，可形成具有方向性的共价键[2]。

2. 配位原子

(1) 稀土离子电荷高，根据软硬酸碱理论的观点，属于硬酸，更倾向于与氧、氟等硬碱类的配位原子形成稳定的稀土元素配合物。在稀土元素配合物中，与含氧配体形成的稀土元素配合物类型最多，研究最广。

(2) d 区过渡元素一般属于软酸，与硫、磷等软碱类的配位原子更易形成稳定的过渡金属配合物。

3. 配位数

(1) 常见的三价稀土离子体积较大，其离子半径为 85～106 pm，离子势较小，极化能力较弱。在稀土元素配合物中，稀土离子与配位原子通过弱的金属-配体轨道相互作用结合，以离子性为主，成键方向性选择较弱，造成稀土离子的配位数一般比较高。当稀土离子与配体的尺寸合适时，稀土离子的配位数可为 3～12，此类配位数在文献中均有报道。其中稀土离子配位数为 6～10 的配合物较为常见，配位数为 8 或 9 最为常见，基本等于 6s、6p 和 5d 轨道数和。

大多数稀土元素配合物的配位数大于 6，配位数为 6 或 6 以下的稀土元素配合物数量非常少。当稀土元素配合物配位数为 6 时，稀土元素常采用 d^2sp^3 杂化轨道；配位数为 8 时，稀土元素采用 d^4sp^3 杂化；配位数为 12 时，稀土元素采用 $f^3d^5sp^3$ 杂化。

(2) d 区过渡元素离子的半径为 60～75 pm，与配体之间具有较强的金属-配体的轨道相互作用，成键方向性选择较强，主要形成配位数为 4 或 6 的配合物，还有少量的 5 配位。

4. 配合物的几何构型

(1) 配体的空间位阻、配体间的排斥作用对稀土元素配合物的几何构型有重要影响。配体的空间位阻和配体间的斥力越小，结构越稳定。3～12 配位的稀土元素配合物的典型空间构型如图 4-4 所示：6 配位的主要构型为八面体和三角棱柱体；7 配位有单帽三角棱柱体、单帽八面体和五角双锥体三种结构类型，其中单帽三角棱柱体最多；8 配位有四方反棱柱体、三角十二面体、双帽三棱柱体、双帽八面体、立方体和畸变四面体六种结构模型；9 配位有单帽四方反棱柱体和三帽三角棱柱两种常见的结构类型。高配位数配合物的主要结构类型有双帽四方反棱柱体、双帽十二面体、单帽五方反棱柱体、双帽五方反棱柱体[3]。

(2) d 区过渡金属配合物常见的空间构型为四配位的四面体和平面四方形，六配位的八面体。

5. 成键强度

(1) 稀土元素配合物主要通过稀土离子与配体的静电作用形成化学键，大多

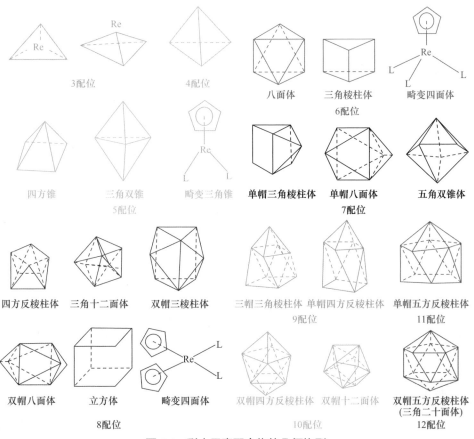

四方反棱柱体　三角十二面体　双帽三棱柱体　　三帽三角棱柱体　单帽四方反棱柱体　单帽五方反棱柱体
9配位　　　　　　　　　　　　　　　　11配位

双帽八面体　　立方体　　畸变四面体　　双帽四方反棱柱体　双帽十二面体　双帽五方反棱柱体
(三角二十面体)
8配位　　　　　　　　　　　　　　　　10配位　　　　　　　　　　　　　　12配位

图 4-4　稀土元素配合物的几何构型

数的稀土元素配合物都是离子型化合物。配体的电负性越强，配位能力越强，生成的稀土元素配合物越稳定。稀土元素配合物中单齿配体的配位能力与配体电负性次序一致：$F^- > OH^- > H_2O > NO_3^- > Cl^-$。

(2) d 区过渡金属配合物中化学键的强度一般取决于过渡金属与轨道的相互作用，其强度顺序为 $CN^- > NH_2^- > H_2O > OH^- > F^-$。

6. 制备难度

(1) 镧系离子与配体间的作用力为静电作用，因此镧系离子与配位基团间的作用力小。配位基团的活性大、交换反应速率快，可以制备某些固体镧系元素配合物，但这些镧系元素配合物在溶液中不能稳定存在。相反，有的镧系元素配合物虽然能在溶液中检测到其存在，但无法从溶液中析出。

(2) d 区过渡金属配合物一般比较稳定，易于制备。

例题 4-1

离子半径大的镧系离子对配合物键型有什么影响？

解 可用下表说明：

性质	镧系离子 Ln³⁺	轻过渡元素离子 M³⁺
离子轨道	4f	3d
离子半径/pm	85～106	60～75
配位数	6, 7, 8, 9, 10, 11, 12	4, 6
典型的配位多面体	三角棱柱体，四方反棱柱体，十二面体	平面正方形，正四面体，正八面体
键型	离子与配体轨道间相互作用很弱	离子与配体轨道间相互作用很强
键的方向性	不明显	很强
键的强度	$F^- > OH^- > H_2O > NO_3^- > Cl^-$	$CN^- > NH_2^- > H_2O > OH^- > F^-$
溶液中的配合物	离子型，配体交换快	常是共价型，配体交换慢

4.3 稀土元素配合物的一般合成

稀土元素配合物的合成除了传统的直接反应、交换反应、模板反应、水/溶剂热反应外，还有绿色的离子热反应(ionothermal reaction)。

4.3.1 直接反应

在溶剂中，稀土盐(ReX₃)与配体(L)反应[式(4-1)、式(4-2)]，或氧化物与酸(HₙL)反应[式(4-3)]。

$$ReX_3 + nL + mS \Longrightarrow ReX_3 \cdot nL \cdot mS \tag{4-1}$$

$$ReX_3 + nL \Longrightarrow ReX_3 \cdot nL \tag{4-2}$$

$$Re_2O_3 + 2H_nL \Longrightarrow 2H_{n-3}ReL + 3H_2O \tag{4-3}$$

4.3.2 交换反应

配位能力弱的 L、X 或螯合剂 Ch 被配位能力强的配体 L′[式(4-4)、式(4-5)]或螯合剂 Ch′取代[式(4-6)]，以及铵、碱金属或碱土金属离子被稀土离子取代[式(4-7)]。

$$ReX_3 + M_nL \Longrightarrow ReL^{-(n-3)} + M_nX_3^{n-3} \tag{4-4}$$

$$ReX_3 \cdot nL + mL' \Longrightarrow ReX_3 \cdot mL' + nL \tag{4-5}$$

$$Re(Ch)_3 + 3HCh' \Longrightarrow Re(Ch')_3 + 3HCh \tag{4-6}$$

$$MCh^{2-} + Re^{3+} \Longrightarrow ReCh + M^+ \quad (M^+ = Li^+、Na^+、K^+、NH_4^+等) \tag{4-7}$$

4.3.3　模板反应

将稀土离子作为模板(或模板剂)制备大环稀土元素配合物,其半径必须能与生成的大环的孔穴大小相匹配,如稀土酞菁配合物的合成。模板对合成过程所起的作用称为模板效应。配体与稀土离子配位改变其电子状态,取得某种特定空间配置的效应。

4.3.4　水/溶剂热反应

水/溶剂热反应是目前应用较为广泛的稀土元素配合物合成方法,其优点包括:①在水/溶剂热条件下,反应物的反应性能及活性改变,可以制备一些无法通过固相反应得到的配合物;②在水/溶剂热条件下,可以制备缺陷少、取向好、完美度高、晶体粒度易控制的晶体[4-5]。在这种预设的水/溶剂热反应条件下,稀土元素配合物自组装过程中,晶体的成核和生长速度直接取决于反应温度,热源一般为烘箱[6]。水/溶剂热反应周期长,需要几天、几周,甚至几个月。低温条件下可通过缓慢的晶体成核过程,得到具有特定形状的单晶,也可通过模板辅助或结构引导剂,有选择性地控制稀土元素配合物的形成[7-8]。

为了克服水/溶剂热的限制,微波辅助法产生的电磁波可通过与反应介质(包括稀土离子、有机配体和溶剂)中的移动电荷直接作用,将电磁波转化为热能,进而实现高的反应温度,加速稀土元素配合物晶体的成核和生长[9-10]。

4.3.5　离子热反应

以绿色离子液体(ionic liquid,IL)作为反应介质,是一种重要的环境友好的合成方法。离子热反应具有一些特殊的优势:①离子液体由阴、阳离子组成,作为反应介质可提供与水、有机溶剂完全不同的反应环境,有利于合成含水分子较少或无水分子的稀土元素配合物,提高稀土离子的发光效率;②离子液体的"零"挥发性使反应过程安全可靠;③离子液体的组成对其物理化学性质有重要影响,可通过预先设计离子液体的阴、阳离子组成,调控配合物的结构、性能,实现结构-性能的可设计性。

在配合物的合成中,离子液体对配合物的结构特征起重要作用:①离子液体作为溶剂运输反应物;②离子液体的阴、阳离子作为抗衡离子、结构导向基团或结构模板用于构筑最终的结构;③离子液体的阴离子可以作为配位原子与金属中心配位;④离子液体的手性和亲水性/疏水性会强烈影响其形成的骨架结构。Long

课题组以[EMI][CH₃SO₃](E: 乙基, MI: 甲基咪唑)为溶剂、5-甲基间苯二甲酸(mipt)为配体，制备 La-Co 异金属配合物[EMI]₂[La₂Co(mipt)₂(CH₃COO)₂(CH₃SO₃)₄]；同时利用[EMI]Br 为溶剂、5-硝基间苯二甲酸(H₂nip)为配体，得到镧元素的配合物[EMI][La(nip)BrCl][11]。二维[EMI]₂[La₂Co(mipt)₂(CH₃COO)₂(CH₃SO₃)₄]层结构中，阴离子 CH₃SO₃⁻ 作为配位基团配位 La³⁺，阳离子 EMI⁺作为模板和电荷平衡基团填充在层与层之间。该课题组进而使用金属盐 LnCl₃·6H₂O (Ln = Nd, Eu)和 Ln₂O₃，噻吩-2,5-二羧酸盐(2,5-tdc)作为配体，[EMI]Br 条件下，离子热合成了四个稀土元素配合物 [EMI][Ln₁.₅(2,5-tdc)₂]Cl₁.₅₋ₓBrₓ、[Ln = Nd (1), Eu (2)，x = 0.25] 和 [EMI][Ln(2,5-tdc)₂]、[Ln = Nd (3), Eu (4)][12]。四个配合物框架结构中，EMI 均作为电荷平衡基团；Br⁻ 在前两个配合物中作为配位基团，而后两个配合物中不存在 Br⁻。Huang 等使用离子液体[HMI]Cl(H:己基)作为溶剂，ReCl₃·xH₂O 和 1,4-萘二酸 (1,4-H₂NDC) 反应，构筑了十二种异质同晶的稀土元素配合物 [HMI][Re₂Cl(1,4-NDC)₃] (Re = La, Ce, Pr, Nd, Sm, Eu, Gd, Tb, Dy, Ho, Er, Y)[13]，阳离子 HMI⁺位于三维阴离子框架中。Wang 等以[EMI]Br 作为溶剂，离子热构筑了 {[EMI][Dy₃(BDC)₅]}ₙ(H₂BDC = 对苯二甲酸)，该配合物显示出单分子磁体(SMM)典型的慢磁弛豫行为[14]。Zhuang 等利用[EMI]Br 作为溶剂，离子热制备了三个二维稀土元素配合物[EMI]₂[Ln(SIP)(HSIP)], (Ln = La, Nd, Eu; H₂SIP = 5-磺基间苯二甲酸)[15]。Xu 课题组使用十二种离子液体[CₙMI]X(n = 2~4, X = Cl, Br, I)作为溶剂，EuCl₃·6H₂O 与 H₂BDC 反应得到七种稀土元素配合物[RMI][Eu₂(BDC)₃Cl][R= 乙基 (1)，丙基 (2)，丁基 (3)]、[EMI]₂[Eu₂(BDC)₃(H₂BDC)Cl₂] (4)、[Eu(BDC)(HCOO)] (5)、[Eu(BDC)Cl(H₂O)] (6)和[Eu₃(BDC)₄Cl(H₂O)₆] (7)。其中，配合物 1~4 中，离子液体阳离子作为电荷平衡基团填充在结构中；配合物 5~7 中，离子液体仅作为溶剂，离子液体的阴、阳离子均没有参与反应，且配合物 4 和配合物 6 对于苯胺有较好的荧光检测性能[16]。同时，该课题组利用[PMI]I(P:丙基)离子液体，EuCl₃·6H₂O 与 2,6-萘二羧酸(H₂NDC)反应得到了无离子液体填充的稀土元素配合物[Eu(NDC)(H₂O)Cl]，将该配合物与高分子聚醚砜树脂(PES)复合，得到温度范围为 25~200℃的温度传感器[17]。为了检测炭疽分子 2,6-吡啶二羧酸，该课题组在离子热条件下，分别合成了三种异质同晶的稀土元素配合物[Eu₀.₁Tb₀.₉(L)(H₂O)Cl][L: H₂NDC (1); 4,4′-联苯二甲酸(H₂BPDC)(2); H₂BDC(3)][18]，从而探究了离子热条件下，配体三重态能量不同对于检测结果的影响。该课题组还利用 4,4′-二羧基二苯醚(H₂OBA)配体与 EuCl₃·6H₂O 反应，离子热条件构筑了一种对 pH 和水都很敏感的稀土元素配合物[Eu₀.₀₅Tb₀.₉₅(OBA)(H₂O)Cl][19]。为了得到对温度敏感的稀土元素配合物，该课题组分别利用二苯甲酮-4,4′-二羧酸(H₂BPNDC)、H₂OBA 和 H₂BDC 三种配体，得到了三种比率型配合物 Eu₀.₀₁₄₃Tb₀.₉₈₅₇-L，其中 Eu₀.₀₁₄₃Tb₀.₉₈₅₇-BPNDC 对温度十分敏感，可应用于非接触温度传感[20]。

除了咪唑类离子液体外，由季铵盐和氢键给体分子组成的类离子液体(DES)在稀土元素配合物制备中也得到了广泛的应用。2003 年，Abbott 等首次报道了由氯化胆碱和尿素混合而成的 DES[21-22]，其具有以下优点：①由两种分子混合制得，制备简单、价格便宜、不用控制纯度；②对大气水分有相对的惰性；③大多数成分是环保的，可生物降解和无毒。Bu 课题组通过混合氯化胆碱(ChCl)、尿素、m-尿素、e-尿素构成三种不同的 DES，三价离子(In^{3+}、Y^{3+}、Nd^{3+}、Sm^{3+}、Gd^{3+}、Dy^{3+}、Ho^{3+}、Yb^{3+})和 H_2BDC 在该 DES 溶剂下，制备出十种新的稀土元素配合物框架材料[23]。在该系列结构中，DES 除了作反应介质和结构模板外，还作为配位离子与稀土中心离子配位。Zhang 等在 DES 条件下制备了八种三维稀土-TDC 配合物(TDC = 噻吩-2,5-二羧酸)，具有八连接的 *bcu* 和 6 连接的 *rob* 拓扑结构[24]。Tong 等利用氯化胆碱-草酸(ChCl-OA)作为 DES 组成成分，合成了系列草酸连接的稀土元素配合物[Ch][$Ln(C_2O_4)(H_2O)_3Cl$]$Cl \cdot H_2O$(Ln = Dy, Er, Gd)，这些配合物分别为一维链状和二维层状结构。草酸作为配体配位于稀土离子，胆碱阳离子作为电荷平衡基团存在于链与链间，说明 DES 在反应中具有溶剂、模板和反应物的多重作用[25-26]。Morris 等用 ChCl 和 1,3-二甲基脲(DMU)作为 DES 的组成成分，构筑了三个异质同晶的 Ln(TMA)(DMU)$_2$ (Ln = La, Nd, Eu；TMA = 1,3,5-苯三酸)稀土元素配合物[27]，其中 DMU 作为第二配体并参与了最终结构的配位。Liu 等利用 ChCl 和亚乙基脲(e-urea)混合得到 DES，构筑了 {[$Dy_2(2,2'$-bpdc)$_3$(e-urea)(H_2O)](e-urea)}$_n$ (1)[28]、[$Eu(2,2'$-bpdc)(NO_3)(e-urea)$_3$]$_n$ (2) 和 [$Tb(2,2'$-bpdc)(NO_3)(e-urea)$_3$]$_n$ (3) ($2,2'$-bpdc^{2-}= $2,2'$-联苯二甲酸)[29]三种稀土元素配合物，配合物 1 具有磁弛豫行为，配合物 2 和配合物 3 具有良好的荧光性能[29]。

4.4　稀土元素配合物的热力学性质

4.4.1　稀土元素配合物的稳定性

稀土元素配合物稳定性的影响因素分为内因和外因，外因包括溶液的酸度、浓度、温度及压力等，内因为稀土离子和配体自身的性能。

1. 配合物的稳定常数

从 20 世纪 40 年代开始，人们测量了大量稀土元素配合物的稳定常数，大部分数据是从水溶液体系中得到，非水介质中仅获得了少量数据。在水溶液中，配合反应可表示为

$$\text{Ln(H}_2\text{O)}_x + n\text{L(H}_2\text{O)}y \rightleftharpoons \text{Ln(H}_2\text{O)}_z\text{L}_n + (x+ny-z)\text{H}_2\text{O} \qquad (4-8)$$

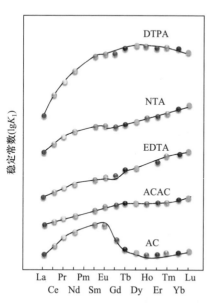

图 4-5 稀土元素配合物的稳定常数与原子序数的关系

该配位反应的配体为 L，与此对应的配合物的逐级稳定常数为 K，累积稳定常数为 β。对于轻稀土元素：从 La 到 Eu(Gd)，随着原子序数的增加，同类型配合物的稳定常数 K 递增，半径是主要影响因素；对于重稀土元素，变化比较复杂：从 Tb 到 Lu 稳定常数 K 增大，从 Gd 到 Lu 稳定常数 K 基本不变；在 Dy 附近 K 增加到最大，然后降低。原因之一是随着原子序数的增大发生镧系收缩，空间位阻增大而使 $\lg K$ 减小或呈现最小值；当配位数发生改变后(随原子序的增大和离子半径的减小而变小)，调整至有利的空间结构时，$\lg K$ 有可能再增大。因此，半径减小会导致配位数变化、晶体结构变化、空间效应变化、配位原子的配位能力变化。

以部分配体为例，重稀土元素配合物的稳定常数大致分三种情况(图 4-5)。

从图中可以看出：①不同配体，随着稀土原子序数增大，其变化规律有所不同。第一，稳定性增大($\lg K_1$ 随原子序数的增大而增大)，如 NTA、乙二胺四乙酸(EDTA)等。第二，稳定性基本不变($\lg K_1$ 随原子序数的增大基本不变)，如羟乙基乙二胺三乙酸(HEDTA)、乙二醇双四乙酸(EGTA)、乙酸、乙酰丙酮(HACAC)、巯基乙酸、二羟基乙酸、甲氧基乙酸、葡萄糖酸、异丁酸及吡啶二甲酸等。第三，稳定性减小($\lg K_1$ 随原子序数的增大而减小)，如 DTPA 等。②稀土元素配合物性质随着原子序数变化的对应关系中，出现"钆断"现象，如 EDTA、NTA 等。"钆断"现象在配合物的稳定常数、热力学性质、离子半径、氧化还原电势和晶格能等常数的变化中都会出现。

2. 影响配合物稳定常数的因素

一般可用简单的静电模型判断配合物的相对稳定性。对于同一配体的配合物，金属离子的离子势是配合物稳定性的决定因素。从理论上说，三价稀土元素配合物的稳定性应随离子半径的递减呈线性变化，但实际研究发现，稀土离子中同类型配合物稳定常数变化，不具有与离子半径平行的变化关系，因此稀土离子半径并不是决定稀土元素配合物稳定性变化的唯一因素,配合物中金属配位数的改变、配体的位阻因素、水合程度以及价键的成分都可能对稳定常数的变化产生影响。

中心原子配位数变化后,配合物的类型、晶体结构、配位原子与中心离子间的键长,以及实际离子半径也都随之变化。因此中心原子配位数的改变是稀土元素配合物稳定性变化的一个重要因素。原子序数增大,离子半径减小,具有较大配位数的配体如 DTPA 及 EDTA 等,由于空间位阻效应,不能与稀土离子接近,相互吸引力减小,使中、重稀土元素配合物稳定性减小。

其他因素,如配位数减小、配体中各种键合原子的配位能力不同等因素,也影响稀土元素配合物的稳定性。在水溶液体系中,配体和 H_2O 分子对中心离子存在竞争。

3. 钇配合物的稳定性

当离子半径成为影响配合物性质的主要因素时,钇配合物的稳定性在镧系中的位置是变化的,有些按离子半径的次序落在 Ho、Er 附近,有些则移至轻镧系或移出整个镧系,钇配合物的稳定常数位于预期位置;当其他因素(如稳定化能、键能)起主要作用时,钇配合物的稳定常数在镧系中的位置就可能发生变化。

4.4.2　稀土元素配合物的焓和熵

稀土元素配合物形成过程的配位反应的焓变(ΔH)和熵变(ΔS)随原子序数非线性递变(图 4-6,图 4-7),在 Gd 附近出现不连续的现象,说明稀土元素配合物的 ΔH 和ΔS 不是受单一因素影响。

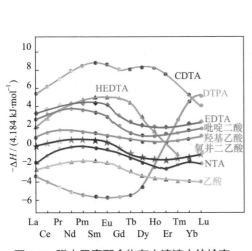

图 4-6　稀土元素配合物在水溶液中的焓变

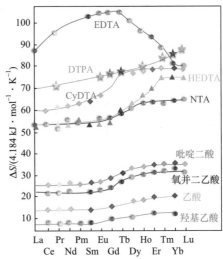

图 4-7　稀土元素配合物的 ΔS 随原子序数的变化

在水溶液体系中，多数配合物生成时ΔS是主要的。在配合物形成时，体系的质点数改变及质点的振动形式的变化都关系到熵值，为了避免水合作用的影响，采用非水体系来测定配合物热力学性质的变化(图 4-7)。

思考题

4-1　为什么镧系元素形成的简单配合物多半是离子型的？试讨论镧系元素配合物的稳定性递变规律及其原因。

4-2　镧系元素三价离子所形成的配合物在哪些方面具有相似性？造成这种相似性的根本原因是什么？

4.5　稀土元素配合物的构筑

在稀土元素配合物的构筑中，包含稀土离子和配体两部分。

4.5.1　稀土离子的影响

稀土离子的影响主要讨论稀土离子的配位构型，按照稀土离子的构筑节点进行分类，即稀土离子、链或团簇等。

1. 稀土离子作为节点

从无机结构单元的角度考虑，在稀土元素配合物所能呈现的多种结构中，由稀土离子节点组成的结构最为简单。早期，Loeb 等报道了由轮烷连接体和 Re^{3+} 节点组成的一系列稀土元素配合物(Re = Sm, Eu, Gd, Tb, Yb)，结构为互穿网络，但包含了较大的体积笼状物[30]。2013 年 He 等报道了另一种具有 Re^{3+} 节点和大笼构成的配合物(UTSA-61)，由树枝状六羧酸配体连接而成，具有大的八面体笼(直径 2.4 nm)，是一种介孔配合物材料[31]。Zhu 等报道了一系列 Re(BTC)(DMF)(DMSO)，其中 Re = Y, Tb, Ho, Er, Yb。Re^{3+} 离子节点连接到 4 个具有 2 个双齿和 2 个单齿结合的有机连接体上[32]。Zaworotko 等报道了具有可变 Eu：Tb 化学计量比的系列稀土元素配合物，以 9,10-蒽二甲酸(ADC)为连接体，Nd^{3+}、Gd^{3+}、Pr^{3+}、Ce^{3+} 和 Sm^{3+} 为稀土元素中心[33]。Nagaraja 等报道了两例三维异质同晶的稀土元素配合物 $[\{Ln(BTB)(H_2O)\} \cdot H_2O]_n$ (Ln = Sm, Gd)，Ln^{3+} 被九个氧原子连接形成 LnO_9 构筑单元，进而通过均苯三甲酸配体连接形成最终的三维结构[34]。

2. 稀土链作为节点

稀土-氧/氢氧化物形成的稀土链作为节点，可以和羧酸连接体构成稀土元素配合物[35-36]。在桥联羧酸配体存在时，特别是配体不含邻位取代导向基团的情况下，更倾向于形成稀土-氧/氢氧化物链。1998 年，首次报道了由羧酸链和 Re 链组成的配合物[37-38]。Michaelides 等[35]展示了一个由 La^{3+}和柔性的双异位己二酸链组成的三维网络[La$_2$(己二酸)$_3$(H$_2$O)$_4$] · 6H$_2$O。同年，Férey 等报道了由 Re^{3+}链通过柔性的双异位戊二酸连接而成的网络——MIL-8[37]，其中 Re = Nd、Pr、Sm、Eu、Gd、Dy、Ho 和 Y，Re^{3+}链由边共享 ReO$_8$(H$_2$O)多面体组成。由羧酸配体作为连接体组成的稀土元素配合物包含有稀土链作为节点，咪唑[39]、吡唑[40]、磺酸[41]、磷酸[42]和二腈基[43]也可以作为连接体，构建具有 Re^{3+}链节点和开放多孔结构的稀土元素配合物。

3. 稀土离子团簇作为节点

与 Re 链相比，Re 团簇需要控制 Re 前驱体的水解来合成。利用配体实现可控水解，配体可作为结构导向剂、调节剂或稳定团簇基团。

(1) 双核稀土离子簇。Yaghi 等报道了第一例由偶氮苯-4, 4′-二羧酸连接的具有双核簇节点的 Tb^{3+}稀土元素配合物，结构为具有矩形孔道和整体 *pcu* 拓扑的互穿三维框架[44]。Stylianou 等报道了稀土元素配合物 SION-105，该配合物由双核 Eu^{3+}簇节点和三(*p*-羧酸)三十二烷基硼烷连接体组成，具有独特的拓扑结构和可通过 CO$_2$ 的小锯齿形孔道，BET 比表面积为 215 m^2 · g^{-1}，其连接体中的三配位 B 作为路易斯酸的活性中心，用于 F$^-$ 的检测[45]。Wang 等制备了一个稳定的 Eu 配合物，其结构中包含六连接的双核 Eu$_2$(μ_2-H$_2$O)(H$_2$O)$_3$(COO$^-$)$_6$次级构筑单元[46]。Vittal 报道了一类具有双核 Re 簇节点的三维 Re-ADC(ADC：蒽二羧酸根)稀土元素配合物。用二甲基乙酰胺(DMAc)在溶剂热条件下浸泡、超声或加热条件下，对这些三维结构进行剥离，可以转变为含有单个金属离子节点的二维结构，这种转变的机理包括两个 Re—L 键断裂双核团簇结点，DMAc 填充生成的空配位点[47]。

(2) 三核稀土离子簇。稀土元素配合物中，三核簇节点并不常见[48-49]。2005 年，Cheng 等报道了两例稀土元素配合物，Re$_3$(ATPT)$_2$(HATPT)$_4$ (Re = Pr, Nd; H$_2$ATPT = 2-氨基对苯二甲酸)，Re^{3+}以线状的三核团簇排列，通过配体桥联得到三维框架[50]。Ángeles Monge 等合成了稀土元素配合物 RPF-30-Er，通过两个八配位的 Er^{3+}和一个六配位的 Er^{3+}连接，形成三核次级构筑单元[51]。除了线状的三核 Re^{3+}团簇外，还观察到了具有弯曲几何结构的三核 Re^{3+}团簇。Zhao 等报道了一系列通过 1,3,5-均苯三甲酸桥联的 Eu^{3+}、Dy^{3+}和 Yb^{3+}的稀土元素配合物[52]及 Gd^{3+}、Tb^{3+}和 Er^{3+}作为金属中心合成的三个同构配合物[53]。合成过程发现使用邻氟苯二甲酸作为调节器，对于产生三核 Re^{3+}簇至关重要。Gu 等制备了 Re 配合物[54] (Re = Y、Tb 和 Er)，在其结构中次级构筑单元为三角形的三核 Re$_3$(μ_3-OH)(COO)$_6$。

(3) 四核稀土离子簇。2000 年，Gao 等报道了由四核 Re^{3+}簇节点组成的配合物[55]，在该结构中，存在 Gd^{3+} 和 Dy^{3+} 组成的立方烷 Re_4O_4 四核簇。Rosi 等构建了立方烷的四核 Re^{3+} 簇(Re = Y, Sm, Eu, Gd, Tb, Dy, Ho, Er, Tm, Yb)，通过四核簇和线性二羧酸配体连接形成了系列具有 *pcu* 拓扑的同构配合物[56]。已经发现的四核簇配合物中，配体还包括 α-氨基酸，邻氨基官能团作为结构导向基团得到的 $[Re_4(\mu_3\text{-OH})_4(COO)_6]^{2+}$ 簇[57-59]。Trikalitis 报道了由新型矩形四核 Re^{3+} 簇[60]组成的系列具有 *csq* 拓扑结构的 Re^{3+} 配合物，其结构由四核 $Re_4(\mu_3\text{-O})_2(COO^-)_8$ 簇(Re = Y, Tb, Dy, Ho, Er 或 Yb)和 1,2,4,5-四(4-羧基苯基)-3,6-二甲苯配体连接而成。

(4) 六核稀土离子簇。2008 年，Yao 等报道了由八面体 $[Er_6(\mu_6\text{-O})(\mu_3\text{-OH})_8]^{8+}$ 六核簇作为次级单元构筑的稀土元素配合物[61]。众多研究发现，Re^{3+} 六核簇与 Zr^{4+} 六核簇具有相似性[62]。Eddaoudi 等报道了系列具有 *fcu* 拓扑的稀土元素配合物，由 Re^{3+} 六核簇(Re = Y, Sm, Gd, Tb, Dy, Ho, Er)和反式丁烯二酸或 1,4-H$_2$NDC 组成[63-65]。同时，该课题组利用稀土离子(Re = Y 或 Tb)的八面体六核簇作为次级构筑单元和 2,4,6-三甲基-1,3,5-三[3,5-二(4-羧基苯基-1-基)苯基-1基]苯配体得到 *alb* 拓扑结构的稀土元素配合物[66]。Zhou 等报道了由十二配位六核 Re^{3+} 簇和混合配体构筑的稀土元素配合物[67]，该系列的稀土(Re = Y, Eu, Tb, Dy, Yb)配合物通过八面体六核簇和平面正方形四(4-羧基苯基)卟啉和直线形 H$_2$BPDC 配体连接而成。将九配位的 Re^{3+} 六核簇经过三配位模式与配体连接，形成 *sep* 拓扑结构[68]。通过八配位的 Re^{3+} 六核簇与三配位模式配体连接，得到了 *thea* 的拓扑结构[69]。

(5) 七核稀土离子簇。七核稀土簇的次级构筑单元的例子比较少。Gao 等展示了一个七核 Re^{3+} 簇(Re = Yb 和 Ho)和 1,4-H$_2$NDC 构筑的稀土元素配合物[70]。Zhang 等通过线形的二配位配体连接七核 Re^{3+} 稀土簇得到了稀土元素配合物，其中稀土离子为 Sm^{3+}、Eu^{3+} 或 Tb^{3+}[71]。Yang 等构筑了三角棱柱的七核簇，通过线形的二配位配体连接形成 *hxl* 拓扑结构。该七核簇是由一个稀土离子 Re^{3+} 连接两个三角形三核簇构成的[72]。

(6) 九核稀土离子簇。2014 年，Eddaoudi 等以十八连接的九核稀土金属簇作为构筑单元，通过三角形的苯三酸配体连接，构筑出新的 *gea* 拓扑结构[73]。同时，该课题组构筑的稀土元素配合物中，包括十二连接的九核金属簇和八连接的六核金属簇。相似的研究中，得到的配合物中仅含有十二连接的九核稀土金属簇[74]，利用该九核金属簇和四配位的配体得到了具有 *shp* 拓扑结构的稀土元素配合物[75]。Howarth 等利用十二连接的九核稀土簇(Re^{3+}= Y^{3+} 和 Tb^{3+})与四配位的芘基配体连接，得到 *shp* 拓扑结构的配合物[76]。Zhou 等构筑了十二连接的九核稀土金属簇(Re = Y, Eu, Tb, Dy, Yb)，并通过改变四配位连接的配体，得到了新的拓扑结构配合物，$[Re_9(\mu_3\text{-OH})_{12}(\mu_3\text{-O})_2(O_2C\text{-})_{12}]$ 九核簇与含有 SO_2、CH_2 的四配位配体得到 *dfs* 拓扑结构，与含有 O 原子的配体形成 *hjz* 拓扑结构[77]。

除此之外，还有一些更高核的稀土金属簇作为次级构筑单元构筑的稀土元素配合物[78]。

4.5.2　配体的影响

配体分为无机配体和有机配体。

1. 无机配体

稀土离子可以与多种无机离子作用，生成离子型配合物。水溶液中，稀土离子具有水合壳层，与无机配体反应时，无机配体取代水合离子中的内界水分子，形成配合离子。稀土离子是硬酸，根据软硬酸碱原理，与硬碱 F 形成配合物最稳定，与 Cl^- 和 NO_3^- 配位的配合物的稳定性差，但在很浓的盐酸和硝酸溶液($8\,mol \cdot L^{-1}$)中，可形成稳定的配合离子；与碱金属碳酸盐 $M_2CO_3(M = Na^+, K^+, NH_4^+)$ 作用，随着 M_2CO_3 浓度增大，铈组稀土元素生成复盐沉淀，钇组稀土元素生成可溶性配阴离子 $[Re(CO_3)_n]^{3-2n}$ ($n = 2, 3, 4$)；与 SO_4^{2-} 反应，可生成 $[Re(SO_4)_n]^{3-2n}$ ($n = 1, 2, 3$)配离子，在水溶液中与 M_2SO_4 ($M = Na^+, K^+, NH_4^+$)作用，铈组稀土生成难溶的复盐，钇组生成可溶性的稀土元素配合物。

2. 有机配体

1) 配位原子为氧原子的有机配体

通过氧原子配位，生成稀土元素配合物的性质不同。例如，羧酸、苯羧酸、羟基羧酸、酮、β-二酮、醇、磷酸酯等：羧酸、苯羧酸、羟基羧酸、β-二酮等解离出质子，以阴离子形式与稀土离子配位生成配合物，稳定性高；醇、醇化合物和大环聚醚类配合物稳定性较差，在非水溶剂中制备；磷酸酯、烷基磷酸酯等配体形成电中性配合物，难溶于水，易溶于有机溶剂。

配位氧原子数不同，形成的稀土元素配合物的稳定性不同。例如，一元羧酸、一元醇等，只含一个能配位氧原子的配体，形成的配合物一般稳定性较小；醛、酮、羟基羧酸、多元酸及多元醇等，含两个或两个以上能配位氧原子的配体，形成的配合物稳定性较大。若产生螯合效应，形成稳定的五元环或六元环，稳定性增大。例如稀土 β-二酮类螯合物，形成的螯环中存在电荷移动的共轭 π 键，具有强的稳定性。

以羧酸基团为例，有两个给电子的配位氧原子，可以与一个或多个稀土离子金属中心配位。按照羧酸基团中氧原子的配位方式，可分为 7 种(图 4-8)：单齿氧配体(a)、双齿螯合配体(b)、单齿桥联配体(c)、桥联螯合配体(d)、双桥联模式(e)、螯合双桥联(f)和三重桥联(g)。

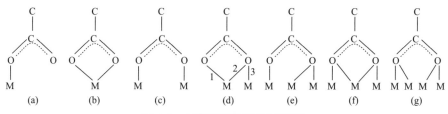

图 4-8 7 种配位方式的含氧配体

(1) 单齿氧配体。含单齿氧配体[图 4-8(a)]的稀土元素配合物中，统计 Re—O 键(O 为单齿羧基基团的氧原子)的键长，如表 4-1 所示，给出了稀土离子的配位数分别为 7、8、9 时，稀土离子与氧配体的平均距离、标准偏差[79-80]。

表 4-1 单齿模式下羧酸基团与稀土离子配位的统计研究

| 稀土离子 | 配位数 | | | | | | | | | | | |
| | 7 | | | 8 | | | 9 | | | 10 | | |
	包含键数	平均距离/Å	标准偏差/Å	包含键数	平均距离/Å	标准偏差/Å	包含键数	平均距离/Å	标准偏差/Å	包含键数	平均距离/Å	标准偏差/Å
Y	6	2.258	0.038	126	2.315	0.051	134	2.353	0.041			
La	2	2.532		39	2.467	0.070	298	2.497	0.057	132	2.516	0.043
Ce	2	2.728		22	2.463	0.063	236	2.470	0.071	36	2.517	0.054
Pr				31	2.415	0.046	184	2.460	0.048	41	2.447	0.071
Nd	4	2.423	0.062	50	2.427	0.072	339	2.445	0.046	41	2.481	0.068
Sm	3	2.391	0.092	110	2.376	0.058	265	2.416	0.045	9	2.425	0.0116
Eu	8	2.357	0.067	274	2.363	0.047	549	2.403	0.052	12	2.408	0.032
Gd	8	2.331	0.074	227	2.349	0.049	506	2.385	0.041	15	2.477	0.0137
Tb	6	2.321	0.072	258	2.323	0.046	378	2.380	0.045	5	2.470	0.057
Dy	9	2.284	0.062	277	2.323	0.044	229	2.372	0.049	3	2.486	0.042
Ho	2	2.232		115	2.314	0.044	131	2.360	0.042			
Er	14	2.246	0.037	266	2.300	0.046	119	2.346	0.044			
Tm	6	2.217	0.063	44	2.271	0.048	25	2.347	0.082			
Yb	21	2.223	0.034	233	2.273	0.051	101	2.325	0.046	2	2.264	
Lu	3	2.232	0.043	72	2.253	0.046	75	2.327	0.054			

(2) 双齿螯合配体。当配体为双齿螯合配体[图 4-8(b)]时，形成的两个 Re—O 键键长相等、键等价，两个键之间没有相关性，不会因为一个缩短而另一个也缩短或延长。表 4-2 给出了稀土离子的配位数分别为 7、8、9 和 10 时，两个 Re—O 键的平均距离、平均距离与有效半径之差的标准偏差[80]。研究表明，离子半径较小的稀土离子中，配位氧原子更倾向于这种配位方式。大约有 40%的重稀土羧酸

盐(Tb～Lu)晶体结构中有这种配位形式，而轻稀土(La～Gd)中只有约 30%(Y 为 38%)的双齿螯合配位方式。由于羧酸种类繁多，很难对配体进行详细的比较。简单地将羧酸基团分为与脂肪族或与芳香族碳原子相连的配体，这种配位形式出现在大约 35%的脂肪族羧酸结构和 45%的芳香族羧酸结构中[81]。

表 4-2　双齿螯合模式下羧酸基团与稀土离子配位的统计研究

| 稀土离子 | 配位数 | | | | | | | | | | | |
| | 7 | | | 8 | | | 9 | | | 10 | | |
	包含键数	平均距离/Å	标准偏差/Å	包含键数	平均距离/Å	标准偏差/Å	包含键数	平均距离/Å	标准偏差/Å	包含键数	平均距离/Å	标准偏差/Å
Y	10	2.444	0.122	222	2.423	0.048	120	2.44	0.069			
La				70	2.589	0.067	342	2.599	0.072	154	2.621	0.072
Ce				26	2.537	0.092	170	2.581	0.077	60	2.591	0.055
Pr	2	2.393		58	2.538	0.072	222	2.553	0.057	78	2.56	0.047
Nd	2	2.516		110	2.521	0.062	434	2.530	0.056	92	2.554	0.048
Sm				212	2.491	0.062	356	2.496	0.054	20	2.515	0.044
Eu				372	2.474	0.068	802	2.487	0.060	44	2.513	0.094
Gd	18	2.473	0.064	424	2.469	0.048	494	2.476	0.056	28	2.504	0.095
Tb	16	2.436	0.061	512	2.451	0.058	542	2.464	0.062	24	2.496	0.089
Dy	18	2.420	0.067	454	2.435	0.051	382	2.450	0.057	12	2.464	0.051
Ho	12	2.411	0.040	154	2.431	0.059	150	2.432	0.051	2	2.443	
Er	20	2.388	0.038	350	2.419	0.062	180	2.439	0.056			
Tm				86	2.403	0.081	60	2.425	0.057			
Yb	8	2.381	0.030	256	2.388	0.055	84	2.412	0.074			
Lu				90	2.393	0.089	58	2.397	0.067			

(3) 单齿桥联配体。如图 4-8(c)所示的配位模式中，两种 Re—O 键键长之间没有明显的相关性。但很多结构中，相邻的稀土离子具有不同的配位数，且配位数差值可以达到 3。例如，$Gd_{36}Ni_{12}$ 簇化合物中，七配位和十配位 Gd^{3+} 共存[82]。Ce 和甘氨酸-噁唑烷-2,4,6-吡啶三羧酸盐的配合物中，含有七配位和十配位的 Ce^{3+} [83]。和前面的几种配位方式相同，Re—O 键的平均长度与相应的有效离子半径之间的差异和 Re 元素无关(表 4-3)。大约 67%的结构中包含这种单齿桥联的方式，轻稀土和重稀土之间没有差别。但 Re-脂肪族羧酸结构中包含 72%的这种配位方式，芳香族羧酸中包含 57%的这种配位方式。

表 4-3 单齿桥联模式下羧酸基团与稀土离子配位的统计研究

稀土离子	配位数											
	7			8			9			10		
	包含键数	平均距离/Å	标准偏差/Å	包含键数	平均距离/Å	标准偏差/Å	包含键数	平均距离/Å	标准偏差/Å	包含键数	平均距离/Å	标准偏差/Å
Y	42	2.272	0.045	240	2.315	0.058	58	2.374	0.046			
La	14	2.409	0.048	156	2.479	0.054	332	2.503	0.047	26	2.565	0.109
Ce				68	2.443	0.052	154	2.470	0.049	6	2.575	0.045
Pr	20	2.383	0.064	154	4.435	0.050	270	2.463	0.050	6	2.456	0.050
Nd	32	2.379	0.041	250	2.413	0.053	410	2.450	0.050	14	2.472	0.036
Sm	16	2.364	0.034	364	2.377	0.047	296	2.412	0.050			
Eu	14	2.353	0.051	606	2.367	0.048	486	2.395	0.043	4	2.448	0.033
Gd	56	2.312	0.03	590	2.357	0.049	264	2.394	0.050	2	2.744	
Tb	50	2.330	0.074	720	2.338	0.046	236	2.366	0.049	2	2.360	
Dy	104	2.305	0.05	714	2.327	0.045	220	2.362	0.045			
Ho	40	2.295	0.052	272	2.317	0.050	86	2.347	0.039			
Er	54	2.285	0.058	428	2.306	0.054	62	2.358	0.064			
Tm	10	2.261	0.035	64	2.285	0.057	16	2.331	0.057			
Yb	34	2.240	0.056	258	2.289	0.058	20	2.334	0.040			
Lu	6	2.212	0.036	38	2.271	0.051	18	2.360	0.131			

(4) 桥联螯合配体。这种配位模式[图 4-8(d)]中包含了三组不等价的 Re—O 键，分别为键 1、键 2 和键 3，表 4-4 统计了稀土元素具有相同的配位数的数据。由于羧酸基团沿着稀土元素轴具有一定的自由度，键 1 和键 2 之间存在显著的相关系数的负相关关系，一部分键 2 和键 3 之间存在负相关关系。表 4-5 中列出了羧酸基团中三组碳氧键的平均距离和标准偏差。

表 4-4 桥联螯合模式下羧酸基团与稀土离子配位的统计研究

稀土离子	包含键数	键 1 平均距离/Å	标准偏差 Å	键 2 平均距离/Å	标准偏差/Å	键 3 平均距离/Å	标准偏差/Å	键 1 和键 2 间的相关系数	键 1 和键 3 间的相关系数	键 2 和键 3 间的相关系数
CN = 8										
Y	16	2.384	0.054	2.545	0.103	2.339	0.053			
La	5	2.549	0.034	2.798	0.099	2.508	0.060			
Ce	6	2.520	0.030	2.718	0.063	2.459	0.037			
Pr	8	2.533	0.082	2.676	0.134	2.474	0.054			
Nd	14	2.501	0.042	2.636	0.096	2.492	0.092			

续表

稀土离子	包含键数	键1平均距离/Å	标准偏差 Å	键2平均距离/Å	标准偏差/Å	键3平均距离/Å	标准偏差/Å	键1和键2间的相关系数	键1和键3间的相关系数	键2和键3间的相关系数
Sm	21	2.475	0.042	2.593	0.057	2.439	0.049	−0.14	0.48	−0.05
Eu	32	2.455	0.039	2.582	0.097	2.416	0.054	−0.67	0.52	−0.55
Gd	47	2.254	0.046	2.587	0.112	2.396	0.059	−0.26	0.20	−0.29
Tb	29	2.438	0.039	2.569	0.078	2.408	0.051	−0.34	0.10	−0.64
Dy	60	2.402	0.056	2.577	0.122	2.361	0.063	−0.34	0.03	−0.27
Ho	26	2.398	0.050	2.554	0.103	2.352	0.051	−0.44	0.31	−0.51
Er	26	2.403	0.048	2.493	0.068	2.345	0.065	−0.68	0.08	−0.04
Tm	5	2.434	0.033	2.481	0.047	2.366	0.047			
Yb	11	2.406	0.057	2.483	0.083	2.329	0.070			
Lu	3	2.363	0.058	2.481	0.050	2.408	0.060			
CN = 9										
Y	22	2.426	0.047	2.595	0.12	2.336	0.047	−0.83	0.36	−0.36
La	141	2.581	0.061	2.726	0.095	2.503	0.043	−0.49	0.10	−0.19
Ce	57	2.573	0.052	2.688	0.084	2.493	0.046	−0.44	0.21	−0.12
Pr	73	2.551	0.061	2.679	0.097	2.466	0.048	−0.58	0.22	−0.17
Nd	149	2.538	0.066	2.644	0.101	2.44	0.051	−0.57	0.18	0.09
Sm	129	2.503	0.054	2.628	0.108	2.413	0.05	−0.44	0.21	−0.16
Eu	194	2.477	0.057	2.647	0.129	0.384	0.045	−0.57	0.13	−0.26
Gd	119	2.476	0.059	2.61	0.113	2.382	0.044	−0.45	0.20	−0.22
CN = 9										
Tb	107	2.466	0.062	2.604	0.12	2.359	0.041	−0.56	0.25	−0.41
Dy	78	2.443	0.054	2.612	0.129	2.342	0.036	−0.62	0.23	−0.50
Ho	45	2.426	0.051	2.616	0.157	2.327	0.031	−0.58	0.32	−0.56
Er	22	2.419	0.073	2.599	0.129	2.314	0.036	−0.68	0.19	−0.13
Tm	13	2.431	0.059	2.572	0.125	2.33	0.068			
Yb	10	2.403	0.051	2.586	0.113	2.301	0.04			
Lu	7	2.433	0.112	2.58	0.121	2.328	0.111			
CN = 10										
La	43	2.662	0.149	2.721	0.116	2.539	0.057	−0.64	0.20	−0.09
Ce	10	2.663	0.138	2.686	0.109	2.531	0.041			
Pr	8	2.611	0.077	2.58	0.039	2.527	0.035			
Nd	8	2.657	0.151	2.635	0.037	2.482	0.064			
Eu	4	2.489	0.054	2.673	0.071	2.369	0.031			
Gd	1	2.665		2.548		2.526				
Tb	1	2.463		2.702		2.352				

表 4-5　桥联螯合模式下羧酸基团中碳氧键的统计研究

配位数	键 1		键 2		键 3	
	平均距离/Å	标准偏差/Å	平均距离/Å	标准偏差/Å	平均距离/Å	标准偏差/Å
8	1.395	0.018	1.532	0.037	1.353	0.027
9	1.368	0.013	1.517	0.020	1.273	0.014

(5) 双桥联模式。图 4-8(e)连接模式较少，如已经报道的结构 Y-2,2-二甲基琥珀酸[84]、Dy-2-甲基-2{[(2-氧化酞-1-基)亚甲基]氨基}丙酸酯[85]、Er$_4$Cu$_4$-烟酸-异烟酸-2,5-吡啶二羧酸配合物[86]。后两个配合物中，第三个稀土离子中心被非氧原子的配体配位，如亚胺或者吡啶中的 N 原子。在这些结构中，Er$_4$Yb-六氟乙酰丙酮-2-甲基-8-羟基配合物中的乙酸根阴离子有几种配位方式：桥联、桥联螯合、双桥联及螯合双桥联模式[80]。

(6) 螯合双桥联。图 4-8(f)配位模式和图 4-8(e)的桥联配位模式一样，比较稀少。这种配位模式中的稀土离子一般具有大的离子半径和多配位数，如轻稀土离子。表 4-6 统计了该配位模式下羧酸基团与稀土离子的配位，主要选择数据量较多的八配位和九配位进行研究。

表 4-6　螯合双桥联模式下羧酸基团与稀土离子配位的统计研究

稀土离子	配位数											
	7			8			9			10		
	包含键数	平均距离/Å	标准偏差/Å	包含键数	平均距离/Å	标准偏差/Å	包含键数	平均距离/Å	标准偏差/Å	包含键数	平均距离/Å	标准偏差/Å
Y												
La				1	2.657		7	2.704	0.076	12	2.685	0.109
Ce							4	2.700	0.077	1	2.566	
Pr				1	2.611		11	2.650	0.081	6	2.731	0.170
Nd				2	2.577	0.032	15	2.592	0.063	2	2.612	0.055
Sm				3	2.563	0.044	12	2.577	0.076	1	2.584	
Eu				6	2.552	0.092	14	2.584	0.087	2	2.520	0.082
Gd	1	2.556		5	2.530	0.095	11	2.550	0.081			
Tb				2	2.509	0.030	4	2.603	0.096			
Dy	1	2.537		4	2.503	0.098	6	2.537	0.063			
Ho				2	2.498	0.028						
Er				2	2.504	0.090	3	2.493	0.072			
Tm												
Yb							1	2.524				
Lu							1	2.562				

(7) 三重桥联。如图 4-8(g)所示，这种桥联方式十分稀少，仅有几个结构，如四(戊二酸)-双(草酸)-四铽配合物[87]、[La$_4$(ox)$_2$L$_8$(Cu$_7$I$_5$) (H$_2$O)$_4$](ClO$_4$)$_2$、草酸戊二酸钕[88]、[La$_4$Na(ox)$_3$L$_8$(Cu$_7$I$_6$)(H$_2$O)$_3$] [L＝4-(吡啶-4-基)苯甲酸酯][89] 和 Ni$_{21}$Pr$_{20}$簇[90]。

2) 配位原子为氮原子的有机配体

弱碱性的以氮原子为配位原子的中性配体，如联吡啶(bipy)、二氮杂菲(phen)、NH$_3$、乙二胺(en)、丙二胺(pn)、二乙烯三胺(dien)等。稀土离子与氮原子的亲和力小于氧原子，利用适当反应条件可以得到一系列含氮配合物，如[Ln(phen)$_4$](ClO$_4$)$_3$、[La(bipy)$_2$(NO$_3$)$_3$]等。制备含氮的稀土大环配合物主要有两种方法：①有机溶剂存在下，含氮配体如脂肪族多胺(乙二胺、肼等)先得到自由大环，自由大环进一步与稀土离子在无水溶剂中得到稀土大环配合物；②利用稀土离子的模板效应，在稀土离子存在下，使合成大环的原始物质——含氮配体在适当方向缩合形成稀土大环配合物。

3) 配位原子为两个或两个以上原子的有机配体

配体中至少含有两种配位原子，如配位原子为氮原子和氧原子(氨基多酸、吡啶二羧酸、8-羟基喹啉等)，配体中羧基氧原子和氮原子与稀土离子配位，生成变形的三帽三棱柱结构的螯合物。席夫碱类配体与稀土离子的配位能力较弱，螯合物要在无水溶剂中制备。

4) 其他配位原子的有机配体

含有 S、P 等配位原子的有机配体，如硫脲及其衍生物、硫代羧酸和硫代磷酸等，也可与稀土离子生成配合物，但稳定性一般较差。作为反应物的稀土盐的阴离子和稀土离子的配位能力要求比较弱，反应溶剂为无水的配位能力弱的有机溶剂。

4.6　稀土元素与大环配体及其开链类似物生成的配合物

此类配合物包括以下几类：①环烯配合物，配体中的 π 电子与稀土离子成键；② σ 键配合物，配体中的碳原子与稀土离子配位；③羰基配合物，稀土离子是 σ 电子的接受体，也是 π 电子的给予体；④混合型配合物，羰基和环烯与稀土元素形成。

Long、Parker 等报道了聚丙烯及其衍生物作为配体的稀土元素配合物，此类配体为柔性配体，可以给稀土元素配位提供合适的孔道尺寸，也可以通过天线作用和功能基团构筑配合物框架，成为研究较为广泛的配体[91-92]。Gunnlaugsson[93] 和 Tropiano[94]等利用四氮杂环十二烷衍生物与 Yb^{3+}形成的稀土元素配合物，可以实现对 Zn^{2+}的检测和 pH 响应。除了多氮杂环烷外，基于冠醚的非刚性大环

$H_2BP_{18}C_6(H_2BP_{18}C_6 = N,N'$-双[(6-羧基-2-吡啶)甲基]-4,13-二氮杂-18-冠-6)也被作为连接体[95]。Wilson 等报道的大环配体 CHX-macropa，对 Ln^{3+} 具有高的亲和力[96]。对于无环配体，如 β-二酮和氮杂环，也可用来作为稀土元素配合物的配体[97]。Regau 等报道了一种二噻吩乙烯修饰的二十二烷基酰胺配体，作为光刺激调控 Ln^{3+} 发光[98]。Yan 等报道了 Yb^{3+} 的三股双核螺旋配合物 $Yb_2(BTT)_3(DMSO)$[99]。卟啉及其衍生物是 π 共轭的四吡啶大环配体，具有消光系数大[100]、结构不饱和性及重排异构化，可以用来调节配体三重态 T_1 与 Yb 激发态的能隙[101]。关于卟啉类配合物的结构-功能关系，Zhang 等对于卟啉内酯化学进行了总结[102]。Wong 等首次合成了中性单卟啉镧配合物[103]，以全氟四苯基卟啉($F_{28}TPP$)为天线配体，氘代 Klaui 配体(L_{OCD3})作为辅助配体，合成了 Yb-$F_{28}TPP$-L_{OCD}，在氘代二氯甲烷中总的量子产率高达 63%，寿命延长至 714 μs[104]。

4.7 稀土元素生物配合物

生物体中的氨基酸、核苷酸等作为配体，其中的羧基、磷酸基、羟基、酚羟基及糖羟基含有的氧原子可与稀土离子配位生成稀土元素生物配合物。氨基酸具有重要的生物功能，是蛋白质、酶等生物大分子的结构单元，一个蛋白质分子包含成百上千个氨基酸残基，核酸中有成百上千个核苷酸，因此生物体内大分子配体具有很多潜在的稀土离子结合基团。

与单个核苷酸相比，DNA 是一种多核苷酸。Ln^{3+} 可以更好地与 DNA 相互作用，影响其结构和特性[105-107]。DNA 与 Ln^{3+} 通过磷酸骨架和核碱基相互作用，磷酸基团通过静电作用与 Ln^{3+} 结合，核碱基提供含氮配体，有利于基团内的识别[108]。Nishiyabu 等利用 Ln^{3+} 与核苷酸单磷酸酯反应得到了一系列的配合物纳米颗粒，粒径为 30~200 nm，研究发现其粒径大小与 Ln^{3+} 的类型及所用的单核苷酸类型有关，只有腺嘌呤和鸟嘌呤核苷酸可以形成 Ln^{3+} 配合物[109]。除了形成纳米颗粒外，核苷酸和 Ln^{3+} 也可以形成纤维。Yang 等通过将胸腺嘧啶与 Ln^{3+} 混合得到厘米长的微纤维[110]，由于胸腺嘧啶的敏化作用，这些纤维具有 Ln^{3+} 的发光特征。

参 考 文 献

[1] 任镜清, 黎乐民, 王秀珍, 等. 北京大学学报, 1982, 3: 30.

[2] 苏锵. 稀土化学. 郑州: 河南科学技术出版社, 1993.

[3] 黄春辉. 稀土配位化学. 北京: 科学出版社, 1977.

[4] Rabenau A. Angew Chem Int Ed, 1985, 24(12): 1026.

[5] Li S, Tan L, Meng X. Adv Funct Mater, 2020, 30: 1908924.

[6] Younis S A, Bhardwaj N, Bhardwaj S K, et al. Coord Chem Rev, 2021, 429: 213620.

[7] Pagis C, Ferbinteanu M, Rothenberg G, et al. ACS Catal, 2016, 6: 6063.

[8] Stock N, Biswas S. Chem Rev, 2012, 112: 933.

[9] Samaddar P, Son Y S, Tsang D C W, et al. Coord Chem Rev, 2018, 368: 93.

[10] Rubio M M, Avci C C, Thornton A W, et al. Chem Soc Rev, 2017, 46: 3453.

[11] Chen W X, Ren Y P, Long L S, et al. CrystEngComm, 2009, 11: 1522.

[12] Wang M X, Long L S, Huang R B, et al. Chem Commun, 2011, 47: 9834.

[13] Tan B, Xie Z L, Feng M L, et al. Dalton Trans, 2012, 4: 10576.

[14] Liu Q Y, Li Y L, Wang Y L, et al. CrystEngComm, 2014, 16, 486.

[15] Chen W X, Bai J Q, Yu Z H, et al. Inorg Chem Commun, 2015, 60: 4.

[16] Feng H J, Xu L, Liu B, et al. Dalton Trans, 2016, 45: 17392.

[17] Shen M L, Xu L, Liu B, et al. Dalton Trans, 2018, 47: 8330.

[18] Shen M L, Liu B, Xu L, et al. J Mater Chem C, 2020, 8: 4392.

[19] Li H, Liu B, Xu L, et al. Dalton Trans, 2021, 50: 143.

[20] Miao W N, Liu B, Li H, et al. Inorg Chem, 2022, 61: 14322.

[21] Abbott A, Capper P G, Davies D L, et al. Chem Commun, 2003, 70.

[22] Avalos M, Babiano R, Cintas P. Angew Chem Int Ed, 2006, 45: 3904.

[23] Zhang J, Wu T, Chen S M, et al. Angew Chem Int Ed, 2009, 48: 3486.

[24] Zhan C H, Wang F, Kang Y, et al. Inorg Chem, 2012, 51: 523.

[25] Meng Y, Liu J L, Zhang Z M, et al. Dalton Trans, 2013, 42: 12853.

[26] Meng Y, Chen Y C, Zhang Z M, et al. Inorg Chem, 2014, 53: 9052.

[27] Himeur F, Stein I, Wragg D S, et al. Solid State Sci, 2010, 12: 418.

[28] Xiong W L, Liu Q Y, Liu C M, et al. Inorg Chem Commun, 2014, 48: 18.

[29] Xiong W L, Wang Y L, Liu Q Y, et al. Inorg Chem Commun, 2014, 46: 282.

[30] Hoffart D J, Loeb S J. Angew Chem Int Ed, 2005, 44: 901.

[31] He Y, Furukawa H, Wu C, et al. CrystEngComm, 2013, 15: 9328.

[32] Guo X, Zhu G, Li Z, et al. Inorg Chem, 2006, 45: 4065.

[33] Zhang S Y, Shi W, Cheng P, et al. J Am Chem Soc, 2015, 137: 12203.

[34] Ugale B, Dhankhar S S, Nagaraja C M. Cryst Growth Des, 2018, 18: 2432.

[35] Kiritsis V, Michaelides A, Skoulika S, et al. Inorg Chem, 1998, 37: 3407.

[36] Wong N E, Ramaswamy P, Lee A S, et al. J Am Chem Soc, 2017, 139: 14676.

[37] Serpaggi F, Férey G. J Mater Chem, 1998, 8: 2737.

[38] Saraci F, Quezada-Novoa V, Rafael D P, et al. Chem Soc Rev, 2020, 49: 7949.

[39] Feng X, Wang J, Liu B, et al. Cryst Growth Des, 2012, 12: 927.

[40] Zhao J, Long L S, Huang R B, et al. Dalton Trans, 2008, 37: 4714.

[41] Gandara F, Garcia-Cortes A, Cascales C, et al. Inorg Chem, 2007, 46: 3475.

[42] Pili S, Rought P, Kolokolov D I, et al. Chem Mater, 2018, 30: 7593.

[43] Höller C J, Müller-Buschbaum K. Inorg Chem, 2008, 47: 10141.

[44] Reineke T M, Eddaoudi M, Moler D, et al. J Am Chem Soc, 2000, 122: 4843.

[45] Ebrahim F M, Nguyen T N, Shyshkanov S, et al. J Am Chem Soc, 2019, 141: 3052.

[46] Yan Z H, Du M H, Liu J, et al. Nat Commun, 2018, 9: 3353.

[47] Quah H S, Ng L T, Donnadieu B, et al. Inorg Chem, 2016, 55: 10851.

[48] Ma Z J, Lu S H. J Cluster Sci, 2019, 30: 243.

[49] Dezotti Y, Ribeiro M A, Pirota K R, et al. Cryst Growth Des, 2019, 19: 5592.

[50] Chen X Y, Zhao B, Shi W, et al. Chem Mater, 2005, 17: 2866.

[51] Aguirre-Díaz L M, Snejko N, Iglesias M, et al. Inorg Chem, 2018, 57: 6883.

[52] Xu H, Fang M, Cao C S, et al. Inorg Chem, 2016, 55: 4790.

[53] Li Y J, Wang Y L, Liu Q Y. Inorg Chem, 2017, 56: 2159.

[54] Wei N, Zuo R X, Zhang Y Y, et al. Chem Commun, 2017, 53: 3224.

[55] Ma B Q, Zhang D S, Gao S, et al. Angew Chem Int Ed, 2000, 39: 3644.

[56] Luo T Y, Liu C, Eliseeva S V, et al. J Am Chem Soc, 2017, 139: 9333.

[57] Maruyama T, Kawabata H, Kikukawa Y, et al. Eur J Inorg Chem, 2019, (3-4): 529.

[58] Zhang J, Peh S B, Wang J, et al. Chem Commun, 2019, 55: 4727.

[59] Zou D, Zhang J, Cui Y, et al. Dalton Trans, 2019, 48: 6669.

[60] Angeli G K, Sartsidou C, Vlachaki S, et al. ACS Appl Mater Interfaces, 2017, 9: 44560.

[61] Chen L F, Zhang J, Ren G Q, et al. CrystEngComm, 2008, 10: 1088.

[62] Cavka J H, Jakobsen S, Olsbye U, et al. J Am Chem Soc, 2008, 130: 13850.

[63] Assen A H, Belmabkhout Y, Adil K, et al. Angew Chem Int Ed, 2015, 54: 14353.

[64] Yassine O, Shekhah O, Assen Y, et al. Angew Chem Int Ed, 2016, 55: 15879.

[65] Luebke R, Belmabkhout Y, Weseliński L J, et al. Chem Sci, 2015, 6: 4095.

[66] Chen Z, Weseliński L J, Adil K, et al. J Am Chem Soc, 2017, 139: 3265.

[67] Zhang L, Yuan S, Feng L, et al. Angew Chem Int Ed, 2018, 57: 5095.

[68] Wang Y, Feng L, Fan W, et al. J Am Chem Soc, 2019, 141: 6967.

[69] Feng Y, Xin X, Zhang Y, et al. Cryst Growth Des, 2019, 19: 1509.

[70] Zheng X J, Jin L P, Gao S. Inorg Chem, 2004, 43: 1600.

[71] Guo Y, Zhang L, Muhammad N, et al. Inorg Chem, 2018, 57: 995.

[72] Fang W H, Cheng L, Huang L, et al. Inorg Chem, 2013, 52: 6.

[73] Guillerm V, Weselinski L J, Belmabkhout Y, et al. Nat Chem, 2014, 6: 673.

[74] Alezi D, Peedikakkal A M P, Weseliski L J, et al. J Am Chem Soc, 2015, 137: 5421.

[75] AbdulHalim R G, Bhatt P M, Belmabkhout Y, et al. J Am Chem Soc, 2017, 139: 10715.

[76] Quezada-Novoa V, Titi H M, Sarjeant A A, et al. Chem Mater, 2021, 33(11): 4163.

[77] Feng L, Wang Y, Zhang K, et al. Angew Chem Int Ed, 2019, 58: 16682.

[78] Zhang Y, Huang L, Miao H, et al. Chem Eur J, 2015, 21: 3234.

[79] Shannon R D. Acta Cryst, 1976, A32: 751.

[80] Janicki R, Mondry A. Coord Chem Rev, 2017, 340: 98.

[81] Yuan H Q, Igashira-Kamiyama A, Konno T. Chem Lett, 2010, 39: 1212.

[82] Peng J B, Zhang Q C, Kong X J, et al. Angew Chem Int Ed, 2011, 50: 10649.

[83] Khan I U, Sharif S, Sahin O. J Coord Chem, 2013, 66: 3113.

[84] Saines P J, Steinmann M, Tan J C, et al. CrystEngComm, 2013, 15: 100.

[85] Canaj A B, Tzimopoulos D I, Philippidis A, et al. Inorg Chem, 2012, 51: 7451.

[86] Cheng J W, Zheng S T, Yang G Y. Inorg Chem, 2008, 47: 4930.

[87]　Thomas P, Trombe J C. J Chem Cryst, 2000, 30: 633.

[88]　Vaidhyanathan R, Natarajan S, Rao C N R. J Solid State Chem, 2004, 177: 1444.

[89]　Fang W H, Yang G Y. CrystEngComm, 2013, 15: 9504.

[90]　Kong X J, Ren Y P, Long L S, et al. Inorg Chem, 2008, 47: 2728.

[91]　Clough T J, Jiang L, Wong K L, et al. Nat Commun, 2019, 10: 1420.

[92]　Walton J W, Bourdolle A, Butler S J, et al. Chem Commun, 2013, 49: 1600.

[93]　Comby S, Tuck S A, Truman L K, et al. Inorg Chem, 2012, 51: 10158.

[94]　Routledge J D, Jones M W, Faulkner S, et al. Inorg Chem, 2015, 54: 3337.

[95]　Roca-Sabio A, Mato-Iglesias M, Esteban-Gomez D, et al. J Am Chem Soc, 2009, 131: 3331.

[96]　Thiele N A, Woods J J, Wilson J J. Inorg Chem, 2019, 58: 10483.

[97]　Jinnai K, Kabe R, Adachi C. Chem Commun, 2017, 53: 5457.

[98]　He X, Norel L, Hervault Y M, et al. Inorg Chem, 2016, 55: 12635.

[99]　Li B, Li H, Chen P, et al. Phys Chem Chem Phys, 2015, 17: 30510.

[100]　Zhang Y, Lovell J F. Theranostics, 2012, 2: 905.

[101]　Ke X S, Zhao H, Zou X, et al. J Am Chem Soc, 2015, 137: 10745.

[102]　Ning Y, Jin G Q, Zhang J L. Acc Chem Res, 2019, 52: 2620.

[103]　Wong W K, Hou A, Guo J, et al. Dalton Trans, 2001, 30: 3092.

[104]　Hu J Y, Ning Y, Meng Y S, et al. Chem Sci, 2017, 8: 2702.

[105]　Hwang K, Hosseinzadeh P, Lu Y. Inorg Chim Acta, 2016, 452: 12.

[106]　Zhou W, Saran R, Liu J. Chem Rev, 2017, 117: 8272.

[107]　Jastrzab R, Nowak M, Skrobanska M, et al. Coord Chem Rev, 2019, 382: 145.

[108]　Kolarik Z. Chem Rev, 2008, 108: 4208.

[109]　Nishiyabu R, Hashimoto N, Cho T, et al. J Am Chem Soc, 2009, 131: 2151.

[110]　Ma Q, Li F, Tang J, et al. Chem Eur J, 2018, 24: 18890.

第**5**章

稀土元素的提取和分离

5.1 提取稀土元素的概况

稀土元素提取的发展历史是稀土应用开发和相关科学研究不断深入的历史，也是稀土元素化学发展的历史[1-6]。哥斯奈德(K. A. Gschneidner)将其分为三个时代[7]。

5.1.1 摇篮时代

摇篮时代(1787～1949 年)是第一次发现稀土到最后一个稀土钷面世这一历史时期，这个时代的特点如下。

1. 汽灯纱罩为起点

汽灯是夜间施工的照明工具，在增强汽灯亮度方面，汽灯纱罩有无可比拟的优越性。1886 年，奥地利人首先在汽灯纱罩的生产过程中加入少量硝酸钍溶液浸泡纱罩，从而大幅度地提高了汽灯的亮度。为了获得钍，挪威和瑞典开始开采稀土矿，拉开了提取稀土元素的序幕。由于钍元素极具放射性，工人长期从事此类工作会导致慢性皮肤损伤、造血障碍、生育力受损、白内障等疾病[8]。现代纱罩生产中和废液中钍的去除技术已大大提高[9]，并且国家技术监督局和卫生部制定了汽灯纱罩生产的放射卫生防护标准 GB Z 123—2006。

2. 独居石开采为主

自汽灯纱罩的发明到第一次世界大战期间，德国一直是世界稀土的垄断者。

1893 年美国开始开采本国的独居石矿。德国在 1895 年和 1911 年先后在巴西和印度大量开采廉价的独居石矿。然而，这一时期的开采仅作为钍的副产品加以回收，并没有明确的稀土应用目标。

3. 推进提取稀土的动力

包括四点：①人们逐渐认识到稀土的应用价值。1903 年发现稀土在打火石上的应用，1910 年发现稀土在电弧碳棒上的应用，1920 年发现稀土在玻璃着色方面的应用。第二次世界大战期间发现，稀土氯化镧可用于光学玻璃制造，稀土合金可用于飞机结构材料等。②稀土元素分离方法的提升。1947 年将稀土元素分离方法从单纯的分级结晶扩展到了离子交换。③稀土元素制备技术的开发。20 世纪 20 年代末已初步掌握了制备比较纯的稀土元素的技术，并发现了钆的铁磁性、镧的超导性。④新的光谱技术的出现。X 射线光谱分析手段的出现为人类认识稀土元素起了极大的推动作用，发现了镧系收缩现象，开展了稀土与其他金属构成的二元系相图研究。

5.1.2　启蒙时代

启蒙时代(1950～1969 年)是世界稀土元素获得众多研究成果和新发现的时代，其特点如下。

1. 稀土元素分离手段不断提高

不断改进稀土元素分离工艺，纯净单一稀土元素制备达到千克级。20 世纪 60 年代制备纯度从 95%～98%提高到 99%，70 年代又提高到 99.99%，大大促进了稀土资源的开发和应用。

2. 应用开发如雨后春笋

这一时期关于稀土元素应用的研究包括：研究发现 LaB_6 具有强大的热离子发射(1951 年)，重稀土元素具有复杂的磁性结构(1961 年)，稀土催化剂应用于石油裂解化工(1962 年)，钇和铕荧光体作为彩色电视的红色荧光粉(1963 年)，发现最后一个金属态放射性元素钷(1963 年)，制得高强度稀土钴永磁体 YCo_5(1966 年)，得到良好的稀土永磁体 $SmCo_5$(1967 年)。这期间还将钕玻璃用于制造激光器，各种稀土用于原子能、玻璃陶瓷和电子工业中。

3. 稀土信息广泛传播

促进世界稀土信息的广泛传播在这一阶段得以完成：1959 年发行杂志

Journal of Less-Common Metals(现为 *Journal of Alloys and Compounds*)；1961 年召开首届稀土研究会议，至 1993 年已在美国开过 20 届国际稀土研究会议；1966 年成立由美国原子能委员会资助的稀土信息中心(Rare Earth Information Center，RIC)，并出版 *RIC NEWS*。

5.1.3 黄金时代

黄金时代从 1970 年开始至今，其主要特点包括以下几点。

1. 稀土先进功能材料飞速发展

黄金时代发现的重要功能材料包括：$LaNi_5$ 在室温和低于 1 MPa 压力下有吸收大量氢的能力(1970 年)；得到第一个非晶态稀土材料(1970 年)；混合稀土金属或硅化物作为脱氧、脱硫和控制硫化物形态的添加剂，被用于炼钢，生产出高强度的合金钢(20 世纪 70 年代初)；$ReFe_2$ 相中观察到巨大的磁致伸缩现象(1971 年)；Re-Fe 系超级磁体问世(20 世纪 80 年代)；发现稀土(镧)钡铜氧系陶瓷超导体(1986 年)，其 $T_C = 35$ K，研究者贝德诺尔茨和米勒获得 1987 年诺贝尔物理学奖[10]。

2. 《稀土物理化学手册》首卷出版

1978 年，由哥斯奈德和艾林编辑的《稀土物理化学手册》首卷出版[7]。

3. 中国稀土工业的飞速发展

中国稀土工业的飞速发展是国际稀土发展史上称为黄金时代的标志。中国的稀土资源丰富、类型多样，从资源开发、冶炼、分离提取到应用开发，形成了鲜明的中国特征。一批杰出的科学家结合我国稀土资源特点做出了领先国际的理论、科研、开发、应用研究成果，并创办了一些研究所、期刊等，使中国从稀土资源大国变成生产应用大国。

> **思考题**
>
> 5-1　中国的稀土工业发展为什么改写了国际稀土产业格局？

5.2　提取稀土元素的工业原料及工艺

从稀土矿物制备得到稀土元素要经过三个重要步骤：①分解精矿：以湿法和

火法将稀土精矿分解,如使用浓硫酸焙烧法、碳酸钠焙烧法等;②分离提纯:分离矿液中的稀土与非稀土,进而分离不同的稀土元素;③制备金属:用熔盐电解法或金属热还原法从单一稀土盐中制备出稀土元素。

稀土矿物主要有三种存在形式:①作为基本组成元素,以离子化合物形式存在于矿物晶格中,构成矿物必不可少的成分,这类矿物通常称为稀土矿物,如独居石、氟碳铈矿等;②作为杂质元素,进行类质同相置换,分散在造岩矿物和稀有金属矿物中,这类矿物称为含有稀土元素的矿物,如磷灰石、萤石等;③呈现离子状态,吸附于某些矿物的表面或颗粒间,是我国独有的稀土矿物方式,如各种黏土矿物、云母类矿物,这种形式存在的稀土元素很容易提取。

1. 主要稀土工业矿物

目前已经发现的稀土矿物约有 250 种,其中有五六十种具有工业价值,10 种左右具有开采价值。可用于工业提取稀土元素的矿物主要有四种。

1) 氟碳铈矿(bastnaesite)

主要成分为$(Ce, La)[CO_3]F$,机械混入物有 SiO_2、Al_2O_3、P_2O_5。

氟碳铈矿易溶于稀 HCl、HNO_3、H_2SO_4、H_3PO_4,是提取稀土元素铈的重要矿物。铈元素的主要用途包括:制备合金,提高金属的弹性、韧性和强度,是喷气式飞机、导弹、发动机及耐热机械的重要零件;制作各种有色玻璃;作为防辐射线的防护外壳等。

目前已知最大的氟碳铈矿是我国内蒙古的白云鄂博矿,作为开采铁矿的副产品,氟碳铈矿与独居石一起被开采,其稀土氧化物平均含量为 5%~6%。世界上唯一以开采稀土为主的氟碳铈矿位于美国加利福尼亚州的芒廷帕斯矿,在工业氟碳铈矿中品位最高。

2) 独居石(monazite)

独居石又名磷铈镧矿,主要成分为$(Ce, La, Y, Th)[PO_4]$,类质同相混入物有 Y、Th、Ca、SiO_4^{4-} 和 SO_4^{2-}。

独居石可溶于 H_3PO_4、$HClO_4$、H_2SO_4,矿物成分中稀土氧化物含量可达 50%~68%。独居石主要用来提取多种稀土元素,但矿石中包括放射性的钍元素,危害环境,其生产量呈下降趋势。

3) 磷钇矿(xenotime)

主要成分为 $Y[PO_4]$,Y_2O_3 含量为 61.4%。混入物有钇族稀土元素,以镱、铒、镝、钆为主;也有钇被锆、铀、钍等元素替代,同时磷被硅替代;一般来说,磷钇矿中铀的含量大于钍。

磷钇矿化学性质稳定,大量富集时可作为提炼稀土元素的矿物原料。

4) 风化壳淋积型稀土矿

这是我国特有的离子吸附型稀土矿物，稀土元素呈现离子状态吸附在黏土矿物中。

风化壳淋积型稀土矿易被强电解质交换转入溶液，通过直接浸取方式，可获得混合稀土氧化物。这类矿物具有重稀土元素含量高、经济含量大、品位低、覆盖面大、开采工艺简单等特点。主要分布在我国江西、广东、湖南、广西、福建等地的丘陵地带。

2. 稀土工业矿物的浮选

稀土矿物组成复杂，包含种类众多的稀土元素，常与石英、重晶石、萤石、硅酸盐等共生[11]；与含钙脉石矿物，如萤石，具有相似的溶解性、表面性质和可浮性[12]。因此，要获得纯净、单一的稀土产品，必须先对稀土原矿石进行粉碎磨碎，再进行必要的浮选操作，筛分去掉特定的矿粉，获取精矿后再进行分解提炼。

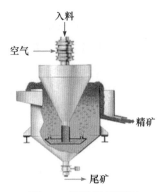

图 5-1　浮选机原理图

浮选操作利用浮选机(图 5-1)进行，选取能产生大量气泡的表面活性剂(起泡剂)，当空气进入水中时，起泡剂的疏水端定向在气-液界面向空气一方，亲水端在溶液内形成气泡；同时，另一种起捕集作用的表面活性剂(一般为阳离子表面活性剂，也包括脂肪胺)在固体矿粉的表面吸附，随矿物性质的不同，吸附具有一定的选择性，使向外的疏水端部分地插入气泡内，从而在浮选过程中气泡可以带走指定的矿粉，达到选矿的目的。

浮选工艺和浮选药剂都会对稀土矿物的回收率有较大影响。稀土选矿技术主要以浮选为主，辅之以重选和磁选。我国稀土矿山的资源回收率普遍偏低[13]，国有矿山的资源回收率在 60% 左右，民营矿山的资源回收率在 40% 左右[14]。多年来，国内外学者和科研单位对稀土选矿工艺进行了大量的研究工作[15-17]。表 5-1 为我国储量最大的白云鄂博稀土矿的浮选工艺发展。

表 5-1　我国白云鄂博稀土矿浮选工艺发展

年份	矿山	工艺	应用情况
1965[18]	白云鄂博	混合浮选-优先浮选和混合浮选-重选工艺	工业应用
1970[18]	白云鄂博	弱磁选-混合浮选-优先浮选	工业应用

续表

年份	矿山	工艺	应用情况
1974[18]	白云鄂博	弱磁选-优先浮选脱萤石-混合浮选稀土-摇床重选	工业应用
1986[19]	白云鄂博	弱磁选-半优先半混合浮选-重选-浮选	工业应用
1992[20-21]	白云鄂博	弱磁选-强磁选-浮选	工业应用
2017[22]	白云鄂博	连续浮选-磁选	实验阶段

5.3　稀土精矿的分解

　　稀土精矿中的主要成分是稀土矿物,即稀土的天然化合物。浮选后的稀土精矿几乎是纯的稀土矿物,它们经过分解得到可以利用的稀土产品。分解精矿的方法很多,一般综合依据下列情况选择工艺流程:①精矿的类型、品位等特点;②目标稀土产品;③非稀土元素的回收与综合利用;④利于劳动防护与环境保护;⑤技术先进、经济合理。下面是几种主要稀土精矿的分解简介。

5.3.1　独居石精矿的分解

1. 分解方法的一般介绍

　　独居石在工业上有浓硫酸分解和烧碱分解两种工艺,20 世纪 20 年代以前都是采用浓硫酸法:

$$(Re,Th)PO_4 \xrightarrow[H_2SO_4]{220℃} Re_2(SO_4)_3 + Th(SO_4)_2 + H_3PO_4 \tag{5-1}$$

　　该反应是放热反应,分解后用水浸出稀土。其最大优点是对精矿的适应性强,即使精矿中稀土元素含量低、颗粒较粗,也能获得较为满意的结果。缺点是:酸气易腐蚀设备,给劳动防护和环境保护带来很大困难,精矿中含量仅低于稀土的磷难以回收利用。

　　烧碱分解的优缺点正好与浓硫酸分解法相反,要求使用杂质含量尽量少的独居石精矿,分解前需将精矿磨细(约 320 目)[23],但烧碱工艺中的设备腐蚀、劳动防护和环境保护问题都容易解决,独居石中的磷也能得以回收,被称为无公害的碱法[24]。图 5-2 为碱法处理独居石的工艺流程示意。

图 5-2 碱法处理独居石工艺流程示意

2. 碱法分解工艺的一般介绍

1) 分解反应

$$RePO_4 + 3NaOH \Longrightarrow Re(OH)_3\downarrow + Na_3PO_4 \quad (5-2)$$

$$Th_3(PO_4)_4 + 12NaOH \Longrightarrow 3Th(OH)_4\downarrow + 4Na_3PO_4 \quad (5-3)$$

2) 陈化与洗涤
分解过程完毕，加入热水稀释，并保持一定条件，防止 Na_3PO_4 析出。

3) 优先溶解稀土分离钍、铀
用盐酸溶解稀土氢氧化物：

$$Re(OH)_3 + 3HCl \Longrightarrow ReCl_3 + 3H_2O \quad (5-4)$$

经洗涤后的分解产物中除稀土元素外，还有钍、铀、铁、钛等非稀土元素，可利用其碱性(在稀酸中的可溶解性)的差异进行分离(表 5-2)。表 5-2 的分离效果比较理想，但在大规模工业生产中多采用 pH = 4.5 的操作条件(图 5-3)[4]。

表 5-2 平衡 pH = 5.8 时各元素的分配[23]

元素	分配/%	
	溶液	沉淀
U	0.7	99.3
Th	0.3	99.7
Re	97.7	2.3
Fe	0	100.0
Ti	0	100.0
P	0	100.0
Cl	99.9	0.1

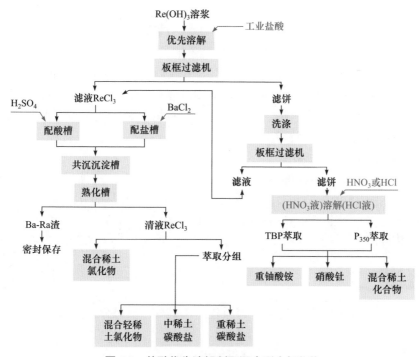

图 5-3 盐酸优先溶解制取混合稀土氯化物

4) 除镭制取稀土产品

独居石精矿中含有放射性元素镭的同位素，必须将进入溶液中的镭同位素除去。一般采用硫酸钡共沉淀法除镭，镭与钡的离子半径相近(分别为 0.142 nm 和

0.138 nm)，存在类质同晶现象，$BaSO_4$ 沉淀能同时将镭带走：

$$Ba^{2+}(Ra^{2+}) + 2SO_4^{2-} \rule[0.5ex]{1.5em}{0.4pt} BaSO_4(RaSO_4)\downarrow \tag{5-5}$$

例题 5-1

稀土矿的分离提纯中，如何将稀土与非稀土元素分离？

解 可采用如下方法：

(1) 利用稀土硫酸复盐的难溶性使之与铁、磷等杂质元素分离：

$$x\mathrm{Ln}_2(\mathrm{SO}_4)_3 + y\mathrm{M}_2\mathrm{SO}_4 + z\mathrm{H}_2\mathrm{O} \rule[0.5ex]{1.5em}{0.4pt} x\mathrm{Ln}_2(\mathrm{SO}_4)_3 \cdot y\mathrm{M}_2\mathrm{SO}_4 \cdot z\mathrm{H}_2\mathrm{O}\downarrow$$

(2) 利用稀土草酸盐的难溶性使之与可溶性的非稀土元素分离：

$$2\mathrm{ReCl}_3 + 3\mathrm{H}_2\mathrm{C}_2\mathrm{O}_4 + n\mathrm{H}_2\mathrm{O} \rule[0.5ex]{1.5em}{0.4pt} \mathrm{Re}_2(\mathrm{C}_2\mathrm{O}_4)_3 \cdot n\mathrm{H}_2\mathrm{O}\downarrow + 6\mathrm{HCl}$$

(3) 利用萃取法，将稀土从杂质元素中分离出来。

5) 优熔渣的处理

独居石精矿中有约 10% 进入优熔渣，其中含有钍、铀及铁、钛等杂质元素。常用处理优熔渣的方法有两种[4]：①以硝酸溶解，用磷酸三丁酯($C_4H_9O)_3PO_4$(简称 TBP)萃取剂萃取钍、铀，除得到重铀酸铵、硝酸钍外，还可得到含稀土硝酸盐的溶液。注意：在硝酸溶解前，需将优熔渣中的氯离子洗干净。②以盐酸溶解优熔渣，用 P_{350} 萃取剂萃取钍、铀、铁，萃取后的水相中为含游离盐酸的混合稀土溶液，可返回至盐酸优先溶解稀土工序。

6) 碱分解液的综合利用

独居石分解反应消耗的碱量不到投入碱量的 40%，参加反应的碱可转变成磷酸三钠[式(5-2)、式(5-3)]。因此，将分解后的碱液与部分洗液进行蒸发浓缩，至溶液沸点达到 135℃，此时 NaOH 浓度约为 47%，溶液中 99% 的磷酸三钠结晶析出。

思考题

5-2 稀土矿的分解工艺中，进行优熔渣的处理和碱分解液的综合利用有什么重要意义？

7) 其他烧碱改进方法

烧碱分解独居石工艺有许多优点，在国际上已被大规模工业生产采用。生产中为了降低成本、提高经济效益，在降低烧碱消耗量及能源消耗、强化分解过程、缩短分解时间等方面进行了大量研究，成果如下。

(1) 压热法。烧碱分解独居石工艺有很多优点，在国际上已被大规模工业生产采用[25]。张允什等[26]在高压釜中分解未经磨矿工序的独居石精矿(280 目)，表压 0~31.4 MPa，温度为 250℃条件下分解 6 h，分解率达 96%~99.7%。

(2) 热球磨法。张允什等[26]用浓度为 50%的 NaOH 在钢球球磨机内分解未经磨矿工序的独居石精矿，(138±0.2)℃条件下分解 4 h、6 h，分解率分别为 58.5%和 70.8%，将温度提高到(160±0.2)℃条件下分解 6 h，分解率达 95.7%。同样条件下，Меерсон 等[27]分解粒度为 0.5~15 mm 独居石精矿，175℃条件下分解 4.5~6 h，独居石几乎全部分解。

(3) 熔融法。Каплан[28]使用有 90%的粒度为 100~280 μm 的独居石精矿，使用 3 倍于理论量的 NaOH 在 400℃下熔融分解，矿物接近全部分解。Kim 等[29]的研究表明，将未磨的精矿与磨细的固态 NaOH 混合并于 350℃下熔融分解 1 h，即可得到 95%的分解率。

(4) 纯碱烧结法。鉴于 Na_2CO_3 比 NaOH 便宜，Каплан[28]对独居石与纯碱的反应进行了较为细致的研究。研究表明，反应过程中生成了磷酸三钠，800℃时反应迅速，900℃、3~4 h 反应完全，并生成多孔易溶的烧结产物。

5.3.2　氟碳铈精矿的分解

1. HCl-NaOH 分解法

1) 分解流程

所用原料为浮选精矿，用稀盐酸浸去钙等碳酸盐杂质，得到的 $ReCl_3$ 质地较纯，氟碳铈矿含量 95%~97%，65%的精矿为 325 目，矿物 $Re_2(CO_3)_3 \cdot ReF_3$ 中的碳酸盐易溶于酸。图 5-4 为其工艺流程。

2) 分解反应

$$Re_2(CO_3)_3 \cdot ReF_3 + 9HCl \Longrightarrow 2ReCl_3 + ReF_3 \downarrow + 3HCl + 3H_2O + 3CO_2 \uparrow \qquad (5\text{-}6)$$

$$ReF_3 + 3NaOH \Longrightarrow Re(OH)_3 + 3NaF \qquad (5\text{-}7)$$

3) 后处理

中和后的稀土氯化物溶液的 pH = 3.0，加入过氧化氢把铁氧化为三价时生成氢氧化铁沉淀，加入硫酸使铅以硫酸铅的形式沉淀析出，最后加入氯化钡以硫酸钡的形式沉淀出溶液中剩余的硫酸根，钍也在一系列的除杂过程中被带入沉淀物中除去。

过滤后的液体经浓缩得到产品，其成分如表 5-3 所示。

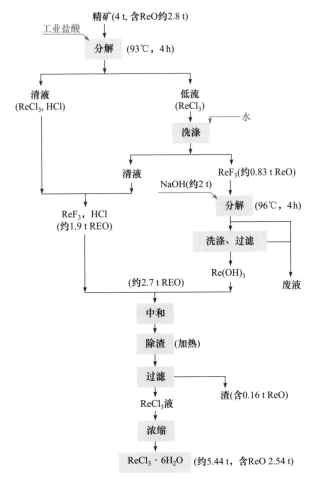

图 5-4 HCl-NaOH 分解氟碳铈精矿的工艺流程[30]

表 5-3 HCl-NaOH 分解法分解氟碳铈精矿所得产品成分

成分	ReO	Fe₂O₃	CaO	MgO	SiO₂	ThO₂
含量/%	≥46.0	≤0.005	≤1.0	≤1.0	≤0.05	痕量

2. 氯化焙烧-酸浸出生产单一稀土化合物

1) 制取氧化铈

氟碳铈精矿含 ReO 约 60%。生产工艺流程示意见图 5-5。

(1) 焙烧。在焙烧炉内进行，焙烧时氟碳铈精矿分解放出 CO_2，Ce^{3+} 被氧化为 Ce^{4+}，为铈与三价稀土的分离创造条件。

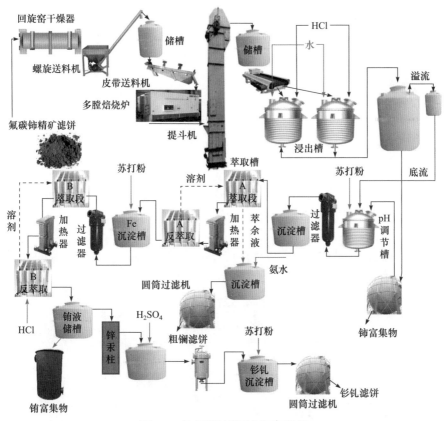

图 5-5　从氟碳铈精矿制取氧化铈

(2) 浸出。用聚四氟乙烯热交换器加热浸出槽，焙烧料先以水浆化，再加入 30% 的盐酸，此时矿浆酸度逐渐增加，Ce^{4+} 不易浸出，三价稀土进入浸液，达到初步分离。

(3) 洗涤。浸出后的矿浆送至三级串联的浓密机逆流洗涤，第一级的溢流送至萃取分组工序，第三级的低流经过滤得到铈富集物滤饼。

(4) 萃取分组。溢流液用苏打粉调至 pH = 1.0，蒸气加热至 60℃ 后，以碳质过滤器过滤。料液送往由 5 级混合澄清槽组成的 "A 萃取段" 萃取分组，萃取剂为 10% P_{204}-煤油，Sm、Eu、Gd 萃入有机相。

(5) 提取铈。有机相送入由四级混合澄清槽组成的 "A 反萃取段"，以盐酸反萃。反萃液用苏打粉调至 pH = 3～3.5，沉淀出 $Fe(OH)_3$。再将除铁后料液送往二级 "B 萃取段" 与四级 "B 反萃取段"。反萃液经填充锌汞齐的还原柱，将 Eu^{3+} 还原成 Eu^{2+}，在氮气保护的反应槽中加入硫酸沉淀出 $EuSO_4$，过滤后与溶液中的 Sm、Gd 分离。

2) 制取氧化铈

氟碳铈精矿经氯化焙烧-酸浸出可生产单一氧化铈产品。该工艺与上述生产氧化镨方法相同,但产品方案不同,工艺流程差异很大。

思考题

5-3 依据化学原理,写出从氟碳铈精矿制取氧化铈的操作过程。

5.3.3 混合型稀土精矿的分解

混合型稀土精矿是大型工业生产的原料,其分解主要有以下两种方式。

1. 浓硫酸分解

混合型稀土精矿与浓硫酸混合均匀后,在一定温度下进行分解,发生如下一些反应,矿物中的稀土变成易溶于水的硫酸盐(图 5-6)。

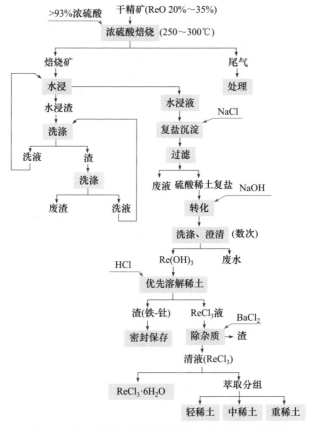

图 5-6 浓硫酸焙烧低品位混合稀土精矿的工艺流程

$$2ReFCO_3 + 3H_2SO_4 = Re_2(SO_4)_3 + 2HF\uparrow + 2CO_2\uparrow + 2H_2O\uparrow \qquad (5\text{-}8)$$

$$2RePO_4 + 3H_2SO_4 = Re_2(SO_4)_3 + 2H_3PO_4 \qquad (5\text{-}9)$$

$$ThO_2 + 2H_2SO_4 = Th(SO_4)_2 + 2H_2O\uparrow \qquad (5\text{-}10)$$

$$CaF_2 + H_2SO_4 = CaSO_4 + 2HF\uparrow \qquad (5\text{-}11)$$

$$Fe_2O_3 + 3H_2SO_4 = Fe_2(SO_4)_3 + 3H_2O\uparrow \qquad (5\text{-}12)$$

$$SiO_2 + 4HF = SiF_4\uparrow + 2H_2O\uparrow \qquad (5\text{-}13)$$

2. 烧碱分解法

烧碱分解混合稀土精矿(图 5-7)涉及的反应有式(5-2)、式(5-3)和式(5-7)，还有氟碳铈矿与碱的反应：

$$Re_2(CO_3)_3 \cdot ReF_3 + 9NaOH = 3Re(OH)_3\downarrow + 3NaF + 3Na_2CO_3 \qquad (5\text{-}14)$$

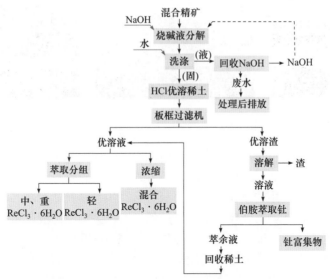

图 5-7　烧碱常压分解混合型稀土精矿工艺

5.3.4　风化壳淋积型稀土矿的分解

风化壳淋积型稀土矿通过直接浸取即可获得混合稀土氧化物。

1. 浸取原理

风化壳淋积型稀土矿品位较低(ReO 仅含 0.03%~0.15%)，无法依靠传统重选、磁选等物理选矿工艺有效提取稀土。赣州有色冶金研究所等单位科研人员发现钠离子、镁离子、铵根离子等这一类强电解质离子能与稀土在水相中进行离子交换，使稀土离子进入溶液。因此提出了采用强电解质(NaCl、NH₄Cl 等)进行离子交换直接浸取稀土的方法[31]，发展出铵盐或镁盐浸出、草酸或碳酸氢铵沉淀、酸溶除杂、萃取分离提纯稀土的工艺。

2. 浸取工艺

我国先后开发出三代风化壳淋积型稀土矿的浸取工艺(图 5-8)，依次是池浸(pool immersion)、堆浸(heap leaching)和原地浸出(leaching in-situ)[32]。池浸是用浸出剂渗浸置于浸出池(槽)中经过破碎的矿物，使其中有价组分转入溶液的过程。堆浸是溶液在矿物堆内的渗滤过程中通过毛细和分子的扩散作用有选择地溶解和浸出。原地浸出简称地浸，是在矿石天然产出条件下，通过注液孔向矿层注入浸出液，浸出液选择性地浸出矿石中的有用组分，生成的可溶性化合物进入浸出液中并通过抽液孔被提升至地表，再进行加工处理以提取金属。

(a) (b) (c)

图 5-8 风化壳淋积型稀土矿的浸取工艺池浸(a)、堆浸(b)和原地浸出(c)

(1) 20 世纪初，赣州有色冶金研究所提出第一代浸取工艺，采用氯化钠为浸出剂、草酸作为沉淀剂，选用池浸的浸矿方式对风化壳淋积型稀土矿进行稀土提取[33]。然而此工艺使用的氯化钠浓度过高，会产生大量钠盐废水，导致土壤盐化板结，使矿区生态环境被破坏；草酸沉淀稀土时，会与浸出液中富余的钠离子结合形成复盐沉淀，影响稀土沉淀率。另外，池浸是依靠原始人工手段剥离土表矿物，并将矿物放入浸矿池中处理的浸矿方式[34]，该过程会毁坏植被、破坏山体、产生大量尾渣和剥离物，并且工人劳动强度大、资源利用率低。例如，池浸每生产 1 t ReO 至少有 160 m² 植被遭到破坏，同时产生 1500 t 以上尾渣[35-36]。因此该工艺随着第二代工艺的出现而被完全替代。

(2) 第二代浸取工艺由江西大学(现南昌大学)提出，利用硫酸铵浸出-草酸沉淀提取风化壳淋积型稀土矿，采用的是池浸和堆浸共存的浸矿方式[33]。在其他浸出工艺不变的情况下，铵根离子比钠离子的离子交换能力强，硫酸铵比氯化钠的选择性强，浸出过程中可以用低浓度硫酸铵实现比高浓度氯化钠更高的浸出率，降低了浸出剂的消耗，减少了对土壤的污染。硫酸铵可完全代替氯化钠，该方法一直沿用至今。由于堆浸的发展带来了机械化生产，大大降低了工人劳动强度，且利用地形筑堆的方式提高了对低品位风化壳淋积型稀土矿的浸出效率[33]，池浸工艺完全被淘汰[37]。堆浸仍然会破坏植被、山体，导致矿区生态不平衡、水土流失，而原地浸出避免了这些问题，因此得到快速发展。

(3) 20 世纪 80 年代初，赣州有色冶金研究所提出原地浸出工艺，此工艺是第三代浸出工艺[33]。80 年代中期，比草酸沉淀更难沉淀的碳酸氢铵沉淀结晶法被攻克，南昌大学完成第三代沉淀技术——硫酸铵浸出-碳酸氢铵沉淀法的工业化实验。利用碳酸氢铵代替草酸作沉淀剂，对稀土的沉淀率更高，同时解决了草酸具有毒性并且较为昂贵的问题[38]。原地浸出不需要破坏地表植被，直接将浸取剂注入矿体进行浸出，进而得到含稀土离子的浸出液。原地浸出工艺的优点是不破坏山体、植被，可以有效针对矿石渗透性差的稀土矿山进行稀土回收，能合理利用资源[39]。原地浸出工艺也有缺点，如浸出电解液的消耗量大、浸出液易泄漏、对矿石渗透性差的稀土矿浸出率低。尽管如此，堆浸和原地浸出都得到广泛的应用，硫酸铵原地浸出-碳酸氢铵沉淀成为目前风化壳淋积型稀土工业提取最主要的技术之一[40]。

但是，酸铵溶液原地浸出稀土总回收率较低，不到 70%。每生产 1 t ReO 将耗用 $7 \sim 10$ t 硫酸铵、$3 \sim 6$ t 碳酸氢铵，产生 $3500 \sim 4000$ mg·L^{-1} 氨氮废水，环境问题突出，同时造成土壤营养元素(Ca、Mg、K 等)流失，影响植被生长[40]。有研科技集团有限公司(原北京有色金属研究总院)、有研稀土新材料股份有限公司[41]开发了 $MgSO_4$-$CaCl_2$-$FeSO_4$ 复合浸出剂浸取离子型稀土矿，采用 P_{507}/P_{204} 有机相耦合离心萃取分离得到氯化稀土。对比$(NH_4)_2SO_4$ 原地浸出工艺，该技术流程短、成本大幅降低、稀土总回收率提高 8%以上，从源头上解决了氨氮废水的产生以及放射性废渣处置的难题。此外，根据各矿区土壤成分不同，调节交换态钙/镁(质量比)保持在 $8 \sim 12$，达到土壤成分要求。该工艺已成功应用于中国铝业集团有限公司以及厦门钨业股份有限公司的工业化生产。

5.4　稀土元素的化学法分离

5.4.1　化学法分离的基本原理

稀土元素的分离方法很多，各有其原理及特点。

1. 利用被分离元素在两相之间分配系数的差异

在分离过程中，可利用它们在同一体系中两相之间的溶解度差别，即分配系数 D(distribution coefficient)不同进行分离。被分离元素 A 和 B 的 D_A 和 D_B 的比值

α 称为分离因素(separation factor)：

$$\alpha_{A/B} = D_A/D_B \tag{5-15}$$

α 值为 1 时，A 和 B 在两相之间的分配系数相同，无法将其分离或者富集。α 值越偏离 1，分离效果越好。

同时，在实际操作时，由于三价稀土元素之间的化学性质非常相似，在两相之间只经过一次分配无法达到彼此分离的目的，只起到一些富集的作用，因此只有进行多次分配才能达到彼此分离。

2. 利用被分离元素价态的差异

利用氧化还原方法使被分离的三价稀土元素变成四价或二价稀土元素，其性质明显不同于三价稀土元素，导致两相间分配系数的差别增大，分离因素远大于或小于 1，即可达到彼此分离的目的，此法对可变价的稀土元素如 Ce、Eu、Yb、Sm 等非常有效。

3. 利用钇在镧系元素中的变化分离钇

钇在镧系元素中的位置随着体系与条件的改变而变化，可处于 5 重不同的位置(图 5-9)。为了分离钇，可通过先选择适当的体系，使钇处于重稀土元素部分或处于镥之后，将钇与轻稀土元素分离；然后选择另一个体系，使钇处于轻稀土元素部分或处于镧之前，经过二次分离获得纯钇。

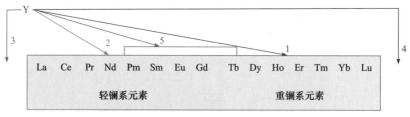

图 5-9　钇的 5 重位置

1. 在重镧系部分；2. 在轻镧系部分；3. 在镧前；4. 在镥后；5. 由于镧系性质的转折变化，钇在镧系中同时占有几个位置

4. 利用镧的特性分离镧

镧的性质不同于具有 4f 电子的其他镧系离子，位置处于镧系的首位，不存在左侧元素的分离；其右侧的铈易于通过氧化变为四价而先被分离除去，当铈被移除后，镧与非相邻的镨性质相差较大，使镧与镨易于分离。

这个原理同样可用于分离镥。镥位于镧系元素的末端，将镥左侧的镱先用还原法除去，使镥和钇之间留一空缺，再使镥与非相邻的钇分离。由于镥不像镧那样具有特性，因此，镥-铥的分离比镧-铥的分离困难。

5. 利用加入隔离元素分离

为分离两个相邻的稀土元素 A 和 B，加入在该分离体系中性质介于 A 和 B 的另一种非稀土元素 C(称为隔离元素)，经分离后从 A-B-C 中获得 A-C 和 C-B 两部分，由于 C 不是稀土元素，易从 A-C 和 C-B 中除去，从而达到分离 A 和 B 的目的。例如，用硝酸镁复盐分级结晶法分离 Sm 和 Er 时，可以加入 Br 作为隔离元素。

5.4.2　化学法分离的方法概述

稀土元素的化学法分离方法主要有分级结晶(fractional crystallization)法、分级沉淀(fractional precipitation)法和氧化还原(redox process)法等。也有人将其分为湿法[4,42]和火法[43-44]两大类。姚克敏曾就镧与其他稀土元素的分离做过综述，对稀土分离方法做了较为全面的介绍[45]。

1. 分级结晶法

1) 应用原理

分级结晶法是分离三价稀土元素的经典方法，根据稀土化合物的溶解度随原子序数递变的性质进行分离。稀土元素在溶液和固相间的分配情况不一样，因而能进行结晶分离。溶解度较大的稀土化合物富集在液相，溶解度较小的稀土化合物富集在固相，这时的分配系数为

$$D_i = \frac{M_C}{M_1} = \frac{元素 i 在晶体中的量}{元素 i 在母液中的量} \tag{5-16}$$

分级结晶法常利用稀土复盐的溶解度差异进行稀土分组，所采用的复盐需能满足下述要求：①在加热时没有明显的分解现象，在溶液和固相中都稳定；②具有较大的溶解度温度系数；③分子量大，有利于减少稀土的损失；④有较多的结晶水，能形成较大晶体；⑤不同稀土复盐的溶解度有较大差别；⑥加入的盐类要容易与稀土分离。

2) 操作方法

不同稀土的溶解度差别不大，不同稀土之间易于产生异质同晶现象，因此，为达到分离稀土的目的，必须使用如图 5-10 所示的分级结晶法进行多次操作[46]。操作过程如下，将选定的混合稀土盐的溶液加热蒸发，当中途冷却时，如果有一半盐结晶出来，即可停止蒸发。把结晶出来的晶体与母液分离，这样将原来的溶液分成两份：一份是晶体，另一份是溶液。再将结晶出来的晶体重新溶解在少量

的纯溶剂中，再次进行蒸发，直到冷却时有一半盐结晶为止，由第一次结晶得到的母液以类似方法做进一步蒸发，直至约有一半盐结晶出来。将上述两种情况所得的晶体和溶液分离，并将第一次结晶所得的晶体重新溶解、结晶后，所得的母液和第一次母液重新蒸发所得的晶体混在一起，将开始所用的溶液分成三份，如图 5-10 中的第三排表示的三份样品。再将每一份样品依照上述方式进行结晶，并将所得的溶液和由邻近溶液结晶所得的晶体混在一起，依据此法，每进行一系列蒸发结晶过程，就使份数增加一个，使不易溶的组分富集在最后的晶体中，使易溶的组分富集在最后的溶液中。为了得到最高的产率，要一直进行到没有晶体析出为止。为达到最终的分离效果，必须进行的分级次数决定了所需产品的纯度和分离效率。例如，Tipson 曾用 4 年时间先用稀土溴酸盐，再改用碱式硝酸盐进行分级结晶，获得了纯钬[46]。

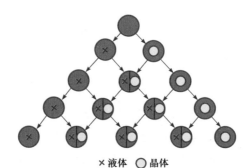

×液体 ○晶体

图 5-10 分级结晶法的示意图

3) 实例

使用硝酸铵复盐分级结晶法分离 La 和 Ce[47]，用硝酸镁复盐分级结晶法分离并富集 Pr 和 Nd[48]，用溴酸盐分级结晶法分离并富集钇族稀土等[49]，这些方法是基于它们的相对溶解度的差异(表 5-4，按镧的相对溶解度为 1 计算)[50]。

表 5-4　用于分级结晶法的一些复盐的相对溶解度(20℃)

复盐组成	La^{3+}	Ce^{3+}	Pr^{3+}	Nd^{3+}	Sm^{3+}
硝酸铵复盐 $Ln(NO_3)_3 \cdot 2NH_4NO_3 \cdot 4H_2O$	1.0	1.5	1.7	2.2	4.6
硝酸镁复盐 $2Ln(NO_3)_3 \cdot 3Mg(NO_3)_2 \cdot 24H_2O$	1.0	1.2	1.2	1.5	3.8
硝酸锰复盐 $2Ln(NO_3)_3 \cdot 3Mn(NO_3)_2 \cdot 24H_2O$	1.0	1.2	—	1.5	2.5

1972 年，中国科学院长春应用化学研究所经过几十级重结晶制备出纯度为99.995%的高纯度氧化镧，其中铈、镨、钕、铁、铬、钙等杂质元素含量均小于$5 \ \mu g \cdot g^{-1}$[3]。

2009 年，李芳等[51]依据稀土镧铈在酸性介质中的溶解度差异，利用硝酸分离硝酸镧铈，硫酸分离硫酸镧铈。实验结果表明，酸分级结晶法能有效进行稀土镧铈的分离，而且在分离过程中，除氢离子外，无其他任何离子引入，使分离体系最简化。在这个过程中，酸只起到溶剂介质作用且在分级结晶过程中重复使用，污染小。

4) 方法评价

该法所需设备简单，只需一般的加热蒸发容器，且结晶时稀土是饱和溶液，浓度高，故单位设备体积的处理量大。很多分级结晶法只需在开始时一次加入试剂(如硝酸铵、硝酸镁等)，在以后的结晶过程中不需另加试剂。但由于本法难以连续自动进行，溶液的浓缩—冷却—析晶的过程缓慢，因此所需时间长、效率低、收率低。

2. 分级沉淀法

1) 应用原理和操作方法

与分级结晶法的原理和操作过程基本相似，分级沉淀法是用一定量的试剂使不同的稀土按溶解度、溶度积或沉淀 pH 的不同进行分级沉淀分离。溶解度较小的稀土化合物先沉淀出来，溶解度较大的稀土化合物留在溶液中，每次沉淀分离出 1/2 或 1/3 的稀土化合物(图 5-11)。分级沉淀法曾广泛地采用硫酸复盐沉淀法[52]、碳酸钠复盐沉淀法[53]、氢氧化物中和法和草酸盐沉淀法等。分配系数为

$$D_i = \frac{M_s}{M_1} = \frac{\text{元素}i\text{在沉淀中的量}}{\text{元素}i\text{在滤液中的量}} \tag{5-17}$$

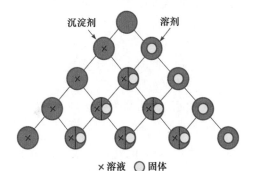

图 5-11 分级沉淀法的示意图

2) 几个重要的分级沉淀方法

(1) 硫酸复盐沉淀法。Manske 最早对此方法进行了研究[54]。稀土硫酸盐与碱金属硫酸盐能生成各种组成的硫酸复盐(图 5-12)，复盐的组成随温度和含量变化，在通常条件下生成 $Re_2(SO_4)_3 \cdot Na_2SO_4 \cdot 2H_2O$ 沉淀，该类稀土元素沉淀按硫酸复

盐的溶解度可分为下面三组。

第一组：难溶性的铈组稀土元素，镧、铈、镨、钕、钐。

第二组：微溶性的铽组稀土元素，铕、钆、铽、镝。

第三组：可溶性的钇组稀土元素，钇、钬、铒、铥、镱、镥。

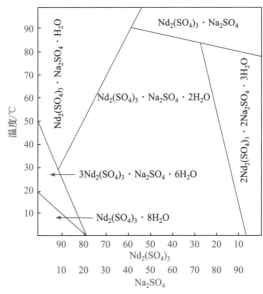

图 5-12　$Nd_2(SO_4)_3$-Na_2SO_4-H_2O 体系相图

硫酸复盐法仅能粗略地将混合的稀土化合物分成铈组、铽组和钇组，分离操作是将硫酸钠粉末加入稀土硫酸盐或硝酸盐的弱酸性溶液中，直至溶液中钕的吸收谱线减弱到消失，此时沉淀出大部分铈组复盐，再将复盐转化为氢氧化物溶解在酸中，做进一步分离。得到的母液中加入硫酸钠，加热至 95~100℃，再加硫酸钠，直至铽吸收谱线几乎消失，此时大部分铽组元素进入复盐沉淀，大部分钇组元素留在溶液中。

利用稀土碳酸盐的均相沉淀法，可获得粒子均匀且微小的稀土微粉。加热分解稀土三氯乙酸水溶液，按下式产生稀土碳酸盐沉淀：

$$2R(CCl_3COO)_3 + H_2O \longrightarrow R_2(CO_3)_3 \downarrow + 6CHCl_3 + 3CO_2 \uparrow \tag{5-18}$$

(2) 氢氧化物分级沉淀法。稀土氢氧化物的碱性随原子序数增大而依次下降，因而重稀土元素要比轻稀土元素更容易在较低的 pH 下沉淀出来。

Prandtl 最早进行这项研究[55-57]，通过测定稀土氢氧化物在 NH_4Cl 溶液中的溶解度，发现在 $3~mol \cdot L^{-1}$ 溶液中溶解度最大，将镧、铈及钕的混合物在 50℃ 的 NH_4Cl 溶液中以氨水处理，得到了很好的镧的分离效果。当有硝酸锌复盐存在时，镧的溶解度将是其他稀土的 4 倍, 从而得到更为良好的分离效果。

因此, 有效控制溶液的 pH, 可以沉淀出有较高比例的重稀土元素。因此, 经多级沉淀, 重、轻稀土可得到一定程度的分离, 如原有氧化物中含 La_2O_3 36.5%, 经 9 次操作, La_2O_3 纯度可达 97%～99%, 镧的回收率达 90%～92%[6]。

例题 5-2

稀土溶液中, 如何减少加入沉淀剂时发生局部过浓而产生的共沉淀?

解　为减少加入沉淀剂时发生局部过浓产生共沉淀, 可将空气稀释的氨气通入稀土溶液中作为沉淀剂; 可在稀土的硝酸盐溶液中加入硝酸铵等硝酸盐, 利用同离子效应和质量作用定律抑制 OH^- 的生成; 也可利用均相沉淀的方法, 为产生氢氧化物的均相沉淀, 可使用尿素, 当溶液加热至 90～100℃时, 尿素按下式缓慢分解、释出 NH_3, 然后生成 $NH_3 \cdot H_2O$:

$$CO(NH_2)_2 + H_2O \longrightarrow 2NH_3 + CO_2 \uparrow \tag{5-19}$$

$$NH_3 + H_2O \longrightarrow NH_3 \cdot H_2O \tag{5-20}$$

溶液的碱度不同, 钇在镧系中的排列位置也会不同。其位置随所用的沉淀剂不同、介质不同和实验方法不同而有所不同, 随稀土浓度的改变而改变。在 $0.5 \ mol \cdot L^{-1}$ 时的沉淀顺序为: La、Nd、Pr、Sm、Gd、Dy、Y、Yb。当浓度降至 $0.005 \ mol \cdot L^{-1}$ 时, 钇的位置移至轻镧系部分, 其顺序为: La、Y、Pr、Nd、Sm、Gd、Yb、Dy。利用氢氧化物沉淀时, 钇位于轻镧系部分, 可从钇族稀土中用分级沉淀法分离并富集钇。

(3) 草酸盐沉淀法。三价稀土离子和草酸盐生成不溶于水和酸的草酸盐 $[Re_2(C_2O_4)_3 \cdot nH_2O]$($n = 6$、7、10、11 等):

$$2ReCl_3 + 3H_2C_2O_4 + nH_2O \longrightarrow Re_2(C_2O_4)_3 \cdot nH_2O + 6HCl \tag{5-21}$$

十水合稀土草酸盐的溶解度一般为 $1 \times 10^6 \ mol \cdot L^{-1}$, 轻稀土草酸盐溶解度较小, 重稀土草酸盐溶解度较大(图 5-13)。

3) 方法评价及改良

分级沉淀法虽然经过多级沉淀, 但只能对稀土元素进行粗略的分离, 纯度不太高[58]。而且每次沉淀操作都需添加沉淀剂, 为进行下一级的沉淀, 还需将上一级的沉淀溶解; 当遇到沉淀不易过滤时, 耗费时间过长, 且无连续自动地进行多次沉淀、过滤和溶解的设备, 这些缺点限制了分级沉淀法在稀土分离中的应用。目前还有使用硫酸钠复盐沉淀法或碳酸钠复盐沉淀法, 此时铈族稀土沉淀析出, 钇族稀土留在滤液内。这两种沉淀剂价格便宜, 只需一次沉淀便可将稀土粗分为

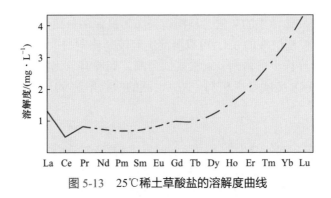

图 5-13　25℃稀土草酸盐的溶解度曲线

铈族和钇族，比较简便，形成的沉淀易过滤。硫酸钠复盐沉淀使用氢氧化钠将稀土转化为稀土氢氧化物，溶于酸后进一步做稀土的分离或制成混合稀土氧化物或氯化物。因此，目前的生产流程中还常使用这两种沉淀法。

为改进分级沉淀法，可用部分配合法，即在稀土溶液中加入只能配合一部分稀土的配合剂，如氨三乙酸或乙二胺四乙酸等[59]，然后加入沉淀剂使未配合的稀土沉淀析出。利用部分配合分级沉淀法可分离镧，镧配合物的稳定性一般最小，先沉淀析出。加入配合剂时，稀土草酸盐的沉淀次序为镧、铈、镨、钕、镥；没有加入配合剂时，草酸盐沉淀次序是不规则的，所以加入配合剂有利于稀土的分离。

3. 选择性氧化还原法

利用三价以外各种氧化态(铈可氧化到四价，钐、铕和镱可还原至二价)的选择性氧化或还原作用，从混合稀土中分离一些元素的方法即为选择性氧化还原法。这类方法有铈的氧化分离法和钐、铕、镱还原分离法等。

1) 铈的氧化分离法

四价铈的碱性比三价稀土离子小很多，因而易生成氢氧化物沉淀，从三价稀土离子中分离出来。首先将混合稀土中三价铈氧化为四价，氧化剂有空气、氯气、臭氧、过氧化氢、过硫酸铵、溴酸钾和高锰酸钾等[60-65]。氧化时溶液的 pH 为 3～4，四价铈以氢氧化物沉淀出来，与三价稀土分离。用各种氧化剂时，其氧化反应如下。

空气氧化：

$$2Ce(OH)_3 + \frac{1}{2}O_2 + H_2O \longrightarrow 2Ce(OH)_4 \tag{5-22}$$

或

$$2CeCl_3 + \frac{1}{2}O_2 + 7H_2O \longrightarrow 2Ce(OH)_4 \downarrow + 6HCl \tag{5-23}$$

氯气氧化：

$$2Ce(OH)_3 + Cl_2 + 2H_2O \longrightarrow Ce(OH)_4 + 2HCl \tag{5-24}$$

或
$$2CeCl_3 + Cl_2 + 2xH_2O \longrightarrow 2Ce(OH)_xCl_{4-x}\downarrow + 2xHCl \tag{5-25}$$

臭氧氧化：

$$2Ce(OH)_3 + O_3 + H_2O \longrightarrow 2Ce(OH)_4 + O_2 \tag{5-26}$$

过氧化氢氧化：

$$2Ce(NO_3)_3 + 3H_2O_2 + 6NH_4OH \longrightarrow 2Ce(OH)_3(OOH) + 6NH_4NO_3 + 2H_2O \tag{5-27}$$

$$2Ce(OH)_3(OOH) \longrightarrow 2Ce(OH)_4 + O_2\uparrow \tag{5-28}$$

高锰酸钾氧化：

$$3Ce(NO_3)_3 + KMnO_4 + 4H_2O \longrightarrow 3CeO_2 + MnO_2 + KNO_3 + 8HNO_3 \tag{5-29}$$

过硫酸铵氧化：

$$2Ce(NO_3)_3 + (NH_4)_2S_2O_8 + 2HNO_3 \longrightarrow 2Ce(NO_3)_4 + (NH_4)_2SO_4 + H_2SO_4 \tag{5-30}$$

溴酸钾氧化：

$$10Ce(NO_3)_3 + 2KBrO_3 + 12HNO_3 \longrightarrow 10Ce(NO_3)_4 + Br_2 + 2KNO_3 + 6H_2O \tag{5-31}$$

$$Ce(NO_3)_4 + xH_2O \longrightarrow Ce(OH)_x(NO_3)_{4-x} + xHNO_3 \tag{5-32}$$

实际生产中主要采用湿法空气氧化法和氯气氧化法实现铈的氧化。

(1) 湿法空气氧化法。将稀土氢氧化物调成浆液，其中稀土浓度为 50～70 g·L^{-1}，并含有 150～300 mol·m^{-3} 的碱，加热至 85℃，通入压缩空气氧化，使 Ce(OH)$_3$ 氧化为 Ce(OH)$_4$，其他 Re(OH)$_3$ 的价态不变。然后过滤、洗涤，再用 10% 的 HNO$_3$ 先溶解其他的 Re(OH)$_3$，分离后可得到含有 3%～4% 其他稀土的 Ce(OH)$_4$ 和含有 2%～3% 铈的其他稀土溶液。

将得到的四价铈氢氧化物溶解在硝酸中，加入硝酸铵沉淀出[(NH$_4$)$_2$Ce(NO$_3$)$_6$]，从而与其他稀土进一步分离，也可用溶剂萃取的方法萃取 Ce^{4+}，使铈盐进一步纯化。

(2) 氯气氧化法。工业上常用氯气作为氧化剂。将含有三价铈的混合稀土氢氧化物悬浮于水中，通入氯气，将三价铈氧化为四价铈，悬浮液由弱碱性变为弱酸性。

Ce(OH)$_4$ 的碱性很弱，在弱酸性的溶液中不会溶解，其余的三价稀土氢氧化物逐渐被酸所溶解。当溶液的 pH 为 3.5～4.0 时，可使 Ce(OH)$_4$ 留在沉淀中，其余三价稀土进入溶液。

2) 钐、铕、镱的还原分离法

利用二价钐、铕、镱和三价稀土在化学性质(如硫酸盐的难溶性、氢氧化物的碱性较强等)上的差异,可以将它们与其他三价稀土元素分离。使用的还原方法有:金属还原(metal reduction)法、汞齐还原(amalgam reduction)法和电解还原(electrolytic reduction)法等。

(1) 金属还原法。在稀土溶液中加入金属还原剂,将 Re^{3+} 还原为 Re^{2+},如锌粉还原法。在稀土氯化物溶液中加入锌粉,使 Eu^{3+} 还原成二价,其他三价稀土不被还原:

$$2EuCl_3 + Zn \Longrightarrow 2EuCl_2 + ZnCl_2 \tag{5-33}$$

当加入氨水时,由于 Eu^{2+} 的离子半径类似于碱土,其氢氧化物的性质类似于碱土氢氧化物不被氨水沉淀,特别是当溶液中存在一定量的 NH_4Cl 时,$EuCl_2$ 可保持在溶液中,其他三价稀土生成氢氧化物沉淀,从而与铕分离。此法已成功地应用于铕的工业生产中。

例题 5-3

金属锂或钠是常用的还原剂,是否可以用在稀土元素的还原分离法中?

解 可以。Eu^{3+}、Yb^{3+}、Sm^{3+}、Tm^{3+} 的无水卤化物在六甲基磷三胺(HMPTA)溶液中可被含钠的 HMPTA 溶液中的溶剂化电子还原成二价[60]。在四氢呋喃(THF)溶液中,还可用含 Na[60](或 Li[66])和萘的 THF 溶液使更难还原的 Tm^{3+}、Dy^{3+}、Nd^{3+} 的无水卤化物还原成二价。

(2) 汞齐还原法。利用金属汞齐,使稀土溶液中的 Re^{3+} 还原为 Re^{2+}。

锌汞齐还原法:利用装在玻璃柱内的粒状锌汞齐(Jones 还原柱),使通过它的稀土溶液中的 Eu^{3+} 还原成 Eu^{2+},再通入含 $(NH_4)_2SO_4$ 的溶液,使 Eu^{2+} 形成难溶的 $EuSO_4$ 沉淀析出,可用此法富集铕,或用于铕的定量分析中。分析时可将 Jones 还原柱流出的 Eu^{2+} 通入已知浓度的 $K_2Cr_2O_7$ 或 $KMnO_4$ 等氧化剂中,再用已知浓度的硫酸亚铁铵滴定所消耗的氧化剂,即可分析稀土中 Eu 的含量。

钠汞齐还原法:稀土中的 Eu、Yb 和 Sm 在含乙酸或磺基水杨酸[67]等弱配合剂的溶液中,可被钠汞齐还原而进入汞齐,操作类似于萃取,只需 2～5 min,分出下层的汞齐相后,用稀盐酸反萃,经过 2～5 min,即可从汞齐相中得到 Eu、Yb 或 Sm:

$$ReCl_3 + Na\text{-}Hg \longrightarrow ReCl_2 + NaCl + Hg \quad (Re = Eu、Yb和Sm) \tag{5-34}$$

$$ReCl_2 + 2Na\text{-}Hg \longrightarrow Re\text{-}Hg + 2NaCl \quad (Re = Eu、Yb和Sm) \tag{5-35}$$

除钠汞齐外，也有人使用钾汞齐、钙汞齐、锶汞齐或钡汞齐，但分离效果并不太好。

例题 5-4

可否利用同样的方法将 Eu 与 Sm 分离？

解 可以。因为两者的还原电势相差较大，分别为-1.56 V 和-0.36 V，因此调节还原时水相的 pH，可先还原 Eu，后还原 Sm，从而使 Eu 与 Sm 分离，分别获得纯 Eu 和纯 Sm。

(3) 电解还原法。

汞阴极电解法：以汞作阴极，铂丝(网)作阳极，介质是硫酸盐溶液或存在 SO_4^{2-} 的氯化物溶液，酸度低时出现碱式盐沉淀，酸度高时析出二价稀土硫酸盐。比较乙酸盐、柠檬酸盐及磺基水杨酸盐等不同介质和使用 Li、Na、K、Rb、Ca 或 Sr 等不同汞齐的汞阴极电解，可获得纯 Eu、Sm 和 Yb。当使用磺基水杨酸钠作介质时[68]，还可从含 Sm_2O_3 70.2%、Eu_2O_3 3.9%的原料中电解分离出纯度为 98%的 Eu_2O_3，收率 > 95%；调节 pH 为 4～6，并提高电流密度进行电解，可获得纯度 > 98%的 Sm_2O_3，收率 > 90%。与钠汞齐还原法比较，该法需用贵金属铂作为电极，电解时间也较长。

多孔炭电极电解还原法：使用多孔炭电极代替铂电极，且不必使用汞。电解液为稀土氯化物溶液，内含 0.003 mol · L^{-1} HBr，可防止电解时稀土氢氧化物的生成，且 Br^- 是阳极的去极化剂，在高纯 N_2 的保护下，室温进行电解，发生如下反应：

$$2Eu^{3+} + 2Br^- \rule[0.5ex]{1.5em}{0.4pt} 2Eu^{2+} + Br_2 \tag{5-36}$$

生成的 Eu^{2+} 以 Ba^{2+} 作载体生成 $EuSO_4$ 沉淀分离析出，纯度可达 99.9%。该法可连续通入料液进行电解，但其缺点是有腐蚀性的 Br_2 放出[69]。

改进后使用阴离子交换膜放在两片平行放置的多孔炭电极中间，将电解槽分为阳极电解室和阴极电解室，以 $ReCl_3$ 为阴极电解液，$FeCl_2$ 为阳极电解液，分别连续通入两个电解室中，通过多孔炭电极流出。经电解后，阳极产物为 Fe^{3+}，阴极产物为 Eu^{2+}，还原率 > 99%。该法的优点是产物不受化学试剂沾污，整个电解过程无臭无味，不需惰性气体保护，可连续进行电解还原[70]。

思考题

5-4 依据所学内容总结出稀土元素三种化学分离法的优缺点。

5.5 稀土元素的离子交换法分离

5.5.1 离子交换法分离的基本原理

1. 离子交换法的基本概念

1) 离子交换技术

离子交换(ion exchange)技术或称离子色谱法(ion chromatography)，是在两种电解质间做离子的交换，或在电解溶液和配合物之间进行交换。最常见到的是使用聚合物或矿物来分离或净化纯水和其他离子溶液。其他的例子有离子交换树脂、功能化多孔或凝胶聚合物、沸石、蒙脱石、黏土和土壤中的腐殖质。

离子交换主要有两类：一类是阳离子交换，即带正电的离子互相交换；另一类是阴离子交换，即带负电的离子互相交换。也有两性离子交换剂可使阴、阳离子同时交换。

2) 离子交换剂

离子交换剂(ion exchanger)的性能主要取决于其化学结构，根据离子的大小、电价或结构而定。常用的离子交换剂有：①H^+(质子)和 OH^-(氢氧化物)；②一价的单原子离子，如 Na^+、K^+、Cl^-；③二价的单原子离子，如 Ca^{2+}、Mg^{2+}；④多原子离子，如 SO_4^{2-}、PO_4^{3-}；⑤分子中含有氨基酸官能团—NR_2H^+的有机碱；⑥分子中含有—COO^-(羧酸)官能团的有机酸；⑦可被离子化的生物分子，如氨基酸、肽、蛋白质等。离子交换是一种可逆反应，因此离子交换剂可洗去过多的离子，重复使用。

3) 离子交换法分离稀土

20 世纪 40～50 年代，离子交换技术引入单一稀土分离。Croatto[71-72]在 1941 年利用 Al_2O_3 为吸附剂分离 La^{3+} 与 Ce^{3+}，发现 Ce^{3+}比 La^{3+}吸附得更牢。若在混合物中加入 Fe^{3+}及 Ca^{2+}作为"分离剂元素"，可更好地分离铈和镧，此法纯度可达 95%。Harris 等[73]采用离子交换树脂法，用柠檬酸盐冲洗分离钇和铈混合物；1951 年 Fitch 等[74]、1952 年 Vickery[75]、1953 年 Loriers 等[76]及我国姚克敏[45]都从事了这方面的研究，也都获得了满意的结果。

随着交换剂和淋洗剂的更新和技术改进，该法取得了重大突破，可在比分级结晶法和分级沉淀法更短的时间内获得一定量的纯稀土，并在一次淋洗分离过程中同时得到几种纯稀土，成为制备单一稀土元素的重要方法。

2. 离子交换法分离稀土的原理

1) 离子交换树脂

离子交换分离稀土柱中的离子交换剂一般使用离子交换树脂(ion exchange resin)。离子交换树脂是带有官能团(有交换离子的活性基团)、具有网状结构、不溶性的高分子化合物。常用的是聚苯乙烯磺酸型阳离子交换树脂,是磺化的苯乙烯和二乙烯苯的聚合物。

图 5-14 为强酸型阳离子交换树脂(R—SO₃H)的网状结构示意图,树脂中磺酸基团—SO₃H 上的氢离子(以 HR 表示)可被其他阳离子(如 Re³⁺)交换:

$$3RSO_3H + Re^{3+} \longrightarrow (RSO_3)_3Re + 3H^+ \tag{5-37}$$

溶液中 Re³⁺ 被吸附在树脂上,进而被溶液中电荷相同的其他离子置换而解吸下来:

$$(RSO_3)_3Re + 3H^+ \longrightarrow 3RSO_3H + Re^{3+} \tag{5-38}$$

$$离子交换树脂 \begin{cases} 阳离子型 \begin{cases} 强酸型阳离子交换树脂(R—SO_3H) \\ 弱酸型阳离子交换树脂(R—COOH) \end{cases} \\ 阴离子型 \begin{cases} 强碱型阴离子交换树脂(R—NX_3) \\ 弱碱型阴离子交换树脂(R—NH_2) \end{cases} \end{cases}$$

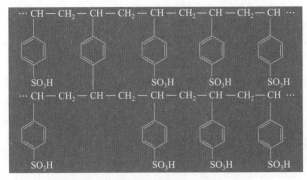

图 5-14 阳离子交换树脂的网状结构

2) 离子交换反应

离子交换反应中,以离子交换树脂(阳离子交换树脂或阴离子交换树脂)为固定相,含有稀土离子的溶液或淋洗液为流动相。离子交换反应发生在树脂和溶液之间,通过反应式(5-37)和反应式(5-38),经过一段时间后,当离子交换反应中离子的吸附速率和解吸速率相等时,交换反应达到平衡:

$$3RSO_3H + Re^{3+} \underset{解吸}{\overset{吸附}{\rightleftharpoons}} (RSO_3)_3Re + 3H^+ \tag{5-39}$$

离子交换反应是可逆的平衡反应，也是非均相反应，因此具有非均相反应的特点。整个离子交换反应包括如下五个步骤：

(1) 溶液中的离子向树脂表面扩散，通过围绕树脂表面的液体薄膜交界层，达到树脂表面。

(2) 到达树脂表面的离子进入树脂的交联网孔内，在树脂颗粒内部扩散。

(3) 扩散进入树脂颗粒内部的离子与树脂中可交换离子(功能基的可解离的离子)发生交换反应。

(4) 被交换下来的离子在树脂交联网孔内向树脂表面扩散。

(5) 被交换下来的离子从树脂表面向溶液中扩散。

上述五个步骤中，(1)、(2)、(4)、(5)均为扩散过程，(3)是离子交换过程。一般来说，无机离子交换反应较快，因此总的离子交换过程受扩散过程控制。

3) 离子交换平衡

上述可逆反应的平衡常数为

$$K = \frac{[(RSO_3)_3Re][H^+]^3}{[RSO_3H]^3[Re^{3+}]} \tag{5-40}$$

交换反应十分复杂，很难从活度关系计算，所以往往用浓度代替活度以表观平衡常数表示。平衡常数 K 取决于溶液中离子的性质和树脂的类型，它的大小可表示树脂对离子的吸附能力或选择性。

4) 淋洗剂和淋洗曲线

淋洗剂(eluent)是帮助解析吸附在树脂上的 Re^{3+} 的溶剂，将吸附在树脂上的 Re^{3+} 按不同次序淋洗下来，便完成了离子交换分离稀土的全过程。

最早用于稀土元素分离淋洗色层的淋洗剂有柠檬酸、羟基乙酸、乳酸、α-羟基异丁酸、α-羟基α-甲基丁酸、酒石酸、磺基水杨酸、乙酸以及硫氰酸铵、三磷酸钠等。其中α-羟基异丁酸盐、乳酸盐等是较好的淋洗剂，普遍用于稀土元素分析分离中，而乙酸盐分离镨-钕混合物效果较好。

淋洗色层的淋洗曲线(elution curve，图 5-15)由淋洗时流出液的体积对淋洗液浓度作图得到。1955 年，Glueckauf[77]提出的淋洗曲线可近似地表示为

$$c = c^* \exp\left[-\frac{N'}{2}\frac{(V^*-V)^2}{VV^*}\right] \tag{5-41}$$

式中，c 为流出液中 A 的浓度(mmol · mL^{-1})；c^*为流出液中 A 的最大浓度(mmol · mL^{-1})；V 为浓度为 c 时流出液的体积(mL)；V^*为浓度 c^*时流出液的体积(mL)，$N' = N-1/2N_0$，N_0 是开始带的中心至柱底的理论塔板数，N 为理论塔板数，当树脂上负荷少量离子时，$N' = N$，表示在淋洗液中金属离子的浓度与淋洗液中金属离子的最大浓度和体积及理论塔板数有关。

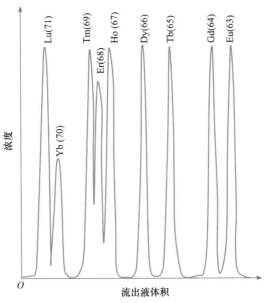

图 5-15　淋洗曲线的示意图

当两种金属离子在离子交换树脂上同时被淋洗时，其分离因素可近似用 V_1^* 和 V_2^* 的比值来表示：

$$\alpha_{1/2} = \frac{D_1}{D_2} = \frac{V_2^* - V_0}{V_1^* - V_0} \cong \frac{V_2^*}{V_1^*} \tag{5-42}$$

V_0 为柱中孔隙的体积。此式是根据同一交换柱上相似两成分的理论塔板数的通用关系得到，V^* 近似与分配比 D 成比例。

5.5.2　离子交换法分离的影响因素

1. 离子交换平衡常数的影响

离子交换平衡常数取决于溶液中离子的性质和树脂的类型。它的大小表示树脂对离子的吸附能力或选择性。

1) 选择系数

为了比较树脂对各种离子的吸附能力，一般以氢型树脂和溶液中离子的交换能力做比较。对通用交换反应

$$n\mathrm{RSO_3H} + \mathrm{M}^{n+} \Longleftrightarrow (\mathrm{RSO_3})_n\mathrm{M} + n\mathrm{H}^+ \tag{5-43}$$

其表观平衡常数可表示为

$$K' = \frac{[(RSO_3)_n M][H^+]^n}{[RSO_3H]^n[M^{n+}]}$$ (5-44)

用选择系数表示平衡时氢型树脂和溶液中离子的浓度关系，即各离子从树脂中置换出 H^+ 的能力，以符号 K_{M-H} 表示：

$$K_{M-H} = \frac{[\bar{M}^{n+}][H^+]^n}{[\bar{H}^+]^n[M^{n+}]}$$ (5-45)

为了比较树脂对不同价态离子的吸附能力，可将式(5-45)改写为

$$K_{M/n-H} = \frac{[(RSO_3)_n M]^{1/n}[H^+]}{[RSO_3H]^n[M^{n+}]^{1/n}} = \frac{[\bar{M}^{n+}]^{1/n}[H^+]}{[\bar{H}^+][M^{n+}]^{1/n}}$$ (5-46)

$K_{M/n-H}$ 表示金属离子从树脂相中置换出 1g H^+ 的能力。

选择系数表示树脂的选择性，选择系数越大，树脂对金属离子的选择性越强。树脂对各金属离子选择性强弱的原因还不清楚，强酸型阳离子树脂对金属离子选择性的差异可用树脂和金属的相互作用及金属离子和水的相互作用来解释。

金属离子与树脂的作用是静电引力作用，作用力的大小与金属离子在溶液中的有效半径(水合离子半径)成反比，与金属离子的电荷成正比。所以有效半径小、电荷多的金属离子，相对来说，树脂对其作用力大，吸附能力强。

金属离子与树脂的作用力大小有如下几条经验规律：

(1) 在常温、稀溶液中，阳离子减缓树脂对金属离子的作用力：离子电荷高，作用力大，如 $Th^{4+} > Re^{3+} > Ca^{2+} > H^+$；离子的有效半径小，作用力大，如三价稀土离子的半径从 $La^{3+} \rightarrow Lu^{3+}$ 逐渐减小，但它们的水合离子半径则从 $La^{3+} \rightarrow Lu^{3+}$ 逐渐增大，树脂对它们的作用力从 $La^{3+} \rightarrow Lu^{3+}$ 逐渐减小。

(2) 对于 H^+ 或 H_3O^+，阳离子交换树脂对其作用力与树脂功能基的酸性强弱有关。例如，羧酸型阳离子交换树脂(弱酸型)对 H^+ 的吸附能力强，其吸附次序为：$H^+ > Fe^{3+} > Al^{3+} > Ca^{2+} > Mg^{2+} > K^+ > Na^+$；磺酸型阳离子交换树脂(强酸型)对 H^+ 的吸附能力弱，其吸附次序为：$Fe^{3+} > Al^{3+} > Ca^{2+} > Mg^{2+} > K^+ > Na^+ > H^+$。

(3) 在常温、稀溶液中，阴离子交换树脂的选择性与阴离子电荷、水合半径及它们所形成的相应酸的酸性有关，对于强碱型阴离子树脂，其吸附次序为：$SO_4^{2-} > NO_3^- > Cl^- > OH^- > F^- > HCO_3^- > HSiO_3^-$；对于弱碱型阴离子树脂，其吸附次序为：$OH^- > SO_4^{2-} > NO_3^- > PO_4^{3-} > Cl^- > HCO_3^-$。

(4) 在高温、非水溶液或浓溶液中，树脂对离子的作用力不遵循上述规律。

2) 分配比和分离因素

分配比是具有实际意义的参数。它是离子交换达到平衡时，离子在树脂中的总浓度和在溶液中的总浓度的比值。不考虑离子在树脂和液相中的状态，分

配比为

$$D = \frac{[(RSO_3)_3Re]}{[Re^{3+}]} = \frac{每克树脂中离子的浓度}{每毫升溶液中离子的浓度} = \frac{\dfrac{树脂中离子的量(mmol)}{干树脂的质量(g)}}{\dfrac{溶液中离子的量(mmol)}{溶液的体积(mL)}} \qquad (5\text{-}47)$$

式中，D 的单位是 $mL \cdot g^{-1}$。分配比是衡量树脂对离子吸附能力的参数。

分配比与选择系数的关系可表示为

$$D = \frac{[(RSO_3)_3Re]}{[Re^{3+}]} = K_{Re\text{-}H}\frac{[(RSO_3)_3H]^3}{[H^+]^3} = K_{Re\text{-}H}\frac{[\overline{H}^+]^3}{[H^+]^3} \qquad (5\text{-}48)$$

分离因素：

$$\alpha_{B/A} = \frac{D_B}{D_A} = \frac{\dfrac{[\overline{B}]}{[B]}}{\dfrac{[\overline{A}]}{[A]}} = \frac{[\overline{B}][A]}{[\overline{A}][B]} \qquad (5\text{-}49)$$

式中，α 为分离因素；D 为分配比；A、B 为相邻的两种稀土元素；$[\overline{A}]$、$[\overline{B}]$ 为 1 g 树脂中稀土离子的浓度；$[A]$、$[B]$ 为 1 mL 溶液中稀土离子的浓度。

对于相邻的两种稀土元素，其分离因素：

$$\alpha_{Re_{z+1}/Re_z} = \frac{\overline{[Re_{z+1}^{3+}]}[Re_z^{3+}]}{\overline{[Re_z^{3+}]}[Re_{z+1}^{3+}]} = \frac{K_{z+1}}{K_z} \qquad (5\text{-}50)$$

式中，K_{z+1}、K_z 为相邻两种稀土元素的选择系数，由于相邻稀土元素的性质十分相似，树脂对它们的吸附能力虽有差别，但分配比仍十分接近，α 值接近于 1(表 5-5)。因此相邻稀土元素在离子交换色层分离中，单利用稀土离子在树脂上的吸附过程是难以分离的，必须依赖于离子解吸过程中的淋洗作用。

表 5-5　相邻稀土元素的分离因素(采用 KY-2 型离子交换树脂)[78]

离子对	La-Ce	Pr-Nd	Sm-Eu	Gd-Tb	Dy-Ho	Er-Tm	Yb-Lu	K-Na
α	1.012	1.011	1.009	1.001	1.020	1.001	1.032	1.42

2. 淋洗对分离效果的影响

1) 淋洗体系的平衡

淋洗剂一般是含有配位剂(用 Y^{3-} 表示)的溶液，因此在淋洗过程中，由于淋洗剂的配合作用，溶液中存在稀土离子与配位剂的配合平衡：

$$\text{Re}_1^{3+} + \text{Y}^{3-} \Longrightarrow \text{Re}_1\text{Y} \qquad K_{\text{Re}_1\text{Y}} = \frac{[\text{Re}_1\text{Y}]}{[\text{Re}_1^{3+}][\text{Y}^{3-}]} \qquad (5\text{-}51)$$

$$\text{Re}_2^{3+} + \text{Y}^{3-} \Longrightarrow \text{Re}_2\text{Y} \qquad K_{\text{Re}_2\text{Y}} = \frac{[\text{Re}_2\text{Y}]}{[\text{Re}_2^{3+}][\text{Y}^{3-}]} \qquad (5\text{-}52)$$

另外，还存在稀土元素配合物和树脂上的另一种稀土离子的交换平衡，即淋洗液中不稳定的配合物与树脂上生成稳定配合物的离子进行交换，前者取代了后者在交换柱上的位置：

$$\overline{\text{Re}_2^{3+}} + (\text{NH}_4)_3\text{Y} \Longrightarrow \text{Re}_2\text{Y} + \overline{3\text{NH}_4^+} \qquad (5\text{-}53)$$

$$\overline{\text{Re}_1^{3+}} + (\text{NH}_4)_3\text{Y} \Longrightarrow \text{Re}_1\text{Y} + \overline{3\text{NH}_4^+} \qquad (5\text{-}54)$$

2) 配合物稳定常数改变分离因素

当淋洗剂开始流入吸附有混合稀土 Re_1 和 Re_2 的树脂层时，随着淋洗液下流，离子交换柱中稀土离子不断进行着两种交换，其结果是与淋洗剂形成较稳定配合物的 Re_2 离子先进入溶液，另一种稀土离子 Re_1 后进入溶液(以上设 Re^{3+} 和 Y^{3-} 仅形成 1:1 的配合物)，因此溶液中稀土离子的浓度是 $[\text{Re}_1^{3+}]+[\text{Re}_1\text{Y}]$ 和 $[\text{Re}_2^{3+}]+[\text{Re}_2\text{Y}]$，它们的分离因素为

$$\alpha_{\text{Re}_1/\text{Re}_2} = \frac{\overline{[\text{Re}_2^{3+}]}\big([\text{Re}_2^{3+}]+[\text{Re}_2\text{Y}]\big)}{\overline{[\text{Re}_2^{3+}]}\big([\text{Re}_1^{3+}]+[\text{Re}_1\text{Y}]\big)} = \frac{\overline{[\text{Re}_1^{3+}]}[\text{Re}_2^{3+}]\big(1+K_{\text{Re}_2\text{Y}}[\text{Y}^{3-}]\big)}{\overline{[\text{Re}_2^{3+}]}[\text{Re}_1^{3+}]\big(1+K_{\text{Re}_1\text{Y}}[\text{Y}^{2-}]\big)} \qquad (5\text{-}55)$$

不存在配位剂时，相邻稀土元素的分离因素接近于 1，故

$$\alpha_{\text{Re}_1/\text{Re}_2} = \frac{1+K_{\text{Re}_2\text{Y}}[\text{Y}^{3-}]}{1+K_{\text{Re}_1\text{Y}}[\text{Y}^{3-}]} \qquad (5\text{-}56)$$

存在配位剂时，相邻稀土元素的分离因素与稀土元素配合物的稳定常数和配位剂的阴离子浓度有关。当所形成的配合物稳定常数较大时，分离因素还可近似地表示为

$$\alpha_{\text{Re}_1/\text{Re}_2} = \frac{K_{\text{Re}_2\text{Y}}}{K_{\text{Re}_1\text{Y}}} \qquad (5\text{-}57)$$

从而可以看出，配合物稳定常数的差异是决定相邻稀土元素的分离因素，因此选择使相邻稀土元素的配合物稳定常数差异较大的配位剂为淋洗剂时，可以使相邻稀土元素得到分离，即配位剂的选择对相邻稀土元素分离十分重要。

3) 淋洗体系酸度对分离效果的影响

由于所采用的配位剂是弱酸，体系的酸度将控制配位剂阴离子的浓度：

$$[Y_{总}] = [Y^{3-}] + [HY^{2-}] + [H_2Y^-] + [H_3Y] \tag{5-58}$$

又因

$$[Y^{3+}] = \frac{[Y_{总}]}{1 + K_1[H^+] + K_1K_2[H^+]^2 + K_1K_2K_3[H^+]^3} \tag{5-59}$$

所以体系的酸度也影响相邻稀土元素的分离效果。对于所形成的配合物不太稳定的配位剂为淋洗剂时，影响更为明显。

思考题

5-5 依据配位平衡移动，讨论还有什么因素会影响淋洗对分离的效果。

3. 淋洗色层分离稀土元素的实例

(1) 淋洗色层技术在稀土元素分离上应用比较普遍，例如，以乙酸铵为淋洗剂分离镨、钕和高温离子交换色层分离钇已得到应用(表 5-6)。

表 5-6 淋洗色层分离稀土元素的实例[79]

采用的树脂及淋洗条件	应用
Zerolit225，87℃时，以 1 mol·L⁻¹ 乳酸铵淋洗	Ce-Pr-Nd-Pm-Eu-Y 的分离
Dowex50-X4(<200 目)，以 0.5 Ma-HBA 梯度淋洗, pH 3.5～3.9	单一稀土元素分离(铈除外)
聚苯乙烯碘酸型(<200 目)，以 0.5 mol·L⁻¹ NH₄Ac, pH 6.1～6.3，采用附柱-中柱-下柱淋洗	99.9999%高纯氧化钇中，Dy、Tb、Yb、Tm、Er、Ho、Gd 及 Sm 的富集分离发射光谱测定

(2) Campbell[80]在 1976 年利用 pH 4.4 的 α-羟基异丁酸作洗脱液，以粒度为 25～60 μm 的 Dowex50WX 8 树脂，用 φ 0.9 cm×33 cm 洗脱柱，于 80℃以 10 mL·min⁻¹ 的流速用高温高压梯度洗脱法成功分离全部镧系元素(每种元素为 5 mg，Pm 为示踪量)。

4. 离子交换法分离的评价和改进

离子交换法分离稀土元素十分有效，可以获得高纯或超高纯(如 99.9999%)的单一稀土。但为批式操作，不能连续生产，所以处理量有限。另外，由于可逆条件限制，相对分离速度较慢，处理较大量如公斤级时，需要几天或几十天。

为了提高洗出液中稀土的浓度，减少交叉以提高纯度和收率，1954 年，Spedding 提出了以铜作延缓剂，EDTA 作淋洗剂分离单一稀土的离子交换法。根据稀土、Cu^{2+} 和 Fe^{3+} 等与 EDTA 生成 1∶1 配合物的稳定常数 lgβ，Cu^{2+} 的 lgβ 接近 Ho^{3+}、Er^{3+} 等重镧系离子，故其淋洗顺序在它们的前面，因此可选择 Cu^{2+} 为延缓离子(delayed ion)，使 Cu^{2+} 与这些重镧系离子发生竞争配合：

$$ReY + \overline{M^{2+}} \longrightarrow MY^- + \overline{Re^{3+}} \tag{5-60}$$

将稀土离子重新吸附到树脂上，可以避免稀土离子流经未负荷树脂时难以吸附的问题。为了避免多种稀土同时被淋洗出来的现象，在树脂上的吸附和脱附也可以延缓它们的洗脱，从而达到提高洗出液中稀土浓度和减少交叉的目的。中国科学院李有谟院士对 Spedding 的方法进行了改进，于 1958 年首次在国内分离出除 Pm 以外的 15 种纯稀土，纯度均达到光谱纯[3]。

例题 5-5

为加快离子交换法的分离速度，应采用哪些有效措施？

解 关键是加速稀土离子在树脂相内的扩散速率。

①可采用新型树脂，如大孔树脂或交联度小的树脂，但交联度小时，树脂的体积在使用过程中变化太大而不能用于大量分离。近年来使用离子交换纤维，可提高分离的速度。②可采用高温(85~90℃)离子交换法，要求所用的溶液必须经过煮沸除气或真空除气的处理，以防止在柱内生成气泡而影响分离。③可采用树脂的高压离子交换法，并与梯度洗脱法相结合，根据分离不同稀土的要求，逐渐改变洗脱液的浓度或 pH。利用这种方法，可快速地在几小时内定量分离，用于稀土的分析及放射性稀土的分离。

5.6 稀土元素的溶剂萃取法分离

5.6.1 溶剂萃取法分离的基本原理

1. 溶剂萃取法的基本概念

1) 溶剂萃取技术

溶剂萃取(solvent extraction)技术是基于物质在两种互不相溶的溶剂中分配系数的不同而进行分离的方法[81]。

溶剂萃取法具有多相反应的特点：①溶剂萃取体系是多元两相体系，由含有无机物的水溶液(水相)和含有有机溶剂(单纯的萃取剂或萃取剂与稀释剂)的有机相组成；②萃取是多元两相体系中质的传递过程，或是被萃物(溶质)在两相间的分配过程。

2) 溶剂萃取法分离稀土元素

1937 年 Fischer 等[82]首先使用醇、醚和酮萃取稀土的氯化物溶液，但进展不大。1941 年，Appleton 等[83]进行了镧和钕的硫代硫酸盐在水与正丁醇中分级分离的实验，发现连续操作可以比较快地分离这些元素。1948 年，Templeton 等[84]进行了己醇萃取镧和钕的硝酸盐研究。1956 年，Pearce 等[85]研究了用氯仿及 2-甲基戊酮在水溶液中萃取 La^{3+}、Sm^{3+}、Th^{4+}、Hf^{4+} 及 UO_2^{2+} 的 8-羟基喹啉盐及亚硝基苯羟胺铵盐；Beinström[86]用邻羟基苯甲酸萃取镧、钍及铀。此后，随着原子能工业的发展，新萃取剂日益增多，如中国科学院上海有机化学研究所成功地在工业规模上合成出优良萃取剂 P_{507}，中国科学院长春应用化学研究所研究并提出氨化-P_{507} 萃取体系，使具有可连续自动地进行多级萃取与反萃取操作和处理量大优点的萃取法得到了极大发挥。随着稀土萃取研究工作的日益增多[87]，开拓出很多萃取分离稀土的新萃取剂与新工艺，特别是北京大学发展了稀土萃取的串级理论计算[88]，人们对不同的萃取历程及萃取剂结构与萃取性能的关系有了较深入的了解。

3）溶剂萃取的方式和设备

由于稀土的化学性质很近似，相邻的三价离子的 D 值差别不大，要经过多级的萃取才能达到分离的目的。因此，在萃取的方式上可分为：①错流萃取；②半逆流萃取(液体-液体色层又分为水相作固定相或有机相作固定相两种)；③逆流萃取；④分馏萃取；⑤部分回流萃取(两端都是部分回流，或一端全回流，一端部分回流)；⑥批式操作全回流萃取。各种萃取方式见图 5-16。

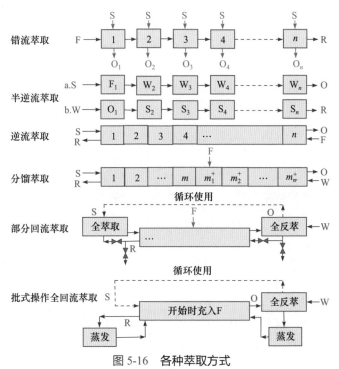

图 5-16　各种萃取方式

F. 含被分离元素的原料溶液；S. 萃取剂；R. 萃余水相；O. 萃后有机相；W. 含被分离元素的溶液；n. n 级萃取槽；m. 萃取段级数；n'. 洗涤段级数

稀土的萃取分离设备大多使用混合澄清槽，也有使用离心萃取器和振动筛板萃取柱。在工业生产上多采用逆流萃取、分馏萃取和部分回流萃取等得到两种组分产物。为在萃取中连续得到多种产品，近年来有研究三出口或多出口的萃取方式。

2. 溶剂萃取法的原理

1) 溶剂萃取平衡

设溶质为 A，其在水相和有机相中的分配平衡：

$$A_{(水)} \xrightleftharpoons{\hspace{1cm}} A_{(有)} \tag{5-61}$$

当溶质在两相中状态相同时，依据分配定律，其浓度比值应是常数：

$$K = \frac{[A]_{(有)}}{[A]_{(水)}} \tag{5-62}$$

式中，K 称为分配常数，与溶质总量无关，表明溶质在两相中的分配能力。K 越大，溶质在有机相中的分配越有利。

2) 液-液分配中的定量测定

(1) 分配比。对于无机物的萃取，由于被萃物(溶质)在两相中常以几种化学形式存在，如 Re^{3+} 在 HNO_3 溶液中可能以 Re^{3+}、$Re(NO_3)^{2+}$、$Re(NO_3)_2^+$、$Re(NO_3)_3$ 等形式存在，以常规方法只能测量其总浓度，无法测出其中一种状态的浓度，因此为方便起见，不采用分配常数，而采用分配比(distribution ratio)来表示溶质在两相中的分配情况。

分配比是当萃取体系平衡时，被萃物在有机相的总浓度与它在水相中总浓度的比值，以符号 D 表示：

$$D = \frac{C_{有,总}}{C_{水,总}} = \frac{C_{1,有} + C_{2,有} + C_{3,有} + \cdots}{C_{1,水} + C_{2,水} + C_{3,水} + \cdots} \tag{5-63}$$

式中，$C_{1,有}$、$C_{2,有}$、$C_{3,有}$、$\cdots$ 和 $C_{1,水}$、$C_{2,水}$、$C_{3,水}$、$\cdots$ 分别表示在有机相和水相中不同化学形式的溶质浓度；D 的量纲为一，它随溶质的浓度、萃取剂浓度等条件而改变，也表示在一定条件下萃取剂萃取金属离子的能力，分配比越大，萃取金属离子的能力越强。

(2) 萃取率。萃取率(extraction efficiency)是被萃物进入有机相的量占被萃物原始总量的百分数，以符号 q 表示：

$$q = \frac{被萃物在有机相中的量}{被萃物的原始总量} \times 100\% = \frac{C_有 V_有}{C_有 V_有 + C_水 V_水} \times 100\%$$

$$= \frac{D}{D + \dfrac{C_水 V_水}{C_水 V_有}} \times 100\% = \frac{D}{D + \dfrac{V_水}{V_有}} \times 100\% \tag{5-64}$$

通常 $V_有/V_水$ 称为相比 R，因此

$$q = \frac{D}{D + \dfrac{1}{R}} \tag{5-65}$$

当相比 $R = 1$ 时

$$q = \frac{D}{D+1} \tag{5-66}$$

式(5-66)表明萃取率和分配比、相比的关系。分配比越大，萃取率越高，相比越大，萃取率越高。萃取率越高，该萃取剂萃取金属离子的能力越强。

(3) 分离因素。两种元素的分离因素以两种元素的分配比的比值来表示，用符号 α 表示：

$$\alpha_{A/B} = \frac{D_A}{D_B} = \frac{C_{A,有} / C_{A,水}}{C_{B,有} / C_{B,水}} \tag{5-67}$$

α 值反映 A、B 两元素的分离效果。α 值越大或越小，两元素的分离效果越好；α 越接近于 1，分离效果越差；$\alpha = 1$，两元素不能分离。

3. 萃取剂和稀释剂

萃取剂和稀释剂是有机相的基本组成部分，有时有机相中仅含萃取剂，不含稀释剂。对于金属离子的萃取分离，选择合适的萃取剂和稀释剂十分重要。

(1) 萃取剂。能与被萃物(如金属离子)相结合，使被萃物萃入有机相的试剂。

在金属离子的分离中，萃取剂的选择主要依据金属离子的萃取分离因素、分配比和萃取剂本身的物理性能进行。

理想的萃取剂应满足如下要求：①有选择性，被分离的元素之间有较高的分离因素，萃取容量高，即一定体积的萃取剂能容纳较多的金属离子；②易于反萃，要有适当的萃取能力、易于与水相分离，即两相的密度有较大差别、黏度小、表面张力大；③操作安全，无毒性、不易燃、不挥发；④储藏时较稳定，并在萃取或反萃取时不易被酸、碱所分解，对氧化剂、还原剂比较稳定；⑤价廉，采源充足。因此，要找到一种能完全满足以上要求的萃取剂几乎不可能，需要根据具体情况来选择合适的萃取剂。

萃取剂按其组成和结构特点，可分为含氧萃取剂、磷型萃取剂、胺型萃取剂、含硫氧萃取剂及整合萃取剂等。萃取法是成熟的工业实用方法，我国在这方面的研究较深入，已有多部专著[3-6,60]面世。

(2) 稀释剂。在萃取过程中不与被萃物发生化学作用，只改变有机相物理性质

的溶剂为稀释剂。稀释剂仅起溶剂作用,不改变有机相的化学性质,故又称为惰性溶剂。实际上,完全惰性的溶剂是没有的。稀释剂的选择除了应满足萃取剂所涉及的有关性能要求外,还应不溶于水。常用的稀释剂有烃及取代烃,表 5-7 为一些常用稀释剂的物理性质[53]。

表 5-7 一些常用稀释剂的物理性质

类别	化合物	M	沸点/℃	$d(20℃)/(g \cdot cm^{-3})$	$\eta/(10^{-3} Pa \cdot s)$	熔点/℃	ε
脂肪烃	正己烷	86.18	68	0.6594	0.326	−25.7	1.890
	煤油	—	200~260	0.795	—	—	—
	石脑油	—	150~215	0.775	—	—	—
芳香烃	苯	78.11	80.1	0.8787	0.652	−190.7	2.284
	甲苯	92.13	110.6	0.8669	0.590	4.4	2.438
	邻二甲苯	106.16	144	0.8968	0.810	27.3	2.568
	间二甲苯	106.16	139	0.8684	0.620	—	2.374
	对二甲苯	106.16	138	—	0.648	—	2.270
环烷烃	环己烷	84.16	80.7	0.778	1.07 (15℃)	−72.2	2.02
取代烃	氯仿	119.38	61.2	1.4892	0.58	不易燃	4.806
	四氯化碳	153.82	76.75	1.5942	0.965	不易燃	2.238
	二硫化碳	76.14	45	1.2628	0.37	不易燃	2.641

5.6.2 溶剂萃取法分离的影响因素

溶剂萃取法分离稀土的过程非常复杂,以下仅从溶剂萃取法原理出发强调一些影响因素。

1. 获取溶剂萃取最佳效果的关键

萃取平衡过程与稀土离子的浓度、萃取剂的性质和浓度、萃取平衡常数 K、配合物的稳定常数 β、稀土离子在萃取剂中的分配比、两种元素的分离因素等有关。因此,获取溶剂萃取最佳效果的关键是如何达到有效萃取率,即如何高效调配这些因素。

根据稀土离子和萃取剂的反应机理，萃取反应可分为以下四类：中性配位萃取、酸性配位萃取、离子缔合萃取和协同萃取[89]。

2. 调配萃取化学过程的因素

1) 中性配位萃取

稀土离子和萃取剂的作用一般是通过稀土离子与萃取剂的配位原子结合形成中性配合物而被萃取。

萃取影响因素有：

(1) 稀土离子性质的影响。萃取平衡常数的大小直接关系到金属离子的萃取分配比。萃取平衡常数主要取决于萃取体系中各反应的性质和体系的温度。在给定温度、萃取剂和介质的情况下，稀土金属离子的性质是影响萃取反应平衡常数和金属离子分配比的主要因素。

(2) 温度的影响。萃取平衡常数是热力学函数，与温度有关。例如，在一定酸度条件下，TBP 从 HNO_3 溶液中萃取 Re^{3+} 的反应为

$$Re^{3+} + 3NO_3^- + 3TBP \longrightarrow Re(NO_3)_3 \cdot 3TBP \tag{5-68}$$

该反应是放热反应，它们的分配比随温度的升高而下降(表 5-8)，分配比和温度的倒数呈直线关系。TBP 萃取稀土离子虽然在室温或低于室温时是有利的，但从萃取操作考虑，低于室温时，有机相黏度加大，不易分层，对萃取操作不利，所以萃取一般在室温或稍高于室温时进行。

表 5-8　分配比与温度的关系[90]

温度/℃	离子				
	La^{3+}	Nd^{3+}	Gd^{3+}	Er^{3+}	Lu^{3+}
10	0.109	0.445	4.03	24.9	69.0
20	0.100	0.702	3.43	19.9	55.0
30	0.092	0.622	2.83	15.2	40.0
40	0.084	0.501	2.09	10.1	24.0

该示例中 HNO_3 浓度也有影响。该反应的金属离子的分配比与萃取平衡常数的关系可近似为

$$D = K[NO_3^-]^3[TBP]^3 \tag{5-69}$$

因此，提高体系中的 HNO_3 浓度将有利于分配比的提高。但在萃取体系中，由于 HNO_3 也被 TBP 萃取，存在金属离子和 HNO_3 的竞争萃取，所以 HNO_3 浓度对金属离子分配比的影响比较复杂，HNO_3 浓度对轻、重稀土分配比的影响略有不同。

总的来说，高酸度时，TBP 萃取稀土离子的分配比较大；低酸度时，TBP 萃取稀土离子的分配比很小。三价稀土难以被萃取，当体系酸度下降时，萃取分配比将减小，甚至萃取反应将逆向进行，所以 TBP 萃取分离三价稀土时一般在高酸度条件下进行。

思考题

5-6　查阅资料，说明 HNO_3 浓度对轻重稀土分配比的影响有什么不同。为什么？

(3) 盐析剂的影响。盐析剂是在体系中加入的一种本身不被萃取，但与被萃物的酸根相同，并能使被萃物的萃取率提高的盐类。由盐析剂而提高被萃物萃取率的现象称为盐析效应(salting out effect)。盐析剂的盐析效应与盐析剂的水合能力有关，水合作用越大，盐析作用越强。因此，盐析剂的加入将促进萃取率的提高。

(4) 萃取剂浓度的影响。对于所有萃取体系，分配比与萃取剂浓度的方次成正比。以 TBP 萃取 $Re(NO_3)_3$ 为例，其分配比与平衡的 TBP 浓度三次方成正比，所以 TBP 浓度越大，分配比越高(表 5-9)。

表 5-9　**TBP 浓度对 Ce^{3+} 萃取率的影响**[91]

TBP 浓度/%	萃取率/%	TBP 浓度/%	萃取率/%
100	81.5	50	54.8
70	63.5	25	40.4

增加萃取剂的浓度对稀土离子的分配比有利，但对于相邻元素的分离并不一定有利，甚至增加萃取浓度，分离因素反而会下降。所以在稀土离子分离时，选择分离因素较大时的萃取剂浓度，便于相邻元素的分离。另一方面萃取浓度增加，会使有机相的黏度增大，分层速度减慢，不利于萃取操作，从这个角度，萃取剂的浓度也应适当，在实际操作中一般不采用 100% 的 TBP 进行萃取。

2) 酸性配位萃取

此类萃取反应的特点是萃取剂均为有机弱酸(HA)，它与稀土离子以下列方式进行交换反应：

$$Re^{3+} + 3HA \longrightarrow ReA_3 + 3H^+ \tag{5-70}$$

稀土离子形成配合物或盐而被萃入有机相。

萃取影响因素有：①形成配合物的分配常数越大，越有利于萃取。易溶于有机相、不溶于水相的配合物才能完全被萃取。易溶于水、不溶于有机相的配合物不被萃取。②形成的配合物越稳定，配合物稳定常数越大，越易于萃取。③萃取剂的酸性越强，在水中越易离解，即 K_{HA} 越大，越易于萃取。但萃取剂的分配常数越大，对萃取越不利。④萃取剂的浓度越大，萃取越完全。⑤水相酸度越大，分配比越低，越不易于萃取，甚至不被萃取。

从实际应用考虑，选择萃取条件时，需要考虑金属离子的分配比及相邻元素的分离因素大小，所以讨论影响因素时，要从金属离子分配比和分离因素出发，有时考虑分离因素比考虑分配比更重要。

3) 离子缔合萃取

伯、仲、叔胺和季铵盐及含氧的醇、醚、酮和酯等均能以离子缔合方式萃取稀土离子。例如

$$Re(NO_3)_6^{3-} + 3(R_4N^+NO_3^-)_{(有)} \Longrightarrow 3R_4N^+ \cdot Re(NO_3)_6^{3-}{}_{(有)} + 3NO_3^- \quad (5\text{-}71)$$

这类萃取的特点是，被萃取物是金属配阴离子，其与质子化萃取剂阳离子以离子对方式结合。体系的酸度、盐析剂浓度和阴离子性质等均会影响稀土离子的萃取效果。

(1) 酸度的影响。在萃取体系中，除了稀土离子的萃取反应，还存在下述反应：

$$Re^{3+} + 6NO_3^- \longrightarrow Re(NO_3)_6^{3-} \quad (5\text{-}72)$$

$$R_3CH_3N \cdot NO_{3(有)} + H_3O^+ + NO_3^- \longrightarrow R_3CH_3N \cdot NO_3 \cdot H_3O \cdot NO_{3(有)}(四离子缔合体)$$

$$(5\text{-}73)$$

所以，酸度对萃取的影响比较复杂。

(2) 盐析剂的影响。由于盐析效应，在 N_{263} 萃取体系中添加盐析剂有利于稀土离子萃取(表 5-10)。

表 5-10　盐析剂对 Eu^{3+} 的萃取率的影响[4]

$Al(NO_3)_3$		$LiNO_3$		NH_4NO_3	
浓度/(mol · L^{-1})	萃取率/%	浓度/(mol · L^{-1})	萃取率/%	浓度/(mol · L^{-1})	萃取率/%
0.6	2.2	0.6	3.6	1.0	4.8
1.2	12.2	1.2	18.9	2.0	16.6
2.4	62.1	2.4	74.5	3.1	33.6
3.6	92.7	3.7	95.9	4/1	51.1
4.8	98.8	4.9	99.5	5.1	67.1
				7.1	88.8
				8.2	94.0

(3) 阴离子的影响。不同阴离子与稀土离子形成的配合物的稳定性不同,因此萃取序列(分配比与原子序数的关系)不同,利用这一影响可使某些稀土离子从其他稀土中分离出来。

(4) 萃取剂浓度的影响。如上述中性配位萃取和酸性配位萃取反应,萃取剂浓度越大,对金属离子分配比越有利(表 5-11)。但从相邻元素分离来看,萃取剂浓度增加,分离因素往往下降。

4) 协同萃取

当用两种或两种以上萃取剂混合物来萃取某一金属离子或其化合物时,如果其分配比显著大于每种萃取剂在相同条件下单独使用时的分配比之和,即 $D_{12} > D_1 + D_2$,称这种现象为协同效应(synergetic effect),称这种萃取体系为协同萃取体系。如果混合萃取剂对金属离子的萃取分配比显著小于每种萃取剂单独使用时的分配比之和,即 $D_{12} < D_1 + D_2$,则称这种现象为反协同效应。

表 5-11 萃取剂浓度对 Nd^{3+} 的分配比的影响[4]

萃取剂浓度/(mol·L^{-1})	0.95	0.70	0.50	0.30	0.10
D_{Nd}	34.3	20.1	11.1	3.03	0.502

协同萃取系数 $R = \dfrac{D_{12}}{D_1 + D_2}$,表示用混合萃取剂萃取时的分配比和用单一萃取剂萃取时的分配比之和的比值。$R > 1$ 时,表示萃取体系具有协同效应;$R < 1$ 时,表示萃取体系具有反协同效应;$R = 1$ 时,表示萃取体系无协同效应。

5.6.3 溶剂萃取法分离在稀土生产中的应用

萃取法在稀土生产中已得到广泛应用,如稀土元素的分组、单一稀土的分离、稀土与非稀土的分离(表 5-12)。

表 5-12 溶剂萃取法分离稀土元素的实例

体系	分离对象
1. La(NO$_3$)$_3$(100~200 g·L^{-1}), La$_2$O$_3$/HNO$_3$(0.5 mol), NH$_4$NO$_3$(8 mol)/P$_{350}$(70%)-煤油[La(NO$_3$)$_3$·3P$_{350}$]	镧与其他稀土的分离,提取镧
2. Ce(NO$_3$)$_4$(80~100 g·L^{-1}), CeO$_2$/HNO$_3$(4~5 mol·L^{-1})/TBP(60%)-液状石蜡 [H$_2$Ce(NO$_3$)$_6$·2TBP]	铈与其他稀土的分离,纯化铈
3. Ce(SO$_4$)$_2$(~60 g·L^{-1}), Ce$_x$O$_y$/H$_2$SO$_4$/P$_{204}$(0.38 mol·L^{-1})-磺化煤油[Ce(HA$_2$)$_4$]	铈与其他稀土的分离,纯化铈
4. ReCl$_3$(1~1.2 mol·L^{-1})/HCl, pH = 4~4.5/P$_{204}$(1.0 mol·L^{-1})-磺化煤油 [Re(HA$_2$)$_3$]	稀土分组

续表

体系	分离对象
5. $ReCl_3(\sim 60\ g \cdot L^{-1}$，含 Sm_2O_3 30%，Gd_2O_3 15%，Nd_2O_3 30%)/HCl (0.1 $mol \cdot L^{-1}$)/P_{204}(1.0 $mol \cdot L^{-1}$)-磺化煤油[$Re(HA_2)_3$]	钐-钆分离
6. $Re(NO_3)_3$(120 $g \cdot L^{-1}$)/HNO_3(0.1 $mol \cdot L^{-1}$)/N_{263}(400 $g \cdot L^{-1}$) + 混合醇(15%)-煤油[$(R_4NH^+)_3Pr(Nd)(NO_3)_6$]	镨-钕分离
7. $Y(NO_3)_3$(1.5 $mol \cdot L^{-1}$，含 60% Y_2O_3)/HNO_3(0.1 $mol \cdot L^{-1}$)，$LiNO_3$(2.5 $mol \cdot L^{-1}$)/N_{263}(200 $g \cdot L^{-1}$)-重溶剂[$R_4NH^+Y(NO_3)_6^-$]和 $ReCl_3$(0.62 $mol \cdot L^{-1}$，含 Y_2O_3 90%)/NH_4CNS/N_{263}(300 $g \cdot L^{-1}$)-重溶剂	钇与其他稀土的分离，提纯钇
8. $ReCl_3$(0.5 $mol \cdot L^{-1}$，含 Y_2O_3 90%)/HCl，pH = 3～4/环烷酸(20%)-混合醇-磺化煤油	提纯钇
9. $ReCl_3(Re_xO_y)$(10 $g \cdot L^{-1}$，含 1%Eu_2O_3)/HCl，Zn(1 $g \cdot L^{-1}$)/P_{204}(1.0 $mol \cdot L^{-1}$)-磺化煤油	铕与稀土的分离，提取铕
10. $Re(NO_3)_3$(0.2 $mol \cdot L^{-1}$)/HNO_3(0.6 $mol \cdot L^{-1}$)/P_{507}(1.0 $mol \cdot L^{-1}$)-磺化煤油	镥与重稀土的分离，提取镥

1. 萃取法用于稀土元素的分组

P_{204}、P_{507} 等萃取剂可用于稀土元素的分组，其中 P_{204} 萃取分组稀土元素的工艺已成功用于稀土生产中。P_{204} 萃取 Re^{3+} 的能力随镧系原子序数递增而递增，有"正序"的萃取序列，比相邻元素有较高的分离因素(在盐酸体系中平均分离因素 $\alpha = 2.5$)，因此为稀土分组提供了基础。

2. 萃取法用于单一稀土的分离

目前萃取法还不能对稀土元素进行全分离，现已有镧、铈、钕、钐、铕、钆、镥等元素由萃取法分离得到纯度 >99%的产品。

3. 萃取法用于稀土和非稀土的分离

在生产工艺中，稀土和非稀土的分离是采用沉淀法，但萃取法在稀土和非稀土元素分离方面也得到了应用：①利用伯胺从混合型稀土矿的硫酸分解液中分离钍和稀土元素。此工艺分两步进行，先用伯胺(N_{116})萃取钍，然后用伯胺提取混合稀土，为使稀土与 Fe 分离，先将 Fe^{3+} 还原为 Fe^{2+}，这样可以将 99%的 Re_xO_y 萃入有机相。②利用 P_{204} 从离子吸附型稀土矿的浸出液中提取稀土元素，并将稀土分组，得到不同组分的富集物。

要使萃取法在稀土生产中得到广泛应用，必须进行多级萃取。北京大学发展的稀土萃取串级理论计算及其工艺使得萃取法在稀土生产中得到广泛应用。

例题 5-6

试对各种稀土分离方法的优缺点进行比较。

解 简要比较如下：

方法		基本原理	优点	缺点
化学分离法	分级结晶法	溶解度不同	原理、设备简单	操作复杂、分离效果差
	分步沉淀法	溶度积不同	原理、设备简单	操作复杂、分离效果差
	氧化还原法	价态稳定性不同	原理、设备简单，分离效果较好	三价稀土稳定
离子交换法		与树脂、淋洗剂结合力不同	分离效果好，产品纯度高	周期长、成本高
溶剂萃取法		簇合物稳定性不同	分离效果良好，纯度可满足要求	某些试剂有毒

历史事件回顾

3 徐光宪发展串联萃取理论

2020 年是徐光宪院士 100 周年诞辰，《中国科学：化学》杂志发表纪念文章"串级萃取理论和稀土分离技术的发展趋势及相关进展"[91]。

一、问题的提出

本书前述几种主要稀土元素的分离方法各有利弊，真正对国际稀土界形成"中国冲击"的是 20 世纪 70 年代北京大学徐光宪院士等提出的串级萃取理论[92-97]及工业实践。

(一) 稀土分离技术的发展需要

如例题 5-6 所述，离子交换法虽然分离效果好、产品纯度高，然而周期长、成本高，一次性萃取很难达到生产要求。溶剂萃取法具有相同的优点，却也缺点明显，需要大量的溶剂、时间，同时造成环境污染。开发新工艺，实现综合回收，降低成本，提高环境效益，实现从源头治理成为人们重点关注的问题[98]。

经过对稀土分离技术的新原理、新技术、新材料进行深刻的研究，结合两者共同优势的萃取色层法[99-100]、萃淋树脂法[101]和液膜分离法[102-103]被提出。然而面对复杂体系的稀土分离,解决实际问题,实现稀土的高效分离仍是热点研究范畴。

(二) 历史使命感

稀土是国内外科学家尤其是材料专家最为关注的一组元素,其工业发展水平直接影响航空航天、核能、电子、冶金、化工等诸多高新技术领域的发展。在 20 世纪初,中国在稀土的分离提纯理论与技术方面并非领先于世界。1971 年底,徐光宪返回北京大学化学系工作,当时化学系正在进行稀土元素的分离提纯。基于对量子化学、化学键理论、配位化学、萃取化学、核燃料化学和稀土科学等领域的了解,以及对稀土化学键、配位化学和物质结构等基本规律的深刻认识,徐光宪认为北京大学应该而且能够解决“国内外长期未解决的课题”[104]。当时还有一项急需完成的任务——分离镨钕(镨钕在希腊语中是双生子的意思,是稀土元素中最难分离的一对元素),这些都促使徐光宪毅然投入研究。

二、问题的解决

关于徐光宪院士对于稀土分离技术的设计、研究历程和成果,廖春生、程福祥、吴声、严纯华和马鹏起等进行了多次综述[91,105-108]。

(一) 理论先行

1. 从串级理论入手

1) 溶剂萃取分离流程的连续色层化是方向

(1) 前期研究发现,结合离子交换色层和溶剂萃取分离技术的优势,实现稀土溶剂萃取分离流程的连续色层化、简化稀土分离流程工艺操作和优化设计是稀土分离技术发展的趋势之一。

(2) 20 世纪 50 年代开始,大量研究致力于使用溶剂萃取法分离稀土元素,并取得了许多科研成果。例如,中国科学院上海有机化学研究所袁承业院士领导的 P_{507} 萃取剂的国产化合成和应用[109],“三出口”工艺的设计方法和全面应用[110],早期中国科学院江西稀土研究院“八出口”工艺的尝试[111],以及萃取法生产荧光级氧化铕工艺等[87],这些工作为相关领域的研究发展和工艺进步起到了重要作用。

2) 串级萃取理论是出路

为了克服萃取工艺试验中的盲目性,缩短试验周期,徐光宪院士认为镨钕分离是稀土元素分离中的难点。他通过选择萃取剂和配位剂,配成季铵盐——DTPA “推拉”体系,使镨钕分离系数从一般萃取体系的 1.4～1.5 提高到 4 以上,这是当时国际上最高的数值,但这类体系难以用于工业生产。通过分析美国 Aldesr 分馏萃取理论[112-113]，根据在串级萃取过程中配合平衡移动的情况，发现 Aldesr 串级萃取理论的基本假定"在串级过程中萃取比保持恒定"，在稀土推拉体系串级萃取过程中是不成立的。于是徐光宪院士在 Aldesr 分馏萃取理论的基础上，提出稀土串级萃取的理论和最优化工艺参数的计算方法。

2. 寻找问题所在

在生产实践中，一次萃取通常不能达到有效的分离，必须使含料水相与有机相多次接触，才能得到纯产品。这种将若干个萃取器串联起来，使有机相与水相多次接触，从而大大提高分离效果的萃取工艺称为串级萃取(cascade extraction)。徐光宪院士研究了当时国内外的各种串级萃取理论，分析了国内外相关研究的大量文献[93]，认为：①国内外的串级萃取理论还没有解决串级工艺的最优化问题，即如何用最少的试验确定最优的串级萃取工艺的条件问题；②串级萃取体系的内在矛盾是萃取段与洗涤段的对立统一，分离指标与工艺参数之间的关系。因此，对于多组分的稀土萃取体系，问题比较复杂，串级萃取理论还有待进一步完善。

3. 突破口

徐光宪院士从恒定萃取比体系与恒定混合萃取比体系的关系出发，经过严密的数学推导，得到了分馏萃取过程的极值公式、级数公式、最优萃取比方程等一系列稀土萃取分离工艺设计中基本工艺参数，建立了串级萃取理论[87-97]，得到六个简明的式子，包括纯化倍数、纯化倍数和萃取比及级数的关系等，突破了 Aldesr 理论的推拉体系，打破了美国矿业局的 Bauer 报道的用 DTBA 体系经 20 级逆流萃取只能得到 92%纯度氧化钕的结论，成功地用 20 级配位交换萃取体系分离镨和钕，获得 99.9%纯度的产品，解决了国内外长期未解决的课题[94]。随后，包头稀土研究院魏愚演算并证实了这些公式和理论的正确性[114]。

4. 迈向工艺设计

徐光宪院士认为推导的最优萃取比方程只为最优串级工艺的设计提供了必需的但还不是充分的条件。随后带领课题组一边计算、一边实验，推导出了最优回洗比和最优回洗比公式，使之和最优萃取比方程结合起来，为串级工艺的设计提供必需的基础[93]。后来，包头稀土研究院实践证明了此公式的正确性和可用性[106]。

(二) 工业实践

1974 年 9 月，徐光宪院士在包头钢铁公司稀土三厂(现在为北方稀土公司)参加新的工艺流程用于分离包头轻稀土的工业规模试验，获得成功，从而在国际上首次实现了用推拉体系高效率萃取分离稀土的工业生产，串级萃取理论给出的分离工艺参数与工业实践结果完好符合。在这些工作的基础上，他随后陆续提出了可广泛应用于稀土串级萃取分离流程优化工艺设计的设计原则和方法、极值公式、分馏萃取三出口工艺的设计原则和方法，建立了串级萃取动态过程的数学模型与计算程序、回流启动模式等。这些原则和方法用于实际生产，大大简化了工艺参数设计的过程，减少了化工试验的消耗，可以在原料和设备不同的工厂普遍使用。同时，通过深入研究，在揭示串级萃取过程基本规律的基础上，开始了"稀土萃取分离工艺的一步放大"技术的课题。这是以计算机模拟代替传统的串级萃取小型试验，实现不经过小试、扩试，一步放大到工业生产规模，大大缩短了新工艺设计到生产的周期，实现了中国稀土分离技术达到国际先进水平的中国梦。

(三) 奔向顶峰

1. 串级萃取理论的一步放大

计算机技术的发展可以使复杂的化工过程模拟计算成为可能，徐光宪院士带领团队提出了稀土串级萃取过程静态逐级计算和动态模拟计算方法，实现了两组分、三组分、多组分串级萃取分离体系的系列静态设计和动态计算，该方法可代替耗时费工的串级萃取"分液漏斗法"实验获取仿真数据。

实践表明，静态设计和动态计算可取代用于摸索、验证和优化工艺参数的串级萃取小试、中试和扩大试验，使新工艺参数由计算机设计直接放大到实际生产规模，节省了大量的试验投资，还能对已有工艺进行优化改造，提高生产效率和产品质量，并为在线监测和自动控制提供依据和指导[115]。

2. 非恒定混合萃取比体系

为提高重稀土设计工艺的合理性，廖春生等[116]深入研究了现行萃取剂体系萃取平衡反应机制，将单一组分的反应平衡常数引入萃取平衡过程的计算，建立了非恒定混合萃取比体系的工艺设计方法。该方法使串级萃取理论同时适用于恒定混合萃取比体系和非恒定混合萃取比体系，提高了理论的通用性。非恒定混合萃取比体系设计方法和计算结果有助于加强对于萃取分离过程的认知[117-121]。

3. 分离工序的联动一体化

联动萃取分离工艺是充分利用在串级萃取分离过程中由酸碱消耗所带来的分离功，其核心内容是通过将分离流程中某一分离单元产生的负载有机相与稀土溶液作为其他分离单元传统工艺中的稀土皂有机相和洗液/反萃液使用，避免重复的碱皂化和酸反萃取过程，减少酸碱消耗和含盐废水排放，完全体现了绿色生产[122-132]。通过进行联动萃取分离单元的优化，利用类型切割方式分离单元，推导了最小萃取量和最小洗涤量公式,给出流程中各分离单元的出口各组分流量的公式计算方法,从而可以完成流程优化的极值计算等。按此方法计算了我国典型稀土矿种分离消耗理论极值,得到萃取分离过程的萃取量与单位产量的酸碱试剂单耗和废水排放成正比的结论,预计我国典型南、北方矿的试剂消耗与酸碱排放均有在现有水平基础上减半的可能。

三、结语

徐光宪院士及其团队经过几代人跨越半个多世纪的努力,把我国从稀土资源大国逐渐发展为稀土生产和应用大国,为国家解决核心技术起了表率作用[133-135]。2005 年,徐光宪院士与 15 名院士联名建议[136],将串级萃取理论在选矿中进行应用,并对如何应用从理论上进行了连接,提出了串级选矿的基本理论和计算方程式。经过对白云鄂博原矿直接进行选矿试验,稀土精矿的稀土品位达到 59%,回收率达到 90%,研究了级数对稀土品位和回收率的关系,进一步证明了串级选矿理论的可行性。

参 考 文 献

[1] 黄礼煌. 稀土提取技术. 北京: 冶金工业出版社, 2006.

[2] 吴文远. 稀土冶金学. 北京: 化学工业出版社, 2005.

[3] 洪广言. 稀土化学导论. 北京: 科学出版社, 2014.

[4] 徐光宪. 稀土(上、中、下). 北京: 冶金工业出版社, 1995.

[5] 易宪武, 黄春辉, 王慰, 等. 无机化学丛书(第七卷): 钪稀土元素. 北京: 科学出版社, 1992.

[6] 张若桦. 稀土元素化学. 天津: 天津科学技术出版社, 1987.

[7] Gschneidner K A. Handbook on the Physics and Chemistry of Rare Earths. New York: Elsevier Science Publishers, 1988.

[8] 郁新森. 职业与健康, 1992, 3: 22.

[9] 石玉成, 王承保, 张平, 等. 辐射防护, 1999, 19(6): 439.

[10] Bednorz J G, Müller K A. Zeitschrift fur der Physik, 1986, B4: 188.

[11] 李文博, 武锋, 杨峰, 等. 现代矿业, 2019, 35(6): 1.

[12] 王介良, 曹钊, 王建英, 等. 稀有金属, 2019, 44(6): 630.

[13] 王鑫, 林海, 董颖博, 等. 稀有金属, 2014, 38(5): 846.

[14] 曹荣荣. 劳动保障世界(理论版), 2012, 12: 77.

[15] 刘琦, 周芳, 冯健. 矿产保护与利用, 2019, 5: 76.

[16] Liu W. Minerals Engineering, 2018, 127: 286.

[17] 王鑫, 王亚运, 于传兵, 等. 中国矿山工程, 2020, 49(4): 73.

[18] 王浩林. 新型羟肟酸捕收剂制备及其对氟碳铈矿浮选特性与机理研究. 赣州: 江西理工大学, 2018.

[19] 曹永丹, 曹钊, 李解, 等. 矿山机械, 2013, 41(1): 93.

[20] 余永富. 中国矿业大学学报, 2001, 6: 537.

[21] Lan X, Gao J, Du Y, et al. Separation and Purification Technology, 2019, 228: 115752.

[22] 凡红立, 王建英, 屈启龙, 等. 稀土, 2017, 38(3): 76.

[23] Bearse A E. Chem Eng Prog, 1954, 50: 5235.

[24] 林河成. 稀土, 2001, 22(1): 71.

[25] 李洪桂. 稀有金属冶金学. 北京: 冶金工业出版社, 2006.

[26] 张允什, 彭新生. 化学通报, 1959, 10: 15.

[27] Меерсон Г А, Ман Ли. АН СССР. Металлы, 1967, 1: 42.

[28] Каплан G E, Uspenskaya T A. Paper Presented to the Second United Nations International Congerence on the Peaceful Uses of Atomic Energy. Geneva, 1958.

[29] Kim Y S, Prosser A P. IXth International Minneral Processing. Prague. 1958.

[30] Kruesi P R. J Metals, 1965, 8: 847.

[31] Wang L, Liao C F, Yang Y M, et al. J Rare Earths, 2017, 35(12): 1233.

[32] 史晓燕, 陈宏文. 中国稀土学报, 2019, 37(4): 409.

[33] 池汝安, 刘雪梅. 中国稀土学报, 2019, 37(2): 129.

[34] 施展华, 朱健玲, 程哲, 等. 世界有色金属, 2018, 17: 48.

[35] He Z Y, Zhang Z Y, Chi R A, et al. J Rare Earths, 2017, 35(8): 824.

[36] Hu G H, Feng Z Y, Dong J S, et al. J Rare Earths, 2017, 35(9): 906.

[37] 伍红强. 离子型稀土矿抑杂浸出工艺及机理研究. 赣州: 江西理工大学, 2012.

[38] 尹敬群, 付桂明, 万茵, 等. 江西科学, 2012, 30(5): 574.

[39] 喻庆华. 矿冶工程, 1995, 15(2): 20.

[40] 肖燕飞, 黄小卫, 冯宗玉, 等. 稀土, 2015, 36(3): 109.

[41] 王春梅, 刘玉柱, 赵龙胜, 等. 中国材料进展, 2018, 37(11): 841.

[42] 杨华. 稀土, 2004, 2: 65.

[43] Adachi G, Murase K, Shinozaki K, et al. Chem Lett, 1992, 21(4): 511.

[44] Jiang J Z, Ozaki T, Machida K, et al. J Alloys Comp, 1997, 260(1): 222.

[45] 姚克敏. 化学通报, 1958, 3: 137.

[46] Tipson R S. Anal Chem, 1950, 22: 628.

[47] von Welsbach C A. V Monatsh, 1885, 6: 477.

[48] James C. J Am Chem Soc, 1912, 34: 757.

[49] 王星堂, 虞顺众. 基础稀土化学. 乌鲁木齐: 新疆大学出版社, 1989.

[50] Vickery R C. Chemistry of the Lathanons. London: Butterworths Scientific Publications, 1953.

[51] 李芳, 孙都成, 王兴磊. 化工技术与开发, 2009, 38(9): 11.

[52] Reddy A S, Reddy L K. J Inorg Nucl Chem, 1977, 39: 1683.

[53] 哈伯斯. 提取冶金原理(第二卷, 湿法冶金). 黄桂柱, 易瑛译. 北京: 冶金工业出版社, 1975.

[54] Manske R H. Can Chem Met, 1922, 6: 83.

[55] Prandtl W, Rauchenberger J. Z anorg u allgem Chem, 1920, 53: 843.

[56] Prandtl W. Z anorg u allgem Chem, 1920, 53: 1726.

[57] Prandtl W, Losch J. Z anorg u allgem Chem, 1923, 127: 209.

[58] 张文杰, 童雄, 谢贤, 等. 中国稀土学报, 2022, 40(1): 24.

[59] 苏锵, 白云起. 中国科学院长春应用化学研究所集刊(第 6 集), 1962.

[60] 苏锵. 稀土化学. 郑州: 河南科学技术出版社, 1993.

[61] 杨汝栋, 杨瑛. CN1047110 A, 1990-11-02.

[62] 徐钟隽, 王一华, 居淑和. 化学通报, 1959, 4: 23.

[63] 金古次左, 佐佐木秀. CN 87100620A, 1987-08-26.

[64] 焦安瑞, 李发金. CN104829 A, 1991-0l-02.

[65] 任秀莲, 魏琦峰. 内蒙古师范大学学报(自然科学版), 1993, 2: 42.

[66] Rossmanith K. Monat F Chem, 1979, 110: 1019.

[67] 苏锵, 吕玉华. 稀土化学论文集. 北京: 科学出版社, 1982.

[68] 董绍俊, 刘柏峰, 许莉娟. 稀土化学论文集. 北京: 科学出版社, 1982.

[69] Onstott E I, McClenahan C R. Proc of the 9th Rare Earth Research Conference. Blacksburg. 1971.

[70] 董绍俊, 李振祥, 唐功本, 等. 化学通报, 1980, 5: 29.

[71] Croatto U. Riccrca Sci, 1941, 12: 157.

[72] Croatto U. Atti R Ist Veneto Sci, 1943, 102: 103.

[73] Harris D H, Tompkins E R. J Am Chem Soc, 1947, 69: 2792.

[74] Fitch F T, Russell D S. Anal Chem, 1951, 23: 1469.

[75] Vickery R C. Nature, 1952, 170: 665.

[76] Loriers J, Carminati D. Compt Rend, 1953, 237: 1328.

[77] Glueckauf E. Trans Faraday Soc, 1955, 51: 34.

[78] Сеняин M M. 黄明良译. 国外稀有金属, 1964, 12: 3.

[79] 武汉大学化学系等. 稀土元素分析化学(上册). 北京: 科学出版社, 1981.

[80] Campbell D O. Sep Purif Met, 1976, 5(1): 97.

[81] 关根达也, 长谷川佑子. 萃取化学. 滕藤, 廖史书, 李洲, 等译. 北京: 原子能工业出版社, 1981.

[82] Fischer W, Dietz O J. Naturwissenschaften, 1937, 25: 348.

[83] Appleton D B, Selwood P W. J Am Chem Soc, 1941, 63: 2029.

[84] Templeton C C, Peterson J A. J Am Chem Soc, 1948, 70: 3967.

[85] Pearce D W, Fernelius W C. 无机合成(第二卷). 北京: 科学出版社, 1959.

[86] Beinström B H. Svensk Kem Tidskv, 1956, 68: 34.

[87] 苏锵, 李德谦, 任玉芳, 等. 原子能科学技术, 1964, 6: 734.

[88] 徐光宪. 化学试剂, 1979, 4: 1.

[89] 陈滇, 王连波, 邱发礼, 等. 北京大学学报(自然科学版), 1980, 2: 85..

[90] Fidelis I. J Inorg Nucl Chem, 1970, 32: 997.

[91] 廖春生, 程福祥, 吴声, 等. 中国科学: 化学, 2020, 50(11): 1730.

[92] 徐光宪. 稀土(上). 2 版. 北京: 冶金工业出版社, 2005.

[93] 徐光宪. 北京大学学报(自然科学版), 1978, 1: 51.

[94] 徐光宪. 北京大学学报(自然科学版), 1978, 1: 67.

[95] 李标国, 徐献瑜, 徐光宪. 北京大学学报(自然科学版), 1980, 2: 66.

[96] 李标国, 严纯华, 乔书平, 等. 中国稀土学报, 1985, 6(3): 20.

[97] 李标国, 严纯华, 乔书平, 等. 中国稀土学报, 1986, 7(4): 1.

[98] 刘余九. 中国稀土学报, 2007, 25(3): 257.

[99] Siekierski S, Fidelis I. J Chromatog, 1960, 4: 60.

[100] Fidelis I, Siekierski S. J Chromatog, 1961, 5: 161.

[101] 王俊莲, 孙春宝, 徐盛明. 中国稀土学报, 2015, 33(2): 129.

[102] 顾忠茂. 核化学与放射化学, 1987, 9(1): 58.

[103] 常宏涛, 季尚军, 李梅. 化工进展, 2014, 33(1): 169.

[104] 北京大学络合物及萃取化学组. 北京大学学报(自然科学版), 1973, 1: 91.

[105] 廖春生, 程福祥, 吴声, 等. 中国稀土学报, 2022, 40(6): 909.

[106] 马鹏起. 稀土, 2016, 37(6): 108.

[107] Cheng F X, Wu S, Liu Y, et al. Sep Purif Techno, 2014, 131: 8.

[108] Cheng F X, Wu S, Zhang B, et al. J Rare Earths, 2014, 32(5): 439.

[109] 吴声, 程福祥, 廖春生, 等. 稀土, 2013, 31(5): 517.

[110] 吴声, 廖春生, 严纯华. 中国稀土学报, 2012, 30(2): 533.

[111] 徐光宪, 袁承业. 稀土的溶剂萃取. 北京: 科学出版社, 1987.

[112] 李标国, 严纯华, 高松, 等. 稀土, 1986, 7(6): 8.

[113] Alders L. Liquid-Liquid Extraction: Theory and Laboratory Practice. Amsterdam: Elsevier, 1959.

[114] 魏愚. 稀土, 1986, (3): 16.

[115] 郝纪宁, 张丽萍, 严纯华, 等. 稀土, 1985, 3: 7.

[116] 严纯华, 贾江涛, 廖春生, 等. 稀土, 1997, 2: 37.

[117] 严纯华, 吴声, 廖春生, 等. 无机化学学报, 2008, 8: 1200.

[118] 吴声, 廖春生, 严纯华. 中国稀土学报, 2012, 30(2): 163.

[119] 廖春生, 程福祥, 吴声, 等. 中国稀土学报, 2017, 35(1): 1.

[120] 柴天佑, 杨辉. 中国稀土学报, 2004, 4: 427.

[121] 朱宏力. 中国有色金属, 2009, 5: 42.

[122] 程福祥, 吴声, 廖春生, 等. 中国稀土学报, 2018, 36(3): 292.

[123] 程福祥, 吴声, 廖春生, 等. 中国稀土学报, 2018, 36(4): 437.

[124] 程福祥, 吴声, 廖春生, 等. 中国稀土学报, 2018, 36(5): 571.

[125] 程福祥, 吴声, 廖春生, 等. 中国稀土学报, 2018, 36(6): 672.

[126] 程福祥, 吴声, 廖春生, 等. 中国稀土学报, 2019, 37(1): 39.

[127] 周武风, 戴裕龙, 张玉国, 等. 生物化工, 2018, 4(6): 97.

[128] 钟学明, 李艳容, 徐玉娜, 等. 中国有色金属学报, 2020, 30(3): 657.

[129] 程福祥, 吴声, 廖春生, 等. 中国稀土学报, 2019, 37(1): 199.

[130] 程福祥, 吴声, 廖春生, 等. 中国稀土学报, 2021, 39(3): 490.

[131] 程福祥, 吴声, 廖春生, 等. 中国稀土学报, 2022, 40(1): 103.

[132] 程福祥, 吴声, 廖春生, 等. 中国稀土学报, 2022, 40(3): 438.

[133] 程福祥, 冯凯, 吴声, 等. 中国稀土学报, 2022, 40(6): 1032.

[134] Cheng F X, Wu S, Wang S L, et al. Adv Mater Phys Chem, 2015, 5: 325.

[135] Cheng F X, Wu S, Wang S L, et al. Chin J Chem, 2014, 32: 1022.

[136] 马鹏起. 稀土报告文集. 北京: 冶金工业出版社, 2012.

第6章

稀土元素的应用简介

稀土元素具有独特的电子结构及优异的物理化学性质，其材料本身及复合材料在众多领域得到了广泛的应用。

6.1 磁 性 材 料

稀土元素及化合物中，含有数量较多的未成对电子，且稀土元素内层没有充满电子的 4f 轨道被外层的 5d 和 6s 轨道屏蔽，自旋磁矩和轨道磁矩变得更强，因此具有良好的磁学特性，与过渡金属的合金可作为磁性材料，在计算机、汽车电动机、电声器件及轻工产品等领域得到应用。

6.1.1 稀土永磁材料

永磁材料(permanent magnetic material)指没有外界电场存在情况下，通过自身磁场进行电能与机械能交换的材料。稀土永磁材料(稀土永磁合金)是由稀土元素与 3d 过渡金属形成的一类金属间化合物材料，如 NdFeB、SmCo 和 SmFeN，是高性能永磁铁的重要组成部分[1-4]。稀土永磁材料起源于 1967 年 Strnat 发现的系列 $ReCo_5(Re = Y, Ce, Pr, Sm)$[5]，该系列材料为 $CaCu_5$ 型低对称六方晶系，磁化强度较高。按照稀土永磁材料的成分划分，稀土永磁材料包括钐-钴合金永磁材料、钕铁硼合金永磁材料、稀土铁永磁材料(稀土铁氮和稀土铁碳)三类，共有四代产品。

第一类材料为钐-钴(Sm-Co)合金永磁材料，包括两代产品。第一代产品为 $SmCo_5$ 型合金，1967 年 Strnat 首次发现[5-6]，1970 年投入生产；第二代产品为 Sm_2Co_{17} 合金，1977 年 Ojima 等制备[7]，该材料结构为棱方，投入生产的时间大约为 1978 年。SmCo 基磁体具有大的磁晶各向异性和高居里温度，在高温应用中特别重要[8]。通过将合金的尺寸缩小到纳米尺度和将纳米磁石与纳米结构的高矩磁相耦合，从而进一步增强它们的磁性性能[9-12]。

第二类材料为钕铁硼(Nd-Fe-B)合金永磁材料，1984 年由日本 Sagawa[13]发现。作为第三代永磁材料，当 Nd 原子和 Fe 原子被不同的稀土原子和其他金属原子取代，得到成分不同、性能不同的 Nd-Fe-B 系永磁材料，其中 $N_2Fe_{14}B$ 具有四方结构，磁能积达到 36 MGOe，具有优异的永磁性能。

第三类材料为稀土铁氮(Re-Fe-N 系)和稀土铁碳(Re-Fe-C 系)材料，作为第四代稀土永磁材料，对其的探索和研发成为永磁领域的热点之一。1990 年，Coey 等制备了 $Re_2Fe_{17}N_x$ 材料[14]。同年，北京大学杨应昌等研究得到 $NdFe_{10.5}Mo_{1.5}N_x$ 间隙化合物，磁能积为 21.2 MGOe[15]。中国科学院金属研究所刘伟[16]、北京大学周寿增[17]、Ohmori[18]、Yamashita[19]、Saito[20]和 Takagi[21]等制备并研究了 Sm-Fe-N 体系材料的永磁性能，此类材料正逐步走向大规模产业化应用[22]。

根据中国稀土行业协会公布的数据，2021 年我国钕铁硼永磁材料产量为 21.94 万 t，较 2020 年增长了 1.8%，我国已经成为全球最大的钕铁硼永磁材料生产国[23]。

6.1.2　单分子磁体材料

单分子磁体(single-molecular magnet，SMM)是一种基于分子的微小磁体，能在低温下长时间保留自旋信息的化合物，由自旋反转的能量势垒引起，表现出可测量的慢磁弛豫[24-27]，20 世纪 90 年代初被 Sessoli 和 Gatteschi 首次发现[24-28]。当一个 Tb^{3+} 夹在两个酞菁(Pc)环之间的配合物[Tb(Pc)₂]被报道为 SMM 时，人们对基于镧系元素的 SMM(Ln-SMM)的研究兴趣迅速增加，大量的 Ln-SMM 相继出现[26,29-31]。Ln^{3+} 因自旋轨道耦合强和磁各向异性大而成为发展高性能表面组装材料的首选元素，其固有的磁特性使得 SMM 在高密度信息存储和量子处理方面具有潜在的应用前景[32-34]。迄今，单核 Ln-SMM 已经取得了很多成果，特别是在有效能垒方面。然而，快速的磁性量子隧道(quantum tunneling of magnetization，QTM)效应弛豫是单核 Ln-SMM 的固有缺陷，其特点是在零外加直流电场下，蝶形磁滞经常减小甚至消失[35-39]，阻碍了其实际应用。考虑到在多核过渡金属体系中，磁性中心之间的强耦合可以有效地抑制 QTM 效应[40]，因此更多的研究集中在通过构建多核镧系簇来抑制 QTM 效应。

2011 年，Long 等通过创建和优化永磁体的点电荷模型，提出了一种简单可修正的模型，该模型根据 4f 电子密度的整体形状，预测不同配体结构对各种 Ln-SMM 磁各向异性的影响[41]。4f 电子密度有两种形状：一种是扁形，如

Ce^{3+}、Pr^{3+}、Nd^{3+}、Tb^{3+}、Dy^{3+} 和 Ho^{3+}；另一种是长形，如 Pm^{3+}、Sm^{3+}、Er^{3+}、Tm^{3+} 和 Yb^{3+}。为了减小静电斥力，需要将稀土离子放置在合适的配位场中，如对于长形离子，赤道型配位场更好；反之，轴型配位场更适合扁形离子。根据上述模型，该课题组于 2014 年报道了第一个等配位 Ln-SMM {Er[N(SiMe₃)₂]₃} (3-Er)[42]。大多数 Ln-SMM 在配位数为 6～10 的低对称性配体环境中表现出磁化阻滞，因此，采用空间体积庞大的配体可以有效地降低稀土元素配合物的配位数。Zhang 等通过计算得出 3-Dy 基态的磁各向异性是理想的平面[43]，在此基础上，合成了具有三角双锥结构的五配位配合物[Er(NHPhiPr₂)₃(THF)₂](5-Er)，但该配合物在零外加直流电场下表现出缓慢的磁化弛豫，没有异相交流信号峰。Dunbar 课题组报道了一种具有氯离子占据轴向位置的三棱锥状 Er-SMM：[Li(THF)₄]{Er[N(SiMe₃)₂]₃Cl} (4-Er)[44]。该配合物在零直流电场下表现出典型的 SMM 行为，有效势垒为 63 K。Tong 等报道了两种具有五角双锥结构的 [Dy(OPCy₃)₂(H₂O)₅]Br₃ · 2(Cy₃PO) · 2H₂O · 2EtOH(7-Dy-Br) 和 [Dy(bbpen)Br] 的 Dy-SMM，其中配合物 7-Dy-Br 的磁滞温度高达 20 K [45]，另一种配合物 [Dy(bbpen)Br]的有效势垒为 1025 K[46]。Zheng 等报道了同样具有五角双锥对称性的 Dy-SMM：[Dy(OtBu)₂(py)₅]⁺[47]，有效势垒高达 1813 K，达到了液氮的应用范围，这是由于更多的电子给予轴配体具有更高的分子对称。到目前为止，只有两个 Sm-SMM 配合物被报道[48]。

6.1.3 光致发光单分子磁体材料

Ln 发光的特点包括窄的线状发射、长的荧光寿命和高的量子产率[49-51]。f→f 跃迁禁阻的消光系数很低，Ln^{3+} 需要被有机配体或"天线"间接激发。因此，一方面，高发光 Ln^{3+} 配合物的设计要求配体能够强烈吸收紫外辐射，通过能量转移过程有效填充金属离子激发态。另一方面，必须填充 Ln^{3+} 的配位场以减少无辐射失活过程。基于这些特点，Ln 基分子磁体成为制备光致发光 SMM 的首选材料。为了确保磁学和光谱的双重良好性能。Ln^{3+} 的选择是关键的一步，决定着产生双重行为的配体的选择(图 6-1)[52]。

在 Ln^{3+} 系列离子中，Dy^{3+} 和 Tb^{3+} 是制备高性能光致发光 SMM 的首选离子[29,53-54]，其他常规使用的离子是 Yb^{3+} 和 Er^{3+}[55-59]。光致发光的 Er-SMM 的报道只有两篇：一篇是配合物，其发光源于 Er^{3+} 中心的直接激发[60]。另一篇是利用 Ih - C₈₀ 富勒烯笼来限制四原子染料单元[61]，磁性源于 Dy^{3+}，光致发光特性源于 Er^{3+} 的配体敏化发射。Nd^{3+} 和 Ho^{3+} 也可作为光致发光 SMM 的候选离子，但它们的电子密度分布没有明显的各向异性，其配合物很难实现慢磁弛豫，目前只有一种弱发光的 Nd-SMM 被报道[62]。

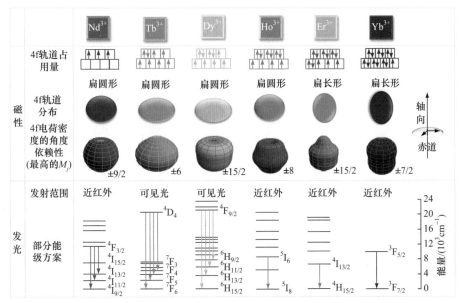

图 6-1　发光 SMM 制备中最相关的 Ln³⁺ (从磁学和光谱的角度)[52]

6.2　荧光和激光材料

6.2.1　荧光材料

稀土发光是由稀土 4f 电子在不同能级间跃迁产生，根据激发方式不同，发光可分为光致发光、电致发光、X 射线发光、摩擦发光、化学发光和生物发光等。稀土发光具有吸收能力强、转换效率高、光谱范围广、特别在可见光区有很强的发射能力等优点。稀土发光材料已广泛应用在显示显像、LED 光源、X 射线增光屏及生物应用等各个方面。

作为 LED 使用的稀土荧光粉，按照颜色划分，可分为：红色发光荧光粉，黄色发光荧光粉，绿色发光荧光粉，蓝色发光荧光粉，白色发光荧光粉[63]。

(1) 红色发光荧光粉。Eu^{3+} 掺杂的荧光粉，通过 Eu^{3+} 的 $^5D_0 \rightarrow {}^7F_2$ 跃迁，得到了高纯度的理想红色荧光粉，对应发射波长为 615 nm[64-67]，如 Y_2O_3：Eu^{3+}[68]、YVO_4：Eu^{3+}[69]、$CaTiO_3$：Eu^{3+}[70]、YPO_4：Eu^{3+}[71]、Ca_2ZnWO_6：Eu^{3+}[72]、$LaPO_4$：Eu^{3+}[73]、$GdAlO_3$：Eu^{3+}[74]、$Ba_2CaZn_2Si_6O_{17}$：Eu^{3+}[75]等。极少数情况下，掺 Sm^{3+}也能够产生明亮的红色发光[76-78]。而大多数情况下，Sm^{3+}会发出橙红色发光[79-82]。Eu^{2+}掺杂的氮化物或氮氧化物荧光粉也是获得红色荧光粉的一种方法[83]，且此类氮化物荧光粉在热稳定性和化学稳定性方面都表现出优异性能[84-85]。Eu^{2+}在某些硼酸盐荧光粉中也能引发红色发光，如 $LiSr_4(BO_3)_3$：Eu^{2+}荧光粉在可见光谱的红色区域

产生宽发射带[86-87]。$Ba_2Mg(BO_3)_2$：Eu^{2+}荧光粉在 365 nm 紫外激发下显示出橙黄色发光[88]，加入 Mn^{2+} 使 $Ba_2Mg(BO_3)_2$：Eu^{2+}、Mn^{2+}荧光粉表现出从 250 nm 到 450 nm 的宽激发，红色发射增强和纯化。一些卤代磷酸盐如 $K_2Ca(PO_4)F$：Eu^{2+}荧光粉也显示出宽的红色发射带[89]。掺杂 Eu^{2+} 的碱土金属硫化物也是一种红色发光的荧光粉，但它们的热不稳定性和对水分的敏感性使其不能作为有效的 LED 红色发光荧光粉材料进行应用[90]。Mn^{4+}的掺杂也是开发红色荧光粉材料的有效方法[91-99]。虽然 $^2E_g{\rightarrow}^4A_{2g}$ 跃迁对应的发射峰是自旋禁止的，但其激发峰位于近紫外区和蓝色区，分别对应于自旋允许的 $^4A_{2g}{\rightarrow}^4T_{2g}$ 跃迁和 $^4A_{2g}{\rightarrow}^4T_{1g}$ 跃迁，激发峰很宽，很容易被 InGaN 芯片激发[100-101]。然而，此类荧光粉制备的难点在于如何控制掺杂在主体材料中的锰离子的价态，合成温度对锰离子价态有很大影响[102]。Jiang 等报道了 $BaSiF_6$：Mn^{4+}[103]，当在 78 K 下测量发射光谱时，615 nm 处的峰值逐渐消失。该课题组还合成了新型的红色氟化物荧光粉 $BaNbF_7$：Mn^{4+}，在紫外线和蓝光激发下，630 nm 左右显示出很强的发射[104]。K_2SiF_6：Mn^{4+}[105]、$BaGeF_6$：Mn^{4+}[106]等氟化物材料在 600～630 nm 范围内都有显著的发射峰。另一方面，在氧化物[107-108]中，630～700 nm 范围内也能获得显著的红色发射带。晶体场效应对掺杂在 $Sr_4Al_{14}O_{25}$[107,109-110]、$SrGe_4O_9$[98]、Ba_2GdNbO_6[99]、$Mg_7Ga_2GeO_{12}$[111]等氧化物中的 Mn^{4+}的发光有很大影响。在某些情况下，Mn^{2+}也可能呈现红色发光[112-113]。Jiao 课题组获得的掺 Pr^{3+}的窄带发射红色荧光粉 $La_{4-x}Sr_{2+x}Si_5N_{12-x}O_x$：$Pr^{3+}$ ($x \approx 1.69$)，在 625 nm 处出现窄带红色发射峰，半峰宽为 40 nm[114]。

(2) 黄色发光荧光粉。商业上最成功的黄色荧光粉为铈掺杂钇铝石榴石荧光粉(称为 $Y_3Al_5O_{12}$：Ce^{3+}或 YAG：Ce)，与蓝色发光 InGaN 芯片结合用于生产白色 LED(WLED)。YAG：Ce 拥有有利的声子能量和电子振动相互作用参数，从而为 Ce^{3+} 提供了优异的环境[115-116]。通过使用合适的还原气氛将 YAG 中残余的 Ce^{4+} 转化为 Ce^{3+}，可以提高 Ce^{3+}的发射强度[117]，还可以通过优化煅烧温度和时间来增加发光强度[118]。此外，进行 Ga^{3+}掺杂可以提高其热稳定性[119]。YAG：Ce 基 WLED 提供约 70 的显色指数(CRI)值和高的色温[120-121]，在较高温度下提供相同光谱能量分布的效率较低[122]，这些限制了其在高功率 LED 中的使用。为解决此问题，采用不同的合成方法，如在 Y^{3+}位掺杂 Tb^{3+}、Gd^{3+}、Mg^{2+}或 Ti^{4+}，在 Al^{3+}位掺杂 Ga^{3+}或 In^{3+}，共掺 Ce^{3+}和 Sm^{3+}、Eu^{3+}、Tb^{3+}或 Pr^{3+}[123-129]。Aboulaich 等通过制备 YAG：Ce 纳米荧光粉将 $CuInS_2$/ZnS 量子点单独组装成双层 YAG：Ce-$CuInS_2$/ZnS 结构[130]，这种双层结构制作的 WLED 具有较高的 CRI(> 80)和较低的相关色温(CCT)。同时，一些新的黄色荧光粉的出现也作为组装 WLED 的候选荧光粉。Ce^{3+} 和 Eu^{2+}激活的黄色发射氮化物荧光粉：$Ba_2Si_5N_8$：Eu^{2+}[131]、$SrSi_2O_2N_2$：Eu^{2+}[132]、$CaAlSiN_3$：Ce^{3+}[133]、$CaSi_2O_2N_2$：Eu^{2+}[134]、$La_3Si_6N_{11}$：Ce^{3+}[122]、Eu^{2+}掺杂 Ca-α-SiAlON[135-137]、Ce^{3+}掺杂 Mg-α/β-SiAlON[138]。除了氮化物，相当多的氧化物基

主体化合物也显示出与这些离子掺杂的黄色发光，$Lu_{3-x}Y_xMgAl_3SiO_{12}$：$Ce^{3+}$具有良好的热稳定性和量子效率[139]。$Lu_3MgAl_3SiO_{12}$：$Ce^{3+}$石榴石产生稳定的黄色发射[140]。$Gd_3Sc_2Al_3O_{12}$：$Ce^{3+}$表现出比 YAG 多 30 %的量子产率[141]。Eu^{2+}掺杂磷酸盐、硼酸盐、硅酸盐也可以出现宽带黄色发射，如磷酸盐系列：$Sr_9Mg_{1.5}(PO_4)_7$：$Eu^{2+[142]}$、$Sr_8MgGd(PO_4)_7$：$Eu^{2+[143]}$、$Sr_8MgY(PO_4)_7$：$Eu^{2+[144]}$、$Sr_8MgLa(PO_4)_7$：$Eu^{2+[97]}$、$Sr_8CaBi(PO_4)_7$：$Eu^{2+[145]}$、$Ca_{10}Na(PO_4)_7$：$Eu^{2+[146]}$、$Ba_4Gd_3Na_3(PO_4)_6F_2$：$Eu^{2+[147]}$等；硼酸盐系列：$Sr_3B_2O_6$：$Eu^{2+[120]}$、Ca_2BO_3Cl：$Eu^{2+[148-149]}$等；硅酸盐系列：Sr_3SiO_5：$Eu^{2+[150]}$、$(Ca,Sr)_7(SiO_3)_6Cl_2$：$Eu^{2+[151]}$、$M_2MgSi_2O_7$：$Eu^{2+[152]}$、$Na_3K(Si_{1-x}Al_x)_8O_{16\pm\delta}$：$Eu^{2+[153]}$、$Sr_{1.44}Ba_{0.46}SiO_4$：$0.1Eu^{2+[154]}$、$CaSrSiO_4$：$Eu^{2+[155]}$等。

(3) 绿色发光荧光粉。在三色荧光粉中，有关绿色荧光粉的文献相对较少。Tb^{3+}和 Mn^{2+}通常在许多主体材料中产生绿色发射[156-159]。大多数情况下，Tb^{3+}最强烈的激发峰源于自旋允许的跃迁[111,160-168]，少数 Tb^{3+}的激发峰对应于自旋禁止的 4f→4f 跃迁[169-172]，因此可用 Eu^{2+}或 Ce^{3+}使之敏化。然而 Eu^{2+}和 Ce^{3+}会产生自身的发射颜色，与 Tb^{3+}的绿色发射混合形成完全不同的颜色[173]，且 Ce^{3+}的激发光谱落在紫外区域，排除了将 NUV 可转换 LED 的适用性[174]，因此，必须通过选择合适的掺杂组合，从而获得 Ce-Tb 或 Eu-Tb 的绿色发光，如 $BaY_2Si_3O_{10}$：Ce^{3+}，Tb^{3+}，可显示从蓝色到绿色的颜色可调性[175]。$Sr_3Y(PO_4)_3$：Eu^{2+}，Tb^{3+}荧光粉是 Eu-Tb 掺杂产生绿色发光的一个例子[176]。Eu^{2+}单独掺杂在某些主体材料中也可以产生绿色发光，如硅酸盐：$Ca_{2-x}Sr_xSiO_4$：$Eu^{2+[177]}$、$SrBaSiO_4$：$Eu^{2+[178]}$、$Ca_{15}(PO_4)_2(SiO_4)_6$：$Eu^{2+[179]}$、M_2SiO_4：Eu^{2+}(M = Ca、Sr、Ba)[180]、$Ba_2CaZn_2Si_6O_{17}$：$Eu^{2+[181]}$、$Sr_{3.5}Mg_{0.5}Si_3O_8Cl_4$：$Eu^{2+[182]}$、$Ca_3SiO_4Cl_2$：$Eu^{2+[183]}$等；氮硅酸盐：$Ba_3Si_6O_9N_4$：$Eu^{2+[184]}$、$Ba_3Si_6O_{12}N_2$：$Eu^{2+[185]}$、$Ba_2LiSi_7AlN_{12}$：$Eu^{2+[186]}$、$SrSi_2O_2N_2$：$Eu^{2+[187]}$等，均已展现出绿色发光 LED 荧光粉应用的前景。

(4) 蓝色发光荧光粉。1994 年，基于 InGaN 材料的 LED 芯片问世，为照明领域的进步铺平了道路[188]。蓝色发光二极管芯片与黄色荧光粉涂层结合产生白光发射。然而，蓝色 LED+黄色荧光粉体组合的 CRI 较差。为了克服这个问题，利用近紫外 LED 芯片激发红色、绿色、蓝色三色荧光粉，被认为是产生具有高 CRI 和高发光效率的白光的最佳方法之一[189]。因此，蓝色发光荧光粉获得了重要的进展，商业化使用的蓝色荧光粉之一是 $BaMgAl_{10}O_{17}$：Eu^{2+}荧光粉(BAM 荧光粉)[190-198]。大量 Eu^{2+}掺杂的荧光粉在 NUV 激发下表现出优异的蓝光，磷酸盐是最著名的主体之一，如 $KMg_4(PO_4)_3$：$Eu^{2+[199]}$、$SrZnP_2O_7$：$Eu^{2+[200]}$、$RbBaPO_4$：$Eu^{2+[201]}$、$SrCaP_2O_7$：$Eu^{2+[202]}$、$Ca_3Mg_3(PO_4)_4$：$Eu^{2+[203]}$、$NaMgPO_4$：$Eu^{2+[204]}$、$LiCaPO_4$：$Eu^{2+[205]}$等。其中 $Na_{3-2x}Sc_2(PO_4)_3$：xEu^{2+}的荧光发射强度在 200℃以下可以保持零热猝灭[206]。除了磷酸盐基质外，Jiao 课题组制备出的以氮化物作为基质的 $Sr_8Mg_7Si_9N_{22}$：$Eu^{2+[207]}$、$Ca_8Mg_7Si_9N_{22}$：Eu^{2+}均表现出独特的窄带蓝光发射，后者在 700 K 时的荧光强度保持了室温荧光强度的 75%[208]。一些 Ce^{3+} 激活的荧光粉，如 $NaCaBO_3$：Ce^{3+}[209]、$Na_4CaSi_3O_9$：Ce^{3+}[210]、$Ba_{1.2}Ca_{0.8}SiO_4$：Ce^{3+}[211]、$Li_4SrCa(SiO_4)_2$：Ce^{3+}[212]、$Gd_5Si_3O_{12}N$：Ce^{3+}[213]也显示出蓝色发光。

(5) 白色发光荧光粉。白光发光二极管具有发光效率高、节能、寿命长、不含有毒汞等优点，是新一代固态照明光源的希望。目前有三种策略用于制造白光发光二极管：①适度混合红、绿、蓝三色荧光粉，进而被 NUV 发光二极管激发产生白光。②将蓝色发光二极管与黄色发光荧光粉相结合[121,214]，特别是 YAG：Ce^{3+} 黄色发光荧光粉与蓝色发光二极管的结合是目前所有商用 WLED 所采用的方法[189,215]。③利用单相主晶格产生白光，这种单相材料使 NUV 转换为 WLED 变得更加容易，不会影响颜色的再现性和稳定性。白色发光荧光粉的主体材质本身并不能产生白光，因此必须确定一种能在基质中发光的掺杂离子。常用的方法是在基质中掺杂单一的激活剂离子，例如在主体中掺杂 Dy^{3+}，如 $NaLa(PO_3)_4$：Dy^{3+}[216]、$Ca_8MgBi(PO_4)_7$：Dy^{3+}[217]、$CaZr_4(PO_4)_6$：Dy^{3+}[218]、$Ca_3B_2O_6$：Dy^{3+}[219]、$Sr_3Gd(PO_3)_3$：Dy^{3+}[220]、$Ca_3Mg_3(PO_3)_4$：Dy^{3+}[221]等。然而，掺 Dy^{3+} 的荧光粉的发光效率较低。Eu^{3+} 在一些罕见的情况下也可导致白光出现[222-223]，如 $Ba_5Zn_4Y_{7.92}O_{21}$：$0.08Eu^{3+}$ 纳米荧光粉，它在 274 nm 和 395 nm 激发下产生全色发射。$Ba_{0.97}Sr_{0.99}Mg(PO_4)_2$：$0.04Eu^{2+}$ 荧光粉也可在 350 nm 处激发产生全色发射带[224]。在 InGaN 芯片上涂覆 $Ba_{0.97}Sr_{0.99}Mg(PO_4)_2$：$0.04Eu^{2+}$ 荧光粉与环氧树脂的混合物制成的 WLED，在 CIE-1931 色坐标显示为(0.3287，0.3638)的白光发射。然而获得覆盖整个可见光区域的 Eu^{2+} 发射光谱的可能性很小[225-226]，经过尝试发现 Mn^{2+} 是 Eu^{2+} 产生白光的最佳共掺杂离子[227-229]，但它们的激发带与荧光粉所需的商业近紫外 LED 芯片并不匹配。除了 $NaSrPO_4$ 等少数粒子[230]，大多数磷酸盐主体在 330～350 nm 处仅具有 Eu^{2+} 激发峰[231]。近期的研究中发现，在同一主体晶格中实现 Eu^{2+} 和 Eu^{3+} 的共存，为调节发射和获得具有所需色度坐标的白色发光材料提供了一定的可能性[232]，其中 $LiMgPO_4$[233]、$KCaBO_3$[234]、β-Ca_2SiO_4[235]、$Sr_5(PO_4)_3Cl$[236]、$Ca_3Y_2Si_3O_{12}$[237]可以作为一些特殊的主体。

除了上述可见区的 LED 荧光粉外，还有近红外荧光粉转换的 LED(pc-NIR LED)。通过将 YAG 黄色荧光粉替换成宽带近红外荧光粉，则可以根据需要生产不同波段范围的近红外荧光粉，进而得到高效的 pc-NIR LED[238]。三价镧系离子(Tm^{3+}、Pr^{3+}、Nd^{3+}、Yb^{3+})和过渡金属离子(V^{2+}、Mn^{4+}、Cr^{3+}、Ni^{2+})常被用作近红外发光材料的激活剂[239]。以镓酸盐作为基质，Malysa 等报道了 Cr^{3+} 掺杂的 $X_3Sc_2Ga_3O_{12}$(X = Lu, Y, Gd, La)近红外荧光粉[240]。Hao 课题组发现在 $Ca_3Ga_2Ge_3O_{12}$ 中，当 Cr^{3+} 进入 Ga^{3+} 位点时，具有较强的近红外发光[241]。Jiao 课题组通过高温固相法合成了系列不同浓度 Cr^{3+} 掺杂的 $Mg_3Ga_2GeO_8$ 宽带发射近红外荧光粉[242]。进一步将 Cr^{3+}-Ni^{2+} 共掺杂在 $Zn_{1+y}Sn_yGa_{2-2y}O_4$ 中时，可展现出 1100～1600 nm 的近红外二区宽带发射[243]。

6.2.2　激光材料

激光材料中大约有 90%涉及稀土元素。美国科学家 Maiman 在 1960 年发现红宝石(Cr：Al_2O_3)中可以出现激光[244-247]，同年发现用掺钐的氟化钙(CaF_2：Sm^{2+})可输出脉冲激光。稀土离子 Sm^{3+}(CaF_2 为基体)和 Nd^{3+}($CaWO_4$ 或玻璃为基体)在 1961 年被用于激光材料，开启了稀土离子激光性能的研究[248-250]。20 世纪 70 年代是稀土激光材料迅速发展的时期，现在常被作为激活离子的有二价稀土离子，如 Sm^{2+}、Dy^{2+}、Tm^{2+}，以及三价稀土离子，如 Pr^{3+}、Nd^{3+}、Dy^{3+}、Ho^{3+}、Er^{3+}、Tm^{3+}、Yb^{3+}等[251]。稀土激光材料可分为：固体激光材料、液体激光材料和气体激光材料三大类，其中固体激光材料可分为晶体激光材料、玻璃激光材料、激光陶瓷材料和光纤激光材料等。

稀土晶体激光材料中，应用较为广泛的为掺钕的钇铝石榴石($Y_3Al_5O_{12}$：Nd^{3+}，即 YAG：Nd^{3+})激光材料。稀土玻璃激光材料中，掺钕的硅酸盐、硼酸盐和磷酸盐玻璃的应用较多。激光陶瓷材料开始于 1966 年的 Dy：CaF_2 透明陶瓷[252]。1995 年，Ikesue 等得到了高效激光输出的 Nd：YAG 透明陶瓷[253]。1999 年，Yanagtitani 等得到了性能更加优异的 Nd：YAG 透明陶瓷[254-255]。随后，不同掺杂离子的 Er：YAG[256-257]、Tm：YAG[258-259]和 Ho：YAG[260]透明陶瓷被相继制备，开始了大量的研究。

伴随着集成光学和光纤维通信的发展，稀土光纤激光材料的研究得到了人们的重视。1961 年，Elias Snaitzer 发明了掺杂 Nd^{3+}的玻璃激光器，提出了光纤激光器的概念[261]。20 世纪 70 年代，该项研究取得了明显的进展[262-266]。1987 年，Desurvire 等证明了掺杂 Er^{3+}光纤放大器的可行性[267]。由于不同稀土离子的能级跃迁能量不同，因而会产生各自不同的激光输出波段：近红外波段的稀土离子主要有 Nd^{3+}(1.06 μm)、Yb^{3+}(1.0 μm)、Pr^{3+}(1.3 μm)[268-269]，中红外波段的稀土离子为 Ho^{3+}(2.0 μm 和 2.85 μm)、Tm^{3+}(～2.0 μm)、Dy^{3+}(2.9 μm)[270-271]。Er^{3+}在近红外波段(1.53 μm)和中红外波段(2.7 μm)都有应用[272-273]。1994 年，世界上第一台 Yb^{3+}掺杂的双包层光纤激光器研制成功[274]。2002 年，在掺杂 Yb^{3+}的双包层玻璃光纤中输出了功率为 4.9 W 的激光[275]。2006 年，输出的激光功率达到 714 W[276]。2010 年，利用 Yb^{3+}掺杂光纤，输出了千瓦级的激光。2013 年，利用掺杂 Yb^{3+}多模光纤，输出功率为 10 kW 的高功率光纤激光[277]。2015 年，通过级联泵浦技术，输出了 2140 W 功率的准单模激光[278]。2020 年，基于纵向纺轴形掺杂 Yb 的纤维，得到了单模 3 kW 的单片光纤振荡器[279]，2021 年，采用自制的纺锤形掺铒纤维，制备出输出功率为 5 kW 的单片光纤放大器[280]。

6.3　玻璃和陶瓷材料

稀土氧化物本身不能在玻璃态下制备，但其掺入多组分玻璃后，具有重要的光学、磁学和医学功能[281]。

6.3.1　稀土玻璃材料

稀土离子功能化的玻璃最广泛的应用源于其发光特性[282-283]。将稀土掺杂的钇铝硼酸盐玻璃的发射性能与非线性光学效应相结合，可制得发光微晶玻璃而备受关注[284]。钇铝硼酸盐玻璃加入少量低浓度的稀土元素，可制备光子吸收或发光的无源光器件，如光致发光[285]、光热折射[286]及发光传感器玻璃等[287-288]。然而，当作为高功率激光器[282-283]和磁光器件[289]使用时，则需要加入较高浓度(> 10%)的稀土元素及含有玻璃微球的稀土元素[290]。另外，稀土玻璃材料还是核废料储存的重要候选材料[291]。

6.3.2　稀土陶瓷材料

镧系元素作为路易斯酸，对路易斯碱(如氧原子)的亲和能力很强。陶瓷材料为硅酸盐材料，将稀土元素作为添加剂、稳定剂和烧结助剂等，得到的稀土陶瓷材料可以极大地改善原有陶瓷材料的性能，如颜色柔和、熔点升高、韧性提高、光泽度增加等。

6.4　储氢和超导材料

6.4.1　稀土储氢材料

稀土储氢材料中性能最佳的为类储氢合金 $LaNi_5$。1969 年，Philips 实验室首次报道了 $LaNi_5$ 合金，其氢化反应为 $LaNi_5 + 3H_2 \longrightarrow LaNi_5H_6$，具有吸氢量大、易活化、不易中毒、平衡压力适中、滞后小等优点[292-293]。$LaNi_5$ 及其类似物具有优良的储氢特性，如 $LaNi_5H_{6.7}$ 在略高于大气压的压力下形成，在吸放氢过程中能提供稳定的氢压[294]。

2004 年，一种新的合金化策略被提出，并被用于开发具有增强力学性能的材料[295]。ICMPE 和 Uppsala 大学制备的 TiVZrNbHf 合金是一种具有良好储氢性能的材料[296-297]。在某些特定体系，如 TiVNbTa、TiVZrNb 和 TiVZrNbHf，可以从氢化物中解吸氢[298-299]，在高温下吸放氢的循环中可观察到相的分离[300-302]。2019

年，Zlotea 等通过对非等摩尔成分的 TiVZrNb 合金的吸氢性能进行研究，优化了合金的合成和循环性能[303]。除此之外，稀土元素配合物用于储氢材料也得到了广泛的应用。Luo 等报道了一种具有最佳孔径的稀土 Y(BTC) 的配合物[304]，在 77 K 和 1 bar 条件下，吸氢量达到 1.57wt%。Hong 等报道了一系列的稀土元素配合物 Re(TPO) [Re = Nd, Sm, Eu, Gd；TPO =三 (4 -羧基苯基) 膦氧化物][305]，其中 Re^{3+} 电荷密度是影响气体吸收性能的主要因素。

6.4.2　稀土超导材料

超导材料在临界温度 (T_c) 以下电阻为零，具有排斥磁场效应。超导电缆可减小或避免能量损失，使粒子加速器在极高的能量下操作。

1911 年，荷兰莱顿大学的 Onnes 首次发现低温下汞具有超导现象[306]，即导体电阻突然消失变为零的现象，开启了超导材料的研究。稀土超导材料包括镧铜氧 (La-Cu-O) 和钕铜氧 (Nd-Cu-O) 等铜氧基及 LaFeAsO 等铁基超导体[307]。1986 年，Bednorz 和 Müller 发现镧钡铜氧 (La-Ba-Cu-O) 化合物具有高温超导性 (T_c = 35 K)[308]。2008 年，Hosono 等发现掺氟的镧氧铁砷化合物 (LaOFeAs) 能够在 26 K(−247.15 ℃) 的温度下显示出超导特性[309]。2009 年，Chen 等研究了 $SmFeAsO_{1-x}$ 和 $Ba_{1-x}K_xFe_2As_2$ 两个体系中 T_c 和自旋密度波转变温度的变化[310]。2019 年，Hemley 等发现镧系超氢化物在冷却至 260 K 和 180~200 GPa 时显示出电阻率的显著下降[311]。Eremets 等认为氢化镧在高压下的 T_c 可达 250 K[312]，2020 年，Flores-Livas 等在 230 GPa、250 K(−23 ℃) 温度下实现了 LaH_{10}(氢化镧) 的超导性显现[313]。

6.5　冶金工业中的应用

由于稀土元素对硫、氧等元素有很强的亲和力，炼钢的过程中将少量稀土加到钢中，通过脱氧、脱硫等作用，可以提高钢的强度和韧度等性能；加到不锈钢中，可以提高其热加工时的可锻性和提高其耐热耐蚀等性能，特别是用于高强度低合金钢的稀土数量越来越多。据统计，目前全世界每年生产 600~900 万 t 高强度低合金钢，需用混合稀土 6000~7000 t。铸铁过程中，将稀土元素加入铁水中，通过提高铁水的流动性，使石墨球化制成球墨铸铁，可提高铸铁的机械性能等。在有色金属及其合金中加入稀土元素，可以改善其加工性能等。氢在稀土金属中的溶解度很大，利用混合稀土吸收钢水中的氢可以克服氢脆的弱点。

6.6 催化中的应用

稀土元素及氧化物自身具有催化活性,同时可以作为载体、添加剂及助催化剂应用,相关应用主要集中在制备稀土单原子位点催化剂和稀土合金催化剂。

6.6.1 单原子位点催化剂

单原子位点催化剂(single-atom-site catalyst, SASC)具有 100%的原子效率和独特的催化性能,受到了广泛的关注。稀土金属及其氧化物作为载体、促进剂和活性化合物,在 SASC 中显示了巨大的应用前景[314]。

CeO$_2$ 基材料是非均相催化中常用的载体材料,Flytzani-Stephanopoulos 等报道了缺陷铈负载 Au 和 Pt 原子(Pt/CeO$_2$ 和 Au/CeO$_2$),在纳米颗粒被浸出后,水煤气变换反应的催化活性几乎不变[315]。此外,将稀土元素包括 Ce、Er、Y 和 Sc 作为活跃的中心,也表现出优异的催化性能[316]。包含稀土元素的 SASC 的合成方法和应用见表 6-1。

表 6-1 包含稀土元素的 SASC 的合成方法和应用

催化剂	稀土金属/化合物	合成方法	应用	年代	文献
Pt/CeO$_2$	CeO$_2$	湿化学法,浸出	水煤气变换反应	2003	[315]
Au/CeO$_2$	CeO$_2$	湿化学法,浸出	水煤气变换反应	2003	[315]
CeO$_2$-Pt/La-Al$_2$O$_3$	CeO$_2$,La	原子捕获	CO 氧化	2009	[317]
Pt/CeO$_2$	CeO$_2$	原子层沉积	CO 氧化	2016	[318]
Pt/CeO$_2$	CeO$_2$	水热合成	CO 氧化和柴油氧化催化反应	2016	[319]
Rh/CeO$_2$	CeO$_2$	水热合成	柴油氧化催化反应	2018	[320]
Pt/CeO$_2$	CeO$_2$	湿化学法	CO$_2$ 电还原	2018	[321]
Pt/CeO$_2$	CeO$_2$	原子层沉积	氨硼烷脱氢	2019	[322]
Er/CN-NT	Er	原子-约束与协调策略	CO$_2$ 光致还原	2020	[323]
Ce-MnO$_2$	CeO$_2$	离子交换	NH$_3$-SCR	2020	[324]

Datye 等用原子捕获方法,选择相同前驱体,分别以 CeO$_2$、MgAl$_2$O$_4$ 和 Al$_2$O$_3$ 作为载体,合成了 3 种含 Pt 质量分数为 1%的催化剂[319,325]。500℃焙烧后,仅在 CeO$_2$ 载体上观察到单原子的 Pt。同时,多面体构型的 CeO$_2$ 可以在 800℃将 Pt 作为孤立的单原子捕获,形成耐烧结的 SASC[318,322,326]。Lee 等利用水热法得到 CeO$_2$ 基的 Pt-SASC[327],且这种水热法能够有利于其他金属的再分散,如 Ru、Pd 和 Pt

金属[320]。然而，Pt 位存在无活性晶格氧，CO 分子与 Pt 离子结合强烈，造成严重的 CO 中毒[328]，导致低温 CO 催化活性不理想。基于此，Nie 等在空气气氛下于 750℃热处理，制备了单一 CeO_2 负载的 Pt-SASC(Pt/CeO_2)。在 10% H_2O 存在下，750℃水热陈化(蒸气处理的 Pt/CeO_2 催化剂)可以显著提高低温 CO 催化活性[329]。

SASC 材料中，金属纳米颗粒的形成不能超过催化剂对单原子的支撑能力，因而金属负载量有限。为了解决这个问题，Aitbekova 等通过将 Ru 纳米粒子重新分散到孤立的单原子上，定量其容量[330]。Yoo 等通过 DFT 计算设计了多组分金属氧化物负载 Pt-SASC，通过强电子相互作用得到多组分界面稳定的致密 Pt 单原子[331]。CeO_2 和 La_2O_3 能够有效提高 Al_2O_3 的热稳定性，特别是 La 掺杂 Al_2O_3(La-Al_2O_3)在三元催化中得到了广泛的应用[332]。

6.6.2　稀土合金催化剂

稀土元素合金催化剂是将稀土元素化合物独特的轨道结构和催化行为引入合金材料中，使其具有丰富的力学功能、活性和空间排列，从而能够更好地控制表面反应动力学和反应活性，被广泛应用于众多催化反应(图 6-2)[333-335]。稀土元素合金催化剂需要包含稀土元素和活性成分(Fe、Co、Ni、Cu、Ru、Pd、Rh 和 Pt)，并且为了调整催化剂的结构和增强催化剂的功能，一些主族元素(Al、Si、Sn 等)也可用于构造三元合金或多种合金[333]。

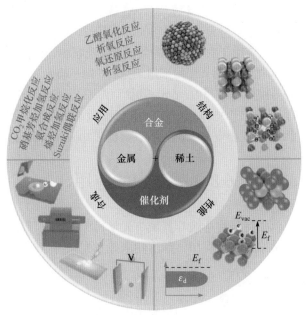

图 6-2　稀土合金催化剂的结构、性能、合成和应用[333]

掺杂稀土金属可以改善和提高合金催化剂的性能，如 Pt-Re 合金在所有氧还原反应(ORR)催化剂中表现出很高的活性[336-337]。Lindahl 课题组[338]将稀土元素 Y 掺杂到铂基材料中，得到 Pt$_3$Y 合金，使催化剂的稳定性增强[339]。在电催化反应中，稀土合金材料具有较高的催化性能和长期稳定性[340]，因而系列铂稀土金属合金材料被制备应用[341-342]。通过研究发现，理想的催化剂的吸附性能不能太强，也不能太弱，Sabatier 火山关系图呈现了吸附热与中间物生成熔及催化速率的关系[343-344]。在热催化转化领域，含有稀土的合金材料具有良好的供电子能力和良好的氢解离能力[345-346]。

6.7 农业中的应用

稀土元素通过提高植物叶绿素的含量，增强光合作用，促进植物根系对于养分的充分吸收，影响植物的生长，对于农作物的增产、品质的改善等，都具有重要的作用[347]。植物从溶液和土壤中吸收镧系元素的能力在多种作物中进行了探究[348]，Brown 的研究[349]认为，土壤配合物和施用肥料会影响稀土元素的吸附，在这个过程中，钾肥和氮肥增加吸附，磷肥减少吸附。在土壤根系中，低分子量有机酸作为根系渗出物的重要成分(如柠檬酸和苹果酸)，可以增加轻镧系元素的解吸作用，促进植物从土壤中摄入稀土元素 [350]。镧系元素的含量在植物中的分布为：根部 > 叶 > 茎 > 种子/果实[351-353]。镧系元素的分布还可能取决于植物的种类，如在玉米中的分布与大米中的分布完全不同[354]。在过去的 40 多年里，我国已经将稀土元素广泛应用于农作物中的微量元素肥料中，用于提高作物的质量和产量[355-356]。镧元素常被用来调节作物根组织生长、种子萌发和光合作用[357-360]。由于 La^{3+}半径(106 pm)和 Cd^{2+}半径(97 pm)相近[361-362]，La 被用来抑制玉米中 Cd 的摄取和减轻 Cd 的毒性[363-365]。以小麦作为研究作物，La 通过抑制小麦中参与 Cd 摄取和转运体基因，减少小麦中 Cd 的积累，促进小麦更好地生长[366]。

6.8 医药中的应用

稀土元素及化合物在药物、医疗器械、光学检测等医学领域中备受关注。本章主要介绍其在光学检测中的应用，如生物成像、光动力疗法、光热疗法等。

6.8.1 生物成像

传统的光学成像技术已经成为细胞和组织形态细节可视化的常规技术，但它仍存在一些局限性，如来自生物背景的显著自荧光、穿透深度短、生物样品的光损伤等[367-369]。造成局限性的原因之一是传统的光学成像主要基于下转换方案，通常需要激发高能光，即可见光或紫外光。在这种情况下，近红外触发的上转换荧光纳米颗粒(UCNP)被认为是体外和体内成像的潜在替代品。其具有独特的近红外辐射，在低能量光激发下，细胞或组织的自荧光很弱，使得 UCNP 具有低光学背景噪声和高信噪比的生物成像。此外，UCNP 成像具有反斯托克斯位移大、窄带发射、长寿命发射和优良的穿透深度，是生物成像应用的一个重要候选条件。因此，核壳结构的 NaYF₄：Yb,Er 纳米球作为核，SiO₂ 涂层作为壳，可成功地用作细胞成像中的荧光探针[370]。将 SiO₂/NaYF₄：Yb,Er 纳米球与细胞孵育 24 h，用 980 nm NIR 激光照射 MCF-7 细胞，观察到强荧光信号，随着激光输出功率的增加，只有荧光信号相应增加，而生物细胞的背景信号保持不变。由 NaYF₄：Yb,Er 纳米颗粒和聚乙烯亚胺(PEI)涂层组成的上转换荧光团[371]，可对小型哺乳动物组织进行成像。PEI/NaYF₄：Yb,Er 纳米粒子在 980 nm 近红外激光的激发下比量子点在紫外光的激发下表现出更强的荧光。将荧光粒子注入 Wistar 大鼠体内深层组织后，甚至可以从 10 mm 的深度检测到 PEI/NaYF₄：Yb,Er 荧光团的荧光发射。稀土掺杂的 UCNP 可定制为磁性、X 射线衰减、放射性等的功能探针，将其组合成一个单一的纳米系统，使得单独的成像模式具有一定协同优势，从而实现多模态生物成像[372]。例如，β-NaGdF₄：Yb/Er@β-NaGdF₄：Yb@β-NaNdF₄：Yb@MS-Au₂₅-PEG 可同时进行核磁共振检查(MR)、CT 等多模式生物成像[373]，且由于光热效应和光动力效应，所制备的多功能治疗平台在 808 nm 光激发下也能抑制体内肿瘤生长，是实现图像引导肿瘤治疗的一个很有前景的工具。NaYF₄：Yb/Er@NaYF₄：Yb@NaNdF₄：Yb@NaYF₄@NaGdF₄ 表面附着吲哚菁绿(ICG)染料的 UCNP，可提供荧光和 MR 等多模态成像能力[374]。基于 ¹⁸F 和稀土离子之间的作用，¹⁸F 标记的 UCNP 可有效用于 PET(正电子发射计算机断层扫描)成像和淋巴监测[375]。引入少量 ¹⁵³Sm³⁺，制备 NaLuF₄：¹⁵³Sm,Yb,Tm 组成的 UCL 和 SPECT(光子发射型计算机体层摄影术)双模生物成像系统，结合体内 UCL 和 SPECT 成像，¹⁵³Sm 标记的 NaLuF₄：Yb/Tm UCNP 可以作为超灵敏分子成像探针的平台[376]。

6.8.2　光动力疗法

光动力疗法(photodynamic therapy，PDT)是一种治疗癌细胞的光疗方法，将光敏剂输送到癌细胞等受影响区域，当光敏剂暴露在一定波长的光下，会产生活性氧并对周围细胞造成氧化损伤。与紫外线和可见光相比，近红外光在穿透人体组织方面具有显著的优势，这也使得 UCNP 成为 PDT 在深部组织肿瘤治疗中应用的理想候选者。双功能 NaYF₄：Yb,Er@SiO₂ 核壳 UCNP，用于荧光成像和 PDT 治疗[377]。在 980 nm 激发时，NaYF₄：Yb,Er UCNP 的红色发射转移到 ZnPc 光敏剂并触发 PDT 过程。介孔 SiO_2 涂层避免了 $NaYF_4$：Yb,Er 纳米粒子与细胞环境的直接接触，提高了 UCNP 在恶劣生物环境下的稳定性。Idris 等开发了一种利用 UCNP 进行单波长活化的双光敏剂方法，并将其应用于增强体内 PDT 治疗[378]。两种光敏剂半胱氨酸 540(MC540)和 Zn^{2+} 酞菁(ZnPc)被装载到 $NaYF_4$：Yb 中,Er@ 多孔 SiO_2 在 980 nm 激光激发下，$NaYF_4$：Yb,Er UCNP 的红光和绿光能同时激活 SiO_2 复合材料，PDT 治疗的小鼠肿瘤生长受到明显抑制。

6.8.3 光热疗法

光热疗法(photothermal therapy，PTT)是一种利用光诱导热对癌细胞进行热消融的光疗疗法[379]。UCNP 在 PTT 中的一个主要应用是作为成像探针监测 PTT 过程中的温度变化。Li 等开发了一种用于联合化疗和 PTT 的温度敏感型 UCNP 纳米系统[380]。该系统包含光热剂[八丁氧基酞菁钯(II)，PdPc]、热响应性药物释放单元(1,2-二棕榈酰-sn-甘油-3-磷酸胆碱，DPPC)、温度传感器(Er^{3+} 掺杂的 $NaLuF_4$：Yb, Er-UCNP)和抗癌药物阿霉素(DOX)。在 730 nm 激光照射下，DPPC 胶束在较低的激光功率下解离并释放出主要用于化疗的 DOX 药物，较高的激光功率下，PTT 效应开始。利用掺铒的上转换发射监测本征温度，防止过热，使 PTT 与化疗能很好地分离，用于联合治疗。Liu 等制备了 Gd-UCNP@BSA-RB&IR825(BSA：牛血清白蛋白，RB&IR825：孟加拉玫瑰红 RB 和 IR825 染料)，BSA 涂层提高了 UCNP 的生理稳定性，作为平台装载具备治疗功能的分子，RB 和 IR825 作为光动力剂和光热剂被装载到 Gd-UCNP@BSA 中，以实现 PDT 和 PTT 的协同效应[381]。Chan 等制备了 $NaYF_4$：Yb^{3+}/Er^{3+}@$NaYF_4$：Yb^{3+}/Nd^{3+}@$NaYF_4$ UCNP，其中介孔 SiO_2 壳层包覆的金纳米棒(AuNR@$mSiO_2$)通过静电吸附过程组装[382]。调整 AuNR 的表面等离子体峰以匹配 Er^{3+} 掺杂的 UCNP 释放的 541 nm 和 654 nm 荧光发射，从而诱导 AuNR 通过表面等离子体共振过程产生 PTT 效应。同时，将光敏剂 MC540 负载到介孔二氧化硅层中，吸收 UCNP 发出的 540 nm 荧光，生成用于 PDT 的活性氧。

6.8.4 化学药物治疗

化学药物治疗简称化疗,是利用一种或多种化学药物杀死癌细胞的治疗方法。化疗已成为治疗癌症最常用和最有效的方法之一，但它仍存在一些局限性，如靶向性差、药物依赖性、抗药性等。作为药物载体的 UCNP 具有独特的物理化学性质，如尺寸小、上转换发光和表面化学性能容易适应体外和体内的药物递送，因而可以作为一种更有效、更安全的给药系统来提高常规化疗的效果[383-385]。Wang 等[386]用聚乙二醇(PEG)接枝两亲性聚合物将 UCNP 功能化，通过疏水相互作用进行物理吸附装载 DOX。通过改变 pH 控制 DOX 的释放，在微酸环境中增加药物离解率，使药物在肿瘤细胞中有效释放。Zhang 等[387]将 UCNP、热/pH 敏感聚合物[P(NIPAm-*co*-MAA)]和介孔 SiO$_2$ 壳组成多功能纳米复合材料，UCNP 用作光学纳米探针，P(NIPAm-*co*-MAA)用作"阀门"以控制包埋药物通过载体的扩散到达硅壳的多孔结构。由于其优异的热/pH 敏感性，合成的药物递送系统在低温/高 pH 下显示出抗癌药物的低水平释放，但在高温/低 pH 下药物释放显著增加，这有利于热/pH 调节的"开-关"药物释放。

6.8.5　放射治疗

放射治疗(radiation therapy，RT)作为一种非侵入性的临床治疗方法，利用辐射损伤癌细胞，减缓肿瘤在体内的生长或扩散。Shi 等[388]报道了一种基于 UCNP 的介孔 SiO$_2$，负载血卟啉(HP)增敏剂用于放射和光动力治疗，负载多西紫杉醇(Dtxl)用于化疗和放射治疗。Gd 掺杂的 UCNP 用作磁/上转换发光(MR/UCL)成像的对比剂，HP 和 Dtxl 用于 X 射线照射和近红外激发下的协同化学/放射/光动力治疗。由于这三种治疗方式之间的协同作用，可以完全阻止 DNA 的修复，并对癌细胞造成永久性损伤。Shi 等[389]设计了基于 MnO$_2$ 纳米片和 UCNP 的 2D 纳米复合材料，利用肿瘤细胞和正常细胞之间的内源性差异(如较低的 pH 和较高的 H$_2$O$_2$ 浓度)，MnO$_2$ 纳米片在肿瘤中被酸性 H$_2$O$_2$ 分解为 Mn^{2+}，在肿瘤细胞中生成大量的 O$_2$。一方面，MnO$_2$ 纳米片的分解可以恢复先前猝灭的上转换发光，用于治疗中的诊断和监测。另一方面，缺氧肿瘤产生的氧能显著提高深部肿瘤近红外/X 射线照射的放射治疗效率和光动力效率。

6.8.6　光遗传刺激

光遗传刺激是通过刺激光敏感离子通道，进而操纵动物大脑中的神经活动[390]。活体脑内神经元的调制只能通过可见光波长(<600 nm)来实现，而可见光波长的组织穿透深度有限。利用近红外光的 UCNP 在脑深部进行光遗传学刺激，具有巨大的光遗传学应用潜力。Zhang 等[391]开发新的准连续波激发方法来改善 UCNP 的上转换发射，并将其成功应用在激活秀丽隐杆线虫中的通道视紫红质-2，证明利用 UCNP 进行近红外光遗传操作的可行性。Xing 等[392]应用 UCNP 激活紫红质通道蛋白-2 光门控离子通道，并在 808 nm 光激发下，进行活细胞和斑马鱼中 Ca^{2+}内流的研究。Chen 等[393]使用 UCNP 介导的光遗传学方式，以非侵入性方式模拟小鼠大脑深处的神经元。通过掺杂不同的稀土离子调节上转换发射，近红外触发的上转换光遗传学可以实现神经元激活和神经元抑制。更重要的是，近红外介导的上转换光遗传学可以通过抑制海马兴奋性细胞和触发记忆，从而抑制癫痫发作，对于神经疾病的远程治疗具有巨大潜力。

6.8.7　哺乳动物的近红外图像视觉

包括人类在内的哺乳动物只能探测波长为 400～700 nm 的可见光[394]，因为哺乳动物眼睛中的光感受器(视杆和视锥)由视蛋白及其共价连接的视网膜组成，不能吸收超过 700 nm 的波长。Xue 等[395]设计了眼部可注射的光感受器结合的 UCNP(pbUCNP)，将其锚定在小鼠视网膜的光感受器上。核壳结构的 UCNP(NaYF₄：Yb, Er@NaYF₄)在 980 nm 近红外光照射下，在 535 nm 处产生绿光发射。将这些纳米颗粒的溶液注射到小鼠的视网膜中，小鼠将能够看到绿色的近红外辐射。植入 pbUCNP 可使小鼠获得长达 10 周的红外视觉，同时不影响小鼠感知可见光模式的能力。

6.8.8　传感和检测

许多与 UCNP 结合的荧光共振能量转移(fluorescence resonance energy transfer，FRET)系统，即 UCNP-FRET 平台，已被开发和成功应用于检测各种类型的分析物，如 pH、气体、温度、金属离子、DNA 等[396]。

参 考 文 献

[1] Huang G, Li X, Lou L, et al. Small, 2018, 14: 180061.

[2] Xia W, He Y, Huang H, et al. Adv Funct Mater, 2019, 29: 1900690.

[3] Zhang T L, Liu H Y, Jiang C B. Appl Phys Lett, 2015, 106: 162403.

[4] Zhang T L, Liu H Y, Ma Z H, et al. J Alloy Compd, 2015, 637: 253.

[5] Strnat K, Hoffer G, Olson J, et al. J Appl Phys, 1967, 38: 1001.

[6] Das D. IEEE Transactions on Magnetics, 1969, 5(3): 214.

[7] Ojima T. IEEE Transactions on Magnetics, 1977, 13: 1317.

[8] Li X H, Lou L, Song W P, et al. Adv Mater, 2017, 29: 1606430.

[9] Li D Y, Wang H, Ma Z H, et al. Nanoscale, 2018, 10: 4061.

[10] Shen B, Mendoza-Garcia A, Baker S E, et al. Nano Lett, 2017, 17: 5695.

[11] Yue M, Zhang X Y, Liu J P. Nanoscale, 2017, 9: 3674.

[12] Ma Z H, Tian H, Cong L, et al. Angew Chem Int Ed, 2019, 58: 14509.

[13] Sagawa M. J Applied Physics, 1984, 55: 2083.

[14] Coey J M D. J Magn Magn Mater, 1990, 87: L252.

[15] 杨应昌, 张晓东, 孔麟书. 中国稀土学报, 1990, 8(4): 376.

[16] Liu W. J Magn Magn Mater, 1994, 131: 413.

[17] 周寿增, 杨俊, 张茂才, 等. 金属学报, 1994, 30(2): B72.

[18] Ohmori K. IEEE Transactions on Magnetics, 2005, 41(10): 3850.

[19] Yamashita F. J Magn Magn Mater, 2007, 310: 2578.

[20] Saito T. J Magn Magn Mater, 2008, 320: 1893.

[21] Takagi K. J Magn Magn Mater, 2012, 324: 1337.

[22] 周寿增, 董清飞. 超强永磁体: 稀土铁系永磁材料. 北京: 冶金工业出版社, 2004.

[23] 国统研究报告网. 2023 年全球及中国钕铁硼永磁材料行业产量、销售情况、市场规模增长率、市场发展机遇研究及下游应用市场需求前景评估预测. (2023-02-02). https://www.bjzjqx.com/IndustryInner/519725.html.

[24] Sessoli R, Gatteschi D, Caneschi A, et al. Nature, 1993, 365: 141.

[25] Gatteschi D, Sessoli R, Villain J. Molecular Nanomagnets. Oxford: Oxford University Press, 2006.

[26] Woodruff D N, Winpenny R E P, Layfield R A. Chem Rev, 2013, 113: 5110.

[27] Benelli C, Gatteschi D. SMM Past and Present Introduction to Molecular Magnetism. Weinheim: Wiley-VCH, 2015.

[28] Sessoli H L, Tsai A R, Schake S, et al. J Am Chem Soc, 1993, 115: 1804.

[29] Ishikawa N, Sugita M, Ishikawa T, et al. J Am Chem Soc, 2003, 125: 8694.

[30] Ishikawa N, Sugita M, Wernsdorfer W. J Am Chem Soc, 2005, 127: 3650.

[31] Sessoli R, Powell A K. Coord Chem Rev, 2009, 253: 2328.

[32] Feltham H L C, Brooker S. Coord Chem Rev, 2014, 276: 1.

[33] Layfield R A, Murugesu M. Lanthanides and Actinides in Molecular Magnetism. Weinheim: Wiley-VCH, 2015.

[34] Gao S. Molecular Nanomagnets and Related Phenomena. Berlin: Springer, 2015.

[35] Ishikawa N, Sugita M, Wernsdorfer W. Angew Chem Int Ed, 2005, 44: 2931.

[36] Jiang S D, Wang B W, Su G, et al. Angew Chem Int Ed, 2010, 49: 7448.

[37] Ungur L, Chibotaru L F. Phys Chem Chem Phys, 2011, 13: 20086.

[38] Chen G J, Guo Y N, Tian J L, et al. Chem Eur J, 2010, 18: 2484.

[39] Ungur L, Le Roy J J, Korobkov I, et al. Angew Chem Int Ed, 2014, 53: 4413.

[40] Gatteschi D, Sessoli R. Angew Chem Int Ed, 2003, 42: 268.

[41] Rinehart J D, Long J R. Chem Sci, 2011, 2: 2078.

[42] Zhang P, Zhang L, Wang C, et al. J Am Chem Soc, 2014, 136: 4484.

[43] Zhang P, Jung J, Zhang L, et al. Inorg Chem, 2016, 55: 1905.

[44] Brown A J, Pinkowicz D, Saber M R, et al. Angew Chem Int Ed, 2014, 54: 5864.

[45] Chen Y C, Liu J L, Ungur L, et al. J Am Chem Soc, 2016, 138: 2829.

[46] Liu J, Chen Y C, Liu J L, et al. J Am Chem Soc, 2016, 138: 5441.

[47] Ding Y S, Chilton N F, Winpenny R E P, et al. Angew Chem Int Ed, 2016, 55: 16071.

[48] Chilton N F, Goodwin C A P, Mills D P, et al. Chem Commun, 2015, 51: 101.

[49] Bünzli J C G. Chem Rev, 2010, 110: 2729.

[50] Bünzli J C G. Coord Chem Rev, 2015, 293-294: 19.

[51] Eliseeva S V, Bünzli J C G. Chem Soc Rev, 2010, 39: 189.

[52] Marin R, Brunet G, Murugesu M. Angew Chem Int Ed, 2021, 60: 1728.

[53] Guo F S, Day B M, Chen Y C, et al. Science, 2018, 362: 1400.

[54] Zhang P, Guo Y N, Tang J. Coord Chem Rev, 2013, 257: 1728.

[55] Kishi Y, Cornet L, Pointillart F, et al. Eur J Inorg Chem, 2018, (3-4): 458.

[56] Pointillart F, Jung J, Berraud-Pache R, et al. Inorg Chem, 2015, 54: 5384.

[57] Pointillart F, Le Guennic B, Golhen S, et al. Chem Commun, 2013, 49: 615.

[58] Brunet G, Marin R, Monks M J, et al. Chem Sci, 2019, 10: 6799.

[59] Liu T Q, Yan P F, Luan F, et al. Inorg Chem, 2015, 54: 221.

[60] Ren M, Bao S S, Ferreira R A, et al. Chem Commun, 2014, 50: 7621.

[61] Nie M, Xiong J, Zhao C, et al. Nano Res, 2019, 12: 1727.

[62] Huang G, Calvez G, Suffren Y, et al. Magnetochemistry, 2018, 4: 44.

[63] Naira G B, Swarta H C, Dhoble S J. Progress in Materials Science, 2020, 109: 100622.

[64] Nair G B, Kumar A, Swart H C, et al. Ceram Int, 2019, 45: 21709.

[65] Yawalkar M M, Nair G B, Zade G D, et al. Mater Chem Phys, 2017, 189: 136.

[66] Nair G B, Dhoble S J. J Fluoresc, 2016, 26: 1865.

[67] Niu P, Liu X, Wang Y, et al. J Mater Sci Mater Electron, 2018, 29: 124.

[68] Ivanov M G, Kynast U. J Lumin, 2016, 169: 744.

[69] Cheng Z, Xing R, Hou Z, et al. J Phys Chem C, 2010, 114: 9883.

[70] Som S, Kunti A K, Kumar V, et al. J Appl Phys, 2014, 115: 193101.

[71] Ray S, Banerjee A, Pramanik P. Mater Res Bull, 2010, 45: 870.

[72] Dabre K V, Dhoble S J. J Lumin, 2014, 150: 55.

[73] Xia Y, Huang Y, Long Q, et al. Ceram Int, 2015, 41: 5525.

[74] Lojpur V, Ćulubrk S, Medić M, et al. J Lumin, 2015, 170: 467.

[75] Annadurai G, Kennedy S M M. J Lumin, 2016, 169: 690.

[76] Li P, Wang Z, Yang Z, et al. Mater Lett, 2009, 63: 751.

[77] He X, Zhou J, Lian N, et al. J Lumin, 2010, 130: 743.

[78] He X, Zhou J, Lian N, et al. J Lumin, 2016, 173: 38.

[79] Prasad V R, Damodaraiah S, Babu S, et al. J Lumin, 2017, 187: 360.

[80] Min X, Fang M, Huang Z, et al. Opt Mater, 2014, 37: 110.

[81] Zhou R, Wang L, Xu M, et al. J Alloy Compd, 2015, 647: 136.

[82] Yu R, Noh H M, Moon B K, et al. J Lumin, 2014, 145: 717.

[83] Watanabe H, Kijima N. J Alloy Compd, 2009, 475: 434.

[84] Teng X, Liu Y, Liu Y, et al. J Lumin, 2010, 130: 851.

[85] Wu Q, Ding J, Wang X, et al. Mater Res Bull, 2016, 83: 649.

[86] Wang Q, Deng D, Hua Y, et al. J Lumin, 2012, 132: 434.

[87] Wu L, Chen X L, Li H, et al. Inorg Chem, 2005, 44: 6409.

[88] Yuan S, Yang Y, Zhang X, et al. Opt Lett, 2008, 33: 2865.

[89] Daicho H, Shinomiya Y, Enomoto K, et al. Chem Commun, 2018, 54: 884.

[90] Jia D, Wang X J. Opt Mater, 2007, 30: 375.

[91] Senden T, van Harten E J, Meijerink A. J Lumin, 2018, 194: 131.

[92] Fu A, Zhou L, Wang S, et al. Dye Pigment, 2018, 148: 9.

[93] Zhang S, Hu Y, Duan H, et al. J Alloy Compd, 2017, 693: 315.

[94] Sasaki T, Fukushima J, Hayashi Y, et al. J Lumin, 2018, 194: 446.

[95] Srivastava A M, Brik M G. Opt Mater, 2013, 35: 1544.

[96] Xu Y K, Adachi S. J Appl Phys, 2009, 105: 013525.

[97]　Hoshino R, Adachi S. J Lumin, 2015, 162: 63.

[98]　Kim S J, Jang H S. J Lumin, 2016, 172: 99.

[99]　Fu A, Zhou C, Chen Q, et al. Ceram Int, 2017, 43: 6353.

[100]　Wei L L, Lin C C, Fang M H, et al. J Mater Chem C, 2015, 3: 1655.

[101]　Wang B, Lin H, Xu J, et al. ACS Appl Mater Interfaces, 2014, 6: 22905.

[102]　Nguyen H D, Lin C C, Fang M H, et al. J Mater Chem C, 2014, 2: 10268.

[103]　Jiang X, Pan Y, Huang S, et al. J Mater Chem C, 2014, 2: 2301.

[104]　Zhou Y, Wang X M, Wang C P, et al. Inorg Chem Front, 2020, 7: 3371.

[105]　Lv L, Jiang X, Huang S, et al. J Mater Chem C, 2014, 2: 3879.

[106]　Sekiguchi D, Adachi S. S Opt Mater, 2015, 42: 417.

[107]　Long J, Yuan X, Ma C, et al. RSC Adv, 2018, 8: 1469.

[108]　Qiu Z, Luo T, Zhang J, et al. J Lumin, 2015, 158: 130.

[109]　Xu Y D, Wang D, Wang L, et al. J Alloy Compd, 2013, 550: 226.

[110]　Meng L, Liang L, Wen Y. Mater Chem Phys, 2015, 153: 1.

[111]　Wu C, Li J, Xu H, et al. J Alloy Compd, 2015, 646: 734.

[112]　Cao R, Shi Z, Quan G, et al. J Lumin, 2018, 194: 542.

[113]　Kasahara R, Tezuka K, Shan Y J. Optik, 2018, 158: 1170.

[114]　Zheng H W, Wang X M, Wei H W, et al. Chem Commun, 2021, 57: 3761.

[115]　Bachmann V, Ronda C, Meijerink A. Chem Mater, 2009, 21: 2077.

[116]　Valiev D, Han T, Vaganov V, et al. J Phys Chem Solids, 2018, 116: 1.

[117]　Wang L, Zhuang L, Xin H, et al. Open J Inorg Chem, 2015, 5: 12.

[118]　He X, Liu X, Li R, et al. Sci Rep, 2016, 6: 22238.

[119]　Liu Y, Zou J, Shi M, et al. Ceram Int, 2018, 44: 1091.

[120]　Song W S, Kim Y S, Yang H. Mater Chem Phys, 2009, 117: 500.

[121]　Zhao Y, Xu H, Zhang X, et al. J Eur Ceram Soc, 2015, 35: 3761.

[122]　Chen Z, Zhang Q, Li Y, et al. J Alloy Compd, 2017, 715: 184.

[123]　Pan Y, Wu M, Su Q. J Phys Chem Solids, 2004, 65: 845.

[124]　Gong M, Xiang W, Liang X, et al. J Alloy Compd, 2015, 639: 611.

[125]　Matsui Y, Horikawa H, Iwasaki M, et al. J Ceram Process Res, 2011, 12: 348.

[126]　Zorenko Y, Zych E, Voloshinovskii A. Opt Mater, 2009, 31: 1845.

[127]　Upasani M, Butey B, Moharil S V. J Appl Phys, 2014, 6: 28.

[128]　Mukherjee S, Sudarsan V, Vatsa R K, et al. J Lumin, 2009, 129: 69.

[129]　Chen Y C, Nien Y T. J Eur Ceram Soc, 2017, 37: 223.

[130]　Aboulaich A, Michalska M, Schneider R, et al. ACS Appl Mater Interfaces, 2014, 6: 252.

[131]　Piao X, Machida K I, Horikawa T, et al. Appl Phys Lett, 2007, 91: 041908.

[132]　Fei Q N, Liu Y H, Gu T C, et al. J Lumin, 2011, 131: 960.

[133]　Chen J, Zhao Y, Li G, et al. Solid State Commun, 2017, 256: 1.

[134]　Huo J, Lü W, Shao B, et al. J Lumin, 2016, 180: 46.

[135]　Chen Y, Xu J, Yu Y, et al. Ceram Int, 2015, 41: 11086.

[136]　Ge Y, Sun S, Zhou M, et al. Powder Technol, 2017, 305: 141.

[137] Xie J, Hirosaki N, Sakuma K, et al. Appl Phys Lett, 2004, 84: 5404.

[138] Joshi B, Kshetri Y K, Gyawali G, et al. J Alloy Compd, 2015, 631: 38.

[139] Ji H, Wang L, Molokeev M S, et al. J Mater Chem C, 2016, 4: 2359.

[140] Shi Y, Zhu G, Mikami M, et al. Dalton Trans, 2015, 44: 1775.

[141] Devys L, Dantelle G, Laurita G, et al. J Lumin, 2017, 190: 62.

[142] Sun W, Jia Y, Pang R, et al. ACS Appl Mater Interfaces, 2015, 7: 25219.

[143] Huang C H, Wang D Y, Chiu Y C, et al. RSC Adv, 2012, 2: 9130.

[144] Huang C H, Chen T M. Inorg Chem, 2011, 50: 5725.

[145] Zhang Q, Wang X, Ding X, et al. Dye Pigm, 2018, 149: 268.

[146] Yu H, Deng D, Li Y, et al. J Lumin, 2013, 143: 132.

[147] Fu X, Lü W, Jiao M, et al. Inorg Chem, 2016, 55: 6107.

[148] Zhang X, Zhang J, Dong Z, et al. J Lumin, 2012, 132: 914.

[149] Xia Z, Liao L, Zhang Z, et al. Mater Res Bull, 2012, 47: 405.

[150] Shen C, Yang Y, Jin S, et al. Optik, 2010, 121: 1487.

[151] Liu F, Fang Y, Zhang N, et al. J Rare Earths, 2014, 32: 812.

[152] Zhang M, Wang J, Ding W, et al. Opt Mater, 2007, 30: 571.

[153] Han J Y, Im W B, Lee G Y, et al. J Mater Chem, 2012, 22: 8793.

[154] Humayoun U B, Song Y H, Bin K S, et al. Dye Pigm, 2017, 142: 147.

[155] Woo H J J, Gandhi S, Kwon B J J, et al. Ceram Int, 2015, 41: 5547.

[156] Naik S C, Prashantha H, Nagabhushana H P, et al. J Alloy Compd, 2014, 617: 69.

[157] Singh V, Chakradhar R P S, Rao J L, et al. J Lumin, 2008, 128: 1474.

[158] Panse V R, Kokode N S, Shinde K N, et al. Res Phys, 2018, 8: 99.

[159] Liu X, Yan L, Lin J. J Phys Chem C, 2009, 113: 8478.

[160] He C, Xia Z, Liu Q. Opt Mater, 2015, 42: 11.

[161] Tamrakar R K, Upadhyay K. J Electron Mater, 2018, 47: 651.

[162] Sun X, Jiang P, Gao W, et al. J Alloy Compd, 2015, 645: 517.

[163] Liao J, Qiu B, Lai H. J Lumin, 2009, 129: 668.

[164] Park J Y, Jung H C, Seeta Rama Raju G, et al. Mater Res Bull, 2010, 45: 572.

[165] Park K, Heo M H, Dhoble S. J Mater Chem Phys, 2013, 140: 108.

[166] Yoon S J J, Park K. Int J Hydrogen Energy, 2015, 40: 825.

[167] Ren Z, Tao C, Yang H, et al. Mater Lett, 2007, 61: 1654.

[168] Zhang J, Zhao T, Wang B, et al. J Phys Chem Solids, 2015, 79: 14.

[169] Yang F, Liang Y, Lan Y, et al. Mater Lett, 2012, 83: 59.

[170] Wang R, Xu J. Chen C: Matar Lett, 2012, 68: 307.

[171] Huang X, Li B, Guo H. J Alloy Compd, 2017, 695: 2773.

[172] Alexander D, Thomas K, Sisira S, et al. Mater Lett, 2017, 189: 160.

[173] Xin M, Tu D, Zhu H. J Mater Chem C, 2015, 3: 7286.

[174] Kore B P, Tamboli S. Mater Chem Phys, 2017, 187: 233.

[175] Xia Z, Liang Y, Yu D, et al. Opt Laser Technol, 2014, 56: 387.

[176] Guan A, Lu Z, Gao F, et al. J Rare Earths, 2018, 36: 238.

[177] Park W J, Song Y H, Yoon D H. Mater Sci Eng B, 2010, 173(1-3): 76.

[178] Zhang X, Tang X, Zhang J, et al. J Lumin, 2010, 130: 2288.

[179] Hur S, Song H J, Roh H S, et al. Mater Chem Phys, 2013, 139: 350.

[180] Kim J S, Park Y H, Kim S M, et al. Solid State Commun, 2005, 133: 445.

[181] Annadurai G, Kennedy S M M, Sivakumar V. Superlatt Microstruct, 2016, 93: 57.

[182] Zhang X, Zhou F, Shi J, et al. Mater Lett, 2009, 63: 852.

[183] Baginskiy I, Liu R S. J Electrochem Soc, 2009, 156: G29.

[184] Yu L, Hua Y, Chen H, et al. L Opt Commun, 2014, 315: 83.

[185] Li C, Chen H, Xu S. Optik, 2015, 126: 499.

[186] Takeda T, Hirosaki N, Funahshi S, et al. Chem Mater, 2015, 27: 5892.

[187] Wang C Y, Xie R J, Li F, et al. J Mater Chem C, 2014, 2: 2735.

[188] Nakamura S. J Vac Sci Technol A Vac Surf Film, 1995, 13: 705.

[189] Ye S, Xiao F, Pan Y X, et al. Mater Sci Eng R Rep, 2010, 71: 1.

[190] Lee S S, Kim S H, Byeon J C, et al. Ind Eng Chem Res, 2005, 44: 4300.

[191] Kim K B, Kim Y I, Chun H G, et al. Chem Mater, 2002, 14: 5045.

[192] Liu Y, Zhang S, Pan D, et al. J Rare Earths, 2015, 33: 664.

[193] Won C W, Nersisyan H H, Won H I, et al. J Lumin, 2010, 130: 678.

[194] Zhang Z H, Wang Y H, Li X X, et al. J Lumin, 2007, 122-123: 1003.

[195] Zhang S, Kono T, Ito A, et al. J Lumin, 2004, 106: 39.

[196] Zhang Z, Feng J, Huang Z. Particuology, 2010, 8: 473.

[197] Yáñez-González Á, Ruiz-Trejo E, Van Wachem B, et al. Sens Actuat A Phys, 2015, 234: 339.

[198] Wang X, Li J, Shi P, et al. Opt Mater, 2015, 46: 432.

[199] Lan X, Wei Q, Chen Y, et al. Opt Mater, 2012, 34: 1330.

[200] Yuan J L, Zeng X Y, Zhao J T, et al. J Solid State Chem, 2007, 180: 3310.

[201] Song H J, Yim D K, Roh H S, et al. J Mater Chem C, 2013, 1: 500.

[202] Kohale R L, Dhoble S. J Lumin, 2012, 28: 656.

[203] Ju G, Hu Y, Chen L, et al. Opt Mater, 2014, 36: 1183.

[204] Kim S W, Hasegawa T, Ishigaki T, et al. ECS Solid State Lett, 2013, 2: R49.

[205] Zhang X, Mo F, Zhou L, et al. J Alloy Compd, 2013, 575: 314.

[206] Kim Y H, Arunkumar P, Kim B Y, et al. Nat Mater, 2017, 16: 543.

[207] Li C, Zheng H W, Wei H W, et al. Chem Commun, 2018, 54: 11598.

[208] Li C, Wang X M, Chi F F, et al. J Mater Chem C, 2019, 7: 3730.

[209] Zhang X, Song J, Zhou C, et al. J Lumin, 2014, 149: 69.

[210] Ju H, Wang B, Ma Y, et al. Ceram Int, 2014, 40: 11085.

[211] Park K, Kim J, Kung P, et al. J Lumin, 2010, 130: 1292.

[212] Zhang J, Zhang W, Qiu Z, et al. J Alloy Compd, 2015, 646: 315.

[213] Lu F, Bai L, Yang Z, et al. Mater Lett, 2015, 151: 9.

[214] Nair G B, Dhoble S. J Lumin, 2015, 30: 1167.

[215] Kasuya R, Isobe T, Kuma H, et al. J Phys Chem B, 2005, 109: 22126.

[216] Liu F, Liu Q, Fang Y, et al. Ceram Int, 2015, 41: 1917.

[217] Zhang Z W, Song A J, Ma M Z, et al. J Alloy Compd, 2014, 601: 231.

[218] Geng W, Zhu G, Shi Y, et al. J Lumin, 2014, 155: 205.

[219] Sun X Y, Zhang J C, Liu X G, et al. Ceram Int, 2012, 38: 1065.

[220] Xu Q, Sun J, Cui D, et al. J Lumin, 2015, 158: 301.

[221] Nair G B, Dhoble S J. J Lumin, 2017, 192: 1157.

[222] Dalal M, Taxak V B, Dalal J, et al. J Alloy Compd, 2017, 698: 662.

[223] Chunxia L, Cuimiao Z, Zhiyao H, et al. J Phys Chem C, 2009, 113: 2332.

[224] Wu Z C, Liu J, Hou W G, et al. J Alloy Compd, 2010, 498: 139.

[225] Shang M, Li C, Lin J. Chem Soc Rev, 2014, 43: 1372.

[226] Han J Y, Im W B, Kim D, et al. J Mater Chem, 2012, 22: 5374.

[227] Liu Y, Lan A, Jin Y, et al. Opt Mater, 2015, 40: 122.

[228] Wu W, Xia Z. RSC Adv, 2013, 3: 6051.

[229] Guo N, You H, Jia C. Dalton Trans, 2014, 43: 12373.

[230] Choi S, Yun Y J, Jung H K. Mater Lett, 2012, 75: 186.

[231] Guo N, Zheng Y, Jia Y, et al. J Phys Chem C Deriv, 2012, 116: 1329.

[232] Wang Z, Hou X, Liu Y, et al. RSC Adv, 2017, 7: 52995.

[233] Baran A, Mahlik S, Grinberg M, et al. J Phys Condens Matter, 2014, 26: 385401.

[234] Reddy A A, Das S. RSC Adv, 2012, 2: 8768.

[235] Baran A, Barzowska J, Grinberg M, et al. Opt Mater, 2013, 35: 2107.

[236] Chen J, Liang Y, Zhu Y, et al. J Lumin, 2019, 214: 116569.

[237] Dobrowolska A, Zych E. J Phys Chem C, 2012, 116: 25493.

[238] Malysa B. Near infrared broad band emitting Cr^{3+} phosphors for pc-LEDs. Utrecht: Utrecht University, 2019.

[239] Rajendran V, Fang M H, Guzman G N D, et al. ACS Energy Letters, 2018, 3(11): 2679.

[240] Malysa B, Meijerink A, Jüstel T. J Lumin, 2018, 202: 523.

[241] Lin H, Bai G, Yu T, et al. Adv Opt Mater, 2017, 5(18): 1700227.

[242] Wang C, Wang X, Zhou Y, et al. ACS Appl Electron Mater, 2019, 1(6): 1046.

[243] Wang C P, Zhang Y X, Han X, et al. J Mater Chem C, 2021, 9: 4583.

[244] Maiman T H. Nature, 1960, 187: 493.

[245] Maiman T H. Phys Rev Letter, 1960, 4: 564.

[246] Kaminskii A A. Physica Status Solidi, 1995, 148(1): 9.

[247] Kaminskii A A. Annals de Physique, 1991, 16(6): 639.

[248] Geusic J E, Marcos H M, van Uitert L G. Applied Physics Letters, 1964, 4(10): 182.

[249] Kane T J, Byer R L. Optics Letters, 1985, 10(2): 65.

[250] Tunnermann A, Zellmer H, Schone W. Top Appl Phys, 2000, 78: 369.

[251] 申立汉. 世界有机金属, 2020, 10: 1.

[252] Carnall E, Hatch S E, Parsons W F. The Role of Grain Boundaries and Surfaces in Ceramic: Optical Studies on Hot-pressed Polycrystalline CaF_2 with Clean Grain Boundaries. Boston: Springer, 1966.

[253] Ikesue A, Kinoshita T, Kamata K, et al. J Am Ceram Soc, 1995, 78: 1033.

[254] 张乐, 周天元, 陈浩, 等. 材料导报, 2017, 31(13): 41.

[255] 贾碧, 邱杨, 阴西川. 材料保护, 2013, 46: 82.

[256] Li J, Zhou J, Pan Y B, et al. J Am Ceram Soc, 2012, 95: 1029.

[257] Liu J, Liu Q, Li J, et al. Opt Mater, 2014, 37: 706.

[258] Zhang W X, Pan Y B, Zhou J, et al. J Am Ceram Soc, 2009, 92: 2434.

[259] Zhang W X, Pan Y B, Zhou J, et al. Ceram Int, 2011, 37: 1133.

[260] Zhang W X, Liu W B, Li J, et al. J Alloy Compd, 2010, 506: 745.

[261] 丁顺达. 高功率光纤抽运耦合技术的数值分析. 北京: 北京交通大学, 2016.

[262] Tokiwa H, Mimura Y, Nakai T, et al. Eletron Lett, 1985, 21: 1131.

[263] Aulich H A, Grabmaier J G, EisenrithK H. Appl Opt, 1978, 17: 170.

[264] Chen C F. Proc IEEE, 1974, 62: 1278.

[265] Mossadegh R, Sanghera J S. J Lightwave Technol, 1998, 16: 214.

[266] Zou X L, Itoh K, Toratani H. J Non-Cryst Solids, 1997, 215: 11.

[267] Desurvire E, Simpson J R, Becker P C. Opt Lett, 1987, 12: 888.

[268] Xie Y, Liu Z, Cong Z, et al. Opt Express, 2019, 27(3): 3791.

[269] Wang Y, Wu J, Zhao Q, et al. Opt Lett, 2020, 45(8): 2263.

[270] Guo L, Zhao S, Li T, et al. Opt Laser Technol, 2020, 126: 106015.

[271] Zhao Y, Zhao D, Liu R, et al. Appl Opt, 2020, 59(12): 3575.

[272] Sanamyan T, Simmons J, Dubinskii M. Laser Phys Lett, 2010, 7(8): 569.

[273] Vágner P, Kasal M. Microw Opt Techn Let, 2008, 50(10): 2671.

[274] Pask H M, Archambault J L, Hanna D C, et al. Electron Lett, 1994, 30(11): 863.

[275] 楼祺洪, 周军, 李铁军. 中国激光, 2002, A29(4): 19.

[276] 李晨. 中国激光, 2006, 33(6): 738.

[277] 杨保来, 杨欢, 李鹏, 等. 中国激光, 2022, 49(20): 195.

[278] 肖虎, 冷进勇, 张汉. 强激光与粒子束, 2015, 27(1): 14.

[279] Zeng L, Xi X, Ye Y, et al. Opt Letters, 2020, 45: 5792.

[280] Zeng L, Pan Z, Xi X, et al. Opt Letters, 2021, 6: 1393.

[281] Tanabe S. Int J Appl Glass Sci, 2015, 6: 305.

[282] Zhang L, Hu L, Jung S. Int J Appl Glass Sci, 2018, 9: 90.

[283] Zhou B, WangW C, Xu S H, et al. Prog Mater Sci, 2019, 101: 90.

[284] Deters H, de Camargo A S S, Santos C N, et al. J Phys Chem C, 2010, 114: 14618.

[285] de Oliveira Jr M, Galleani G, Jose Magon C, et al. J Non-Cryst Solids, 2021, 552: 120438.

[286] CohenA J, Smith H L. Science, 1962, 137: 981.

[287] Cardinal T, Efimov O M. J Non-Cryst Solids, 2003, 325: 275.

[288] 俞建忠, 叶松, 许新玲, 等. 硅酸盐学报, 2021, 49(8): 1519.

[289] Murai S, Fujita K, Tanaka K. Handbook of Advanced Ceramics. Oxford: Elsevier, 2013.

[290] Day C D, Jones J R, Clare A G. Bioglasses, An Introduction. London: Wiley & Sons, 2012.

[291] Bardez I, Caurant D, Dussossoy J L, et al. Nucl Sci Engin, 2006, 153: 272.

[292] van Vucht J H N, Kuijpers F, Bruning H C A M. Philips Res Rep, 1970, 25(2): 133.

[293] Willems J J G, Buschow K H J. J Less Common Met, 1987, 129: 13.

[294] Bronoel G, Sarradin J, Bonnemay M, et al. Int J Hydro Energy, 1976, 1(3): 251.

[295] Yeh J W, Chen S K, Lin S J, et al. Adv Eng Mater, 2004, 6(5): 299.

[296] Sahlberg M, Karlsson D, Zlotea C, et al. Sci Rep, 2016, 6: 36770.

[297] Karlsson D, Ek G, Cedervall J, et al. Inorg Chem, 2018, 57(4): 2103.

[298] Nygard M M, Ek G, Karlsson D, et al. Int J Hydro Energy, 2019, 44(55): 29140.

[299] Nygard M M, Ek G, Karlsson D, et al. Acta Mater, 2019, 175: 121.

[300] Zepon G, Leiva D R, Strozi R B, et al. Int J Hydro Energy, 2018, 43(3): 1702.

[301] Shen H, Zhang J, Hu J, et al. Nanomaterials, 2019, 9(2): E248.

[302] Zlotea C, Sow M A, Ek G, et al. J Alloy Comp, 2019, 775: 667.

[303] Montero J, Zlotea C, Ek G, et al. Molecules, 2019, 24: 2799.

[304] Luo J, Xu H, Liu Y, et al. J Am Chem Soc, 2008, 130: 9626.

[305] Lee W R, Ryu D W, Lee J W, et al. Inorg Chem, 2010, 49: 4723.

[306] Onnes H K. Comm Phys Lab Univ Leiden, 1911, 120: 122.

[307] 梁维耀. 高温超导基础研究. 上海: 上海科学技术出版社, 1999.

[308] Bednorz J G, Müller K A. Z Phys B Condens Matter, 1986, 64(2): 189.

[309] Kamihara Y, Watanabe T, Hirano M, et al. J Am Chem Soc, 2008, 130: 3296.

[310] Liu R H, Wu T, Wu G, et al. Nature, 2009, 459(7243): 64.

[311] Somayazulu M, Ahart M, Mishra A K, et al. Phys Rev Lett, 2019, 122: 027001.

[312] Drozdov A P, Kong P P, Minkov V S, et al. Nature, 2019, 569: 528.

[313] Errea I, Belli F, Monacelli L, et al. Nature, 2020, 578(7793): 66.

[314] Zhang N, Yan H, Li L, et al. J Rare Earths, 2021, 39: 233.

[315] Fu Q, Saltsburg H, Flytzani-Stephanopoulos M. Science, 2003, 301(5635): 935.

[316] Liu J Y, Kong X, Zheng L R, et al. ACS Nano, 2020, 14(1): 1093.

[317] Kwak J H, Hu J, Mei D. Science, 2009, 325(5948): 1670.

[318] Wang C L, Gu X K, Yan H, et al. ACS Catal, 2017, 7(1): 887.

[319] Jones J, Xiong H, Delariva A, et al. Science, 2016, 353(6295): 150.

[320] Jeong H, Lee G, Kim B S, et al. J Am Chem Soc, 2018, 140(30): 9558.

[321] Wang Y, Arandiyan H, Scott J, et al. ACS Appl Energy Mater, 2018, 1(12): 6781.

[322] Li J J, Guan Q Q, Wu H, et al. J Am Chem Soc, 2019, 141(37): 14515.

[323] Ji S F, Qu Y, Wang T, et al. Angew Chem Int Ed, 2020, 59(26): 10651.

[324] Zhang N Q, Li L C, Guo Y Z, et al. Appl Catal B, 2020, 270: 118860.

[325] Kunwar D, Zhou S, De La Riva A, et al. ACS Catal, 2019, 9(5): 3978.

[326] Ye X Y, Wang H W, Lin Y, et al. Nano Res, 2019, 12(6): 1401.

[327] Jeong H, Bae J, Han J W, et al. ACS Catal, 2017, 7(10): 7097.

[328] Ding K, Gulec A, Johnson A M, et al. Science, 2015, 350(6257): 189.

[329] Nie L, Mei D H, Xiong H F, et al. Science, 2017, 358(6369): 1419.

[330] Aitbekova A, Wrasman C J, Riscoe A R, et al. Chin J Catal, 2020, 41(6): 998.

[331] Yoo M, Yu Y S, Ha H, et al. Energy Environ Sci, 2020, 13(4): 1231.

[332] Wang J H, Chen H, Hu Z C, et al. Catal Rev, 2014, 57(1): 79.

[333] Zhang S, Saji S E, Yin Z, et al. Adv Mater, 2021, 33: 2005988.

[334] Luo M, Guo S. Nat Rev Mater, 2017, 2: 17059.

[335] Ning C Z, Dou L, Yang P. Nat Rev Mater, 2017, 2: 17070.

[336] Escudero-Escribano M, Malacrida P, Hansen M H, et al. Science, 2016, 352: 73.

[337] Ryoo R, Kim J, Jo C, et al. Nature, 2020, 585: 221.

[338] Lindahl N, Eriksson B, Gronbeck H, et al. ChemSusChem, 2018, 11: 1438.

[339] Brandiele R, Durante C, Grądzka E, et al. J Mater Chem A, 2016, 4: 12232.

[340] Morse S L, Greene N D. Electrochim Acta, 1967, 12: 179.

[341] Fu J, Yu J, Jiang B, et al. Adv Energy Mater, 2018, 8: 1701503.

[342] Yuan L, Feng K, Wang J, et al. Adv Mater, 2018, 30: 1704303.

[343] Thomas J M, Thomas W J. Principles and Practice of Heterogeneous Catalysis. Weinheim: Wiley-VCH, 2015.

[344] Gerhard E, Helmut K, Ferdi S, et al. Handbook of Heterogeneous Catalysis. Weinheim: Wiley-VCH, 2008.

[345] Song Q W, Zhou Z H, He L N. Green Chem, 2017, 19: 3707.

[346] Tahir M, Pan L, Idrees F, et al. Nano Energy, 2017, 37: 136.

[347] Nagahashi G, Thomson W W, Leonard R T. Science, 1974, 183: 670.

[348] Kotelnikova A D, Rogova O B, Stolbova V V. Eurasian Soil Science, 2021, 54(1): 117.

[349] Brown P H, Rathjen A H, Graham R D, et al. Rare Earth Elements in Biological Systems in Handbook on the Physics and Chemistry of Rare Earths. Amsterdam: Elsevier, 1990, 13: 423.

[350] Shan X, Wang H, Zhang S, et al. Plant Sci, 2003, 165(6): 1343.

[351] Cao X, Chen Y, Gu Z, et al. Int J Environ Anal Chem, 2000, 76(4): 295.

[352] Wen B, Yuan D A, Shan X Q, et al. Chem Speciation Bioavailability, 2001, 13(2): 39.

[353] Wyttenbach A, Furrer V, Schleppi P, et al. Plant Soil, 1998, 199(2): 267.

[354] Li F, Shan X, Zhang T, et al. Environ Pollut, 1998, 102(2-3): 269.

[355] Wang Z, Zhang X, Mu Y. Atmos Environ, 2008, 42: 3882.

[356] Liang T, Zhang S, Wang L, et al. Environ Geochem Health, 2005, 27(4): 301.

[357] Hu Z, Richter H, Sparovek G, et al. J Plant Nutr, 2004, 27: 183.

[358] Chen W J, Tao Y, Gu Y H, et al. Biol Trace Elem Res, 2001, 79: 169.

[359] Guo B, Xu L L, Guan Z J, et al. Biol Trace Elem Res, 2012, 147: 334.

[360] Hong F, Wang L, Liu C. Biol Trace Elem Res, 2003, 94: 273.

[361] Edington S C, Gonzalez A, Middendorf T R, et al. Proc Natl Acad Sci, 2018, 115: 3126.

[362] Huang G Q, Wang D F. Indian J Geo-Mar Sci, 2016, 45: 653.

[363] Dai H, Shan C, Zhao H, et al. Biol Plant, 2017, 61: 551.

[364] Huang X, Zhou Q. J Rare Earths, 2006, 24: 248.

[365] Xiong S L, Xiong Z T, Chen Y C, et al. J Plant Nutr, 2006, 29: 1889.

[366] Yang H, Xu Z, Liu R, et al. Plant and Soil, 2019, 441: 235.

[367] Jennings L E, Long N J. Chem Commun, 2009, 24: 3511.

[368] Michalet X, Pinaud F F, Bentolila L A, et al. Science, 2005, 307: 538.

[369] Wang F, Liu X. J Am Chem Soc, 2008, 130: 5642.

[370] Li Z, Zhang Y, Jiang S. Adv Mater, 2008, 20: 4765.

[371] Chatterjee D K, Rufaihah A J, Zhang Y. Biomaterials, 2008, 29: 937.

[372] Liu Q, Feng W, Li F. Coord Chem Rev, 2014, 273: 100.

[373] He F, Yang G, Yang P, et al. Adv Funct Mater, 2015, 25: 3966.

[374] Liu Y, Kang N, Lv J, et al. Adv Mater, 2016, 28: 6411.

[375] Sun Y, Yu M, Liang S, et al. Biomaterials, 2011, 32: 2999.

[376] Yang Y, Sun Y, Cao T, et al. Biomaterials, 2013, 34: 774.

[377] Qian H S, Guo H C, Ho P C, et al. Small, 2009, 5: 2285.

[378] Idris N M, Gnanasammandhan M K, Zhang J, et al. Nat Med, 2012, 18: 1580.

[379] Zou L, Wang H, He B, et al. Theranostics, 2016, 6: 762.

[380] Zhu X, Li J, Qiu X, et al. Nat Commun, 2018, 9: 2176.

[381] Chen Q, Wang C, Cheng L, et al. Biomaterials, 2014, 35: 2915.

[382] Chan M H, Chen S P, Chen C W, et al. J Phys Chem C, 2018, 122: 2402.

[383] Zhao N, Wu B, Hu X, et al. Biomaterials, 2017, 141: 40.

[384] Liu G, Liu N, Zhou L, et al. Polym Chem, 2015, 6: 4030.

[385] Liu J, Bu W, Pan L, et al. Biomaterials, 2012, 33: 7282.

[386] Wang C, Cheng L, Liu Z. Biomaterials, 2011, 32: 1110.

[387] Zhang X, Yang P, Dai Y, et al. Adv Funct Mater, 2013, 23: 4067.

[388] Fan W, Shen B, Bu W, et al. Biomaterials, 2014, 35: 8992.

[389] Fan W, Bu W, Shen B, et al. Adv Mater, 2015, 27: 4155.

[390] Fenno L, Yizhar O, Deisseroth K. Annu Rev Neurosci, 2011, 34: 389.

[391] Bansal A, Liu H, Jayakumar M K G, et al. Small, 2016, 12: 1732.

[392] Ai X, Lyu L, Zhang Y, et al. Angew Chem Int Ed, 2017, 56: 3031.

[393] Chen S, Weitemier A Z, Zeng X, et al. Science, 2018, 359: 679.

[394] Schnapf J L, Kraft T W, Nunn B J, et al. Vis Neurosci, 1988, 1: 255.

[395] Ma Y, Bao J, Zhang Y, et al. Cell, 2019, 177: 243.

[396] Zhu X, Zhang J, Liu J, et al. Adv Sci, 2019, 6: 1901358.

第7章

锕系元素概述

7.1 锕系元素的概念

7.1.1 锕系元素的数目

1. 锕系理论的提出

1940 年以前,铀元素处于周期系的末端。人们在化学上用"超铀元素"(transuranium element)泛指原子序数在 92(铀)以上的重元素。

1) "锕系"包含哪些元素

在门捷列夫建立元素周期律时，铀元素就已经被发现。根据其主要化合价为 +6，铀被置于钨之下，和钨为同一族。1922 年，玻尔制定了新的元素周期表，并根据原子结构理论假定在铀后会出现一个和镧族类似的元素系。

锕系元素性质比较复杂，这 15 种元素有多种氧化数，而且钍、镤、铀三种元素主要的氧化数不是+3，而分别是+4、+5、+6。从锕到铀，氧化数由+3 逐渐升高到最高、最常见的+6，从铀起又开始逐渐降低，镎最常见的氧化数是+5 和+3，钚是+4 和+3，镅和锔则是+3，锫和锎是+4 和+3。因此，它们在周期表中的排列一度混乱(相关争论见本书"历史事件回顾 2")。

2) "锕系"理论的提出和证明

1944 年，美国著名核化学家西博格(G. T. Seaborg，1912—1999)总结提出：5f 和 4f 电子层相同，5f 电子填充是从锕后开始的，处理锕系元素最好的方法是和镧系一样[1]。西博格根据重元素的电子结构提出了著名的"锕系理论"(actinide theory)，将锕系元素像镧系元素一样排在周期表底部[2-3]，这种编排方法直到 1949 年才被一些学者认同[4]。西博格依据锕系理论认为锕及锕后的元素组成了一个按原子内的 5f 电子层被依次填满的系列。第一个 5f 电子从镎开始填入,正好与镧系元素中各原子的 4f 电子层被逐渐填满的情形相似。只有根据它们的电子层结构及所有的性质综合考虑,才可能将锕及锕后的元素合并成锕系元素,位置如 IUPAC 元素周期表所示,放置在镧系元素的下面。

西博格当时基于 5f 半满电子层应是稳定结构,预测当时尚未发现的 95 号和 96 号元素应具有生成三价离子的倾向,不久后这一预测便被两个元素性质的相关研究所证实。后续这些元素的磁化率测定、电子自旋共振、光谱以及化学性质的研究,都进一步证实了锕系理论的正确性。合成 104 号 Rf 元素和 105 号 Db 元素后,其价态和水溶液性质研究表明,Rf 和 Db 分别是 Zr、Hf 和 Nb、Ta 的同族元素,锕系理论得以最终证实。

2. 锕系元素定义

现在普遍认为锕系元素(actinide)是第 89 号元素锕到 103 号元素铹共 15 种放射性元素(radioactive element)的统称,用符号 An 表示。锕系元素与镧系元素合称为内过渡元素。锕系元素的外层和次外层的电子构型基本相同,新增加的电子大多填入了从外侧数第三电子层(5f 电子层)中,因此锕系元素又被称为 5f 系。由于锕系元素都是金属,因此锕系元素和镧系元素被统称为 f 区金属。

7.1.2 锕系元素的存在和发现

1. 锕系元素的存在

钍和铀元素是地壳中含量最丰富的锕系元素,均具有很长的半衰期,放射性较微弱,在地壳中能稳定存在。主要的含铀矿物有钒酸钾铀矿[$K_2(UO_2)_2(VO_4)_2 \cdot 3H_2O$]、钙铀云母[$Ca(UO_2)_2(PO_4)_2 \cdot 8H_2O$]和铜铀云母[$Cu(UO_2)_2(PO_4)_2 \cdot 12H_2O$](图 7-1);钍主要分布在独居石、方钍石和钍石等矿物中。大多数含钍矿物中都含有铀,反之亦然,且这些矿物中同时含有大量的镧系元素。但镎和锕主要分布在各种铀矿中,

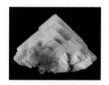

钒酸钾铀矿　　　　钙铀云母　　　　铜铀云母

图 7-1　几种铀矿

地壳含量特别低，它们在地壳中的丰度为[5]：锕 $3\times10^{-14}\%$，镤 $8\times10^{-11}\%$，铀 $4\times10^{-4}\%$。而超铀元素大多不存在于自然界中，必须通过粒子加速器(particle accelerator)人工合成，只有镎和钚等部分较轻的元素以痕量存在于铀矿中(最初仍是通过人工合成的方式得到，后来才在自然界中发现)。

   2. 锕系元素的发现和命名

   1789 年德国的克拉普罗特(M. H. Klaproth，1743—1817)从沥青铀矿中发现铀[6]，它是人们认识的第一个锕系元素。随后，1940 年第一个超铀元素镎(Np)被发现[7]，1961 年最后一个锕系元素铹(Lr)被发现[8]。锕系元素的发现主要归功于西博格"锕系理论"思想的指导和现代人工核反应合成技术的发展(相关内容请参考本丛书第 3 分册)。锕系元素的发现和命名的详细内容见表 7-1[9]。

表 7-1　锕系元素的发现和命名[9]

元素	发现年份	发现者	发现途径及命名来由
Ac	1889	[法]德比恩(A. L. Debierne)	天然放射性元素，存在于沥青铀矿及其他含铀矿物中，由铀元素衰变而成。从铀矿渣中分离而得：先将沥青铀矿溶解，然后加氨水产生沉淀，从沉淀物中发现不认识的 X 谱线而得。元素名来源于希腊文，意为光线
Th	1828	[瑞典]贝采利乌斯	金属钾与氟化钍共热而得。为纪念北欧雷神托尔(Thor)而命名
Pa	1917 1918	[英]索迪(F. Soddy) [德]哈恩(O. Hahn) [奥]迈特纳(L. Meitner)	从沥青铀矿的残渣中发现的一种放射性元素，元素名来源于拉丁文 "protos" (意为"原型")和 "actinium" (锕元素)，意为"锕的父母"，因为镤放射性衰变产物即锕，是形成锕的基础
U	1789	[德]克拉普罗特	在沥青铀矿的硝酸提取液中加入碳酸钾得到沉淀而发现。命名意为"天王星"(Uranus)，指希腊神话中的天空之神 Ouranos。克拉普罗特首次分离出铀金属，而贝可勒尔则于 1896 年发现了铀的放射性
Np	1940	[美]麦克米伦(E. M. McMillan) [美]艾贝尔森(P. H. Abelson)	用中子轰击铀获得半衰期为 2.4 d 的 ^{239}Np。用海王星的名字(Neptune)命名。$^{239}_{92}U(^1_0n,\ \beta^-)\longrightarrow\ ^{239}_{93}Np$
Pu	1940	[美]西博格 [美]麦克米伦	以氘撞击铀-238 而合成。麦克米伦将新元素取名 pluto(意为冥王星) $^{238}_{92}U+^1_0n\longrightarrow\ ^{239}_{92}U\xrightarrow[23.5\,min]{\beta^-}\ ^{239}_{93}Np\xrightarrow[2.3565\,d]{\beta^-}\ ^{239}_{94}Pu$

元素	发现年份	发现者	发现途径及命名来由
Am	1944	[美]西博格 [美]摩根(D. L. Morgan) [美]拉尔夫(A. Ralph) [美]吉奥索(A. Ghiorso)	用快中子照射 ^{239}Pu 而得。命名为纪念美洲 "America" ^{239}Pu(n，r) $\longrightarrow$ ^{240}Pu(n，r) $\longrightarrow$ ^{241}Pu $\xrightarrow{\beta^-}$ ^{241}Am $\xrightarrow{\alpha}$ ^{239}Pu
Cm	1944	[美]西博格 [美]詹姆斯(R. A. James) [美]吉奥索	用回旋加速器加速的氦离子轰击 ^{239}Pu 而获得，为纪念研究放射性物质的先驱居里夫妇而得名 $^{239}_{94}$Pu + $^{4}_{2}$He $\longrightarrow$ $^{242}_{96}$Cm + $^{1}_{0}$n
Bk	1949	[美]汤普森(S. G. Thompson) [美]吉奥索 [美]西博格	用回旋加速器以 35 MeV 能量的氦离子轰击 ^{241}Am，得到质量数为 243 的 97 号元素的同位素。命名是为纪念这种元素的发现地——美国第一座回旋加速器所在地伯克利市(Berkeley)。 $^{241}_{95}$Am + $^{4}_{2}$He $\longrightarrow$ $^{243}_{97}$Bk + 2$^{1}_{0}$n
Cf	1949	[美]汤普森 [美]肯尼斯(S. Kenneth) [美]吉奥索 [美]西博格	用回旋加速器加速的氦核轰击百万分之几的 ^{242}Cm 得到质量数为 245 的 98 号元素的同位素。命名是为纪念它的发现地——加利福尼亚州(California) $^{242}_{96}$Cm + $^{4}_{2}$He $\longrightarrow$ $^{245}_{98}$Cf + $^{1}_{0}$n
Es	1952	[美]吉奥索	从太平洋的安尼维托克岛所实验的一次氢弹爆炸的碎片中发现。吉奥索等用碳核轰击铀同时得到 99 号和 100 号两种元素。为纪念伟大的物理学家爱因斯坦而命名
Fm	1952	[美]吉奥索	镄是在 1952 年 11 月 1 日第一颗成功引爆的氢弹 "常春藤麦克" 的辐射落尘中首次被发现的。为纪念第一个用中子轰击铀的物理学家费米(E. Fermi)而得名
Md	1955	[美]吉奥索 [美]哈维(B. G. Harvey) [美]肖平(G. R. Choppin) [美]西博格	在回旋加速器中用加速的 41 MeV 的氦核轰击少量的 ^{253}Es。为纪念俄罗斯化学家门捷列夫而得名。名称 mendelevium 被 IUPAC 所承认，但最初提出的符号 Mv 未被接受，IUPAC 最终于 1963 年改用 Md ^{253}Es + ^{4}He $\longrightarrow$ ^{256}Md + $^{1}_{0}$n
No	1953	[美]西博格 [美]吉奥索 [美]赛普雷(E. Segre)	用碳离子轰击 ^{242}Cm 而制得。为纪念科学家诺贝尔而得名。 $^{242}_{96}$Cm + $^{12}_{6}$C $\longrightarrow$ $^{254}_{102}$No + 4$^{1}_{0}$n
Lr	1961	[美]吉奥索 [美]西克兰(T. Sikkeland) [美]拉什(A. E. Larsh) [美]拉提默(R. M. Latimer)	由美国劳伦斯伯克利国家实验室用回旋加速器加速的 $^{10\sim11}$B 离子轰击 $^{250\sim252}$Cf 而得 ^{250}Cf + ^{11}B $\longrightarrow$ ^{258}Lr + 3$^{1}_{0}$n

7.2 锕系元素的性质

7.2.1 锕系元素的电子构型和氧化态

1. 锕系元素的电子构型

锕系元素的一些基本性质列于表 7-2 中。对原子束所做的光谱研究和实验表明，锕后第一个元素钍(Z = 90)的气态中性原子没有 5f 电子，其后的镤(Z = 91)开始填入 5f 电子。锕系元素中的镤、铀在填入 5f 电子后，还有一个 6d 电子。这是由于锕系元素的 5f 电子和原子核之间的作用力要弱得多，造成 5f 与 6d 电子亚层间能量差异小。当锕系元素由中性原子变成离子时，电子填充 5f 层的趋势比 6d 层大。例如，气态 Th^{3+} 的电子构型$[Rn]5f^3$ 比电子构型$[Rn]6d^1$ 的能量低 1 eV；U^{3+} 和 Np^{4+} 电子构型$[Rn]5f^36d^1$ 比$[Rn]5f^26d^1$ 在能量上更有利(图 7-2)。实验证明，由气态离子导出的$[Rn]5f^n$ 型结构，一般适合于水溶液和晶体化合物中的离子。只有少数例外，如在化合物 U_2S_3 和 Th_2S_3 中都发现有 6d 电子。但因 5f 与 6d 电子结合能的差值通常在化学键能之内，容易发生跃迁，导致同一元素在不同的化合物中的电子构型可能并不相同。若在溶液中，电子构型则主要取决于配体的性质。

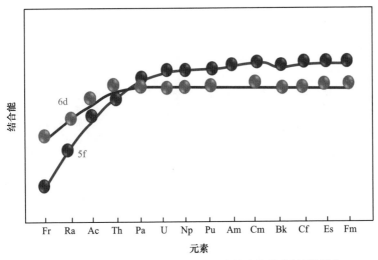

图 7-2　f 区元素 d 电子和 f 电子结合能变化的定性描述[10]

表 7-2 锕系元素的一些基本性质

性质	锕	钍	镤	铀	镎	钚	镅	锔	锫	锎	锿	镄	钔	锘	铹
原子序数	89	90	91	92	93	94	95	96	97	98	99	100	101	102	103
原子量	227.03	232.04	231.04	238.03	237.05	[244]	[243]	[247]	[247]	[251]	[252]	[257]	[258]	[259]	[266]
天然同位素数	3	7	3	8	3	4	0	0	0	0	0	0	0	0	0
最长寿同位素	227	232	231	238	237	244	243	247	247	251	252	257	258	259	266
最长寿同位素的半衰期	21.8年	140亿年	32500年	44.7亿年	214万年	8080万年	7370年	1560万年	1380年	900年	1.29年	100.5 d	52 d	58 min	11 h
密度 /(g·cm⁻³)	10.07	11.724	15.37	19.05	20.45	19.816	13.67	13.51	14.78	15.1	—	—	—	—	—
熔点/℃	1050	1842	1568	1132.2	639	639.4	1176	1340	986	900	860	1530	830	830	1630
沸点/℃	3198	4788	4027	4131	3902	3228	2607	3110	2627	1470	—	—	—	—	—
电子构型(气相)	$6d^17s^2$	$6d^27s^2$	$5f^26d^17s^2$ 或 $5f^16d^27s^2$	$5f^36d^17s^2$	$5f^46d^17s^2$ 或 $5f^57s^2$	$5f^67s^2$	$5f^77s^2$	$5f^76d^17s^2$	$5f^97s^2$ 或 $5f^86d^17s^2$	$5f^{10}7s^2$	$5f^{11}7s^2$	$5f^{12}7s^2$	$5f^{13}7s^2$	$5f^{14}7s^2$	$5f^{14}7s^27p^1$
电子构型(固相)	$6d^17s^2$	$5f^{0.5}6d^{1.5}7s^2$	$5f^26d^17s^2$	$5f^{2.9}6d^{1.1}7s^2$	$5f^46d^17s^2$	$5f^56d^17s^2$	$5f^66d^17s^2$	$5f^76d^17s^2$	$5f^86d^17s^2$	$5f^96d^17s^2$	$5f^{11}7s^2$	$5f^{12}7s^2$	$5f^{13}7s^2$	$5f^{14}7s^2$	$5f^{14}6d^17s^2$
金属半径/pm	203	180	162	153	150	162	173	174	170	186	186	—	—	—	—

思考题

7-1　为什么锕系元素与镧系元素存在许多相似之处?

7-2　比较锕系元素与镧系元素的电子结构,说明三价锎与三价钆的稳定性有什么不同。为什么?

2. 锕系元素的氧化态

锕系元素的氧化态示意图见图 7-3[1],锕系元素的氧化态具有多样性。①锕的氧化态通常是+3;+2 氧化态只出现在二氢化锕(AcH$_2$)中[11]。②钍几乎会失去它的四个价电子,稳定氧化态为+4,其+3 氧化态不稳定[12]。③镤的两个主要的氧化态为+4 和+5,而+3 和+2 氧化态存在于一些固相中。④铀的最常见氧化态为+4 和+6,分别对应于二氧化铀(UO$_2$)和三氧化铀(UO$_3$),其他氧化态存在于一氧化铀(UO)、五氧化二铀(U$_2$O$_5$)、过氧化铀(UO$_4$ · 2H$_2$O)等中。⑤镎在溶液中可形成 4 种离子:Np^{3+}(淡紫色),Np^{4+}(黄绿色),NpO$_2^+$(蓝绿色),NpO$_2^{2+}$(淡粉红色)。Np^{3+}在空气中会氧化为 Np^{4+} [13]。⑥钚在水溶液中形成 4 种离子[14]:Pu^{3+}(蓝紫色),Pu^{4+}(黄棕色),PuO$_2^+$(粉红色),PuO$_2^{2+}$(粉橘色)和 PuO$_5^{3-}$(绿色)。七价钚离子较稀有。⑦镅氧化物有两种,分别为 Am$_2$O$_3$(三价)和 AmO$_2$(四价)。镅卤化物的氧化态有+2、+3 和+4,其中+3 最为稳定,特别是在溶液中[15]。⑧锔的最稳定氧化态为+3,其离子在溶液中也具有+3 氧化态[16]。其+4 氧化态只出现在少数几个固态化合物中,如 CmO$_2$ 和 CmF$_4$[17-18]。Cm^{3+}可以是无色或浅绿色的,而 Cm^{4+}则是浅黄色[19]。⑨锫的+3 氧化态最为稳定,也存在+4 氧化态的化合物。⑩锎的氧化态可以是+4、+3 或+2,即一个锎原子能够形成 2~4 个化学键。⑪锿+3 氧化态在固体及水溶液中最为稳定。在固体中,锿还可以形成+2 氧化态。⑫镄在溶液中呈+3 氧化态[18-19],Fm^{3+}容易还原为 Fm^{2+}[19],如镄会与 SmCl$_2$ 共沉淀[20-21]。⑬钔除了有一般锕系元素的+3 氧化态外,还有中等稳定程度的+2 氧化态。⑭锘在水溶液中的氧化态有+2、+3,其中+2 氧化态较稳定。1949 年,西博格根据 No^{2+}的电子构型为[Rn]5f^{14}且其 5f^{14}壳层十分稳定,预测+2 氧化态应为锘的稳定态。这项预测在 19 年后才被证实[22]。⑮1967 年以来,陆续发现了七价的镎、钚和镅[23]和一价钔的存在[24]。

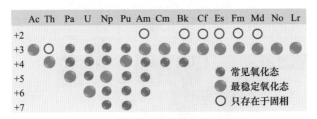

图 7-3　锕系元素的氧化态示意图

从图 7-3 可以看出，锕系元素的前一半易显示高氧化态，但+3 氧化态的稳定性随着原子序数的增加而增加，+3 氧化态仍是锕系元素的特征氧化态。锕系各元素并不像镧系元素那样表现出明显的相似性：尽管锕本身具有稳定的+3 氧化态，但钍在溶液中的特征价态是+4，镤是+5，铀在溶液中最稳定的则是+6 氧化态；但这几种元素如镎和钚一样，都存在+3、+4 或+5 氧化态。这些氧化态特点可以从 5f 电子构型来说明，轻锕系元素 5f 电子与原子核的作用比镧系元素的 4f 电子弱，容易失去，形成高价稳定态；随着原子序数的增加，核电荷数也随之升高，5f 电子与原子核间作用增强，使 5f 与 6d 能量差增大，5f 电子不再容易失去，实验观察到+2 氧化态的稳定性由锎(Cf)至锘(No)逐渐增强[22]。通常，轻锕系元素的高价态和重锕系元素的低价态比其相应的镧系元素显得更加稳定。大多数情况下，锕系元素的三氯化物、二氧化物以及许多盐与相应的镧系元素化合物类质同晶。

例题 7-1

为什么锕系元素的氧化态与镧系元素相比显示多样性？

解　这是由锕系元素电子壳层的结构决定的，锕系前半部分元素中的 5f 电子与核的作用比镧系元素的 4f 电子与核的作用弱，因而不仅可以把 6d 和 7s 轨道上的电子作为价电子给出，而且可以把 5f 轨道上的电子作为价电子参与成键，形成高价稳定态。随着原子序数的递增，核电荷增加，5f 电子与核间作用增强，5f 和 6d 能量差变大，5f 能级趋于稳定，电子不易失去，这样就使得从锔开始+3 氧化态成为稳定价态。

7.2.2　锕系元素的离子

1. 锕系元素的离子在水溶液中的颜色

锕系元素与镧系元素的吸收光谱相似，也表现出 f-f 吸收的特征。一些锕系离子在水溶液中表现出近似颜色(表 7-3)。因尚未合成出足够的量进行观察，最后四种元素镄、钔、锘、铹的离子颜色未知。

表 7-3　一些锕系离子在水溶液中的近似颜色

氧化态	锕	钍	镤	铀	镎	钚	镅	锔	锫	锎	锿	镄	钔	锘	铹
+2												Fm^{2+}	Md^{2+}	No^{2+}	
+3	Ac^{3+}	Th^{3+}	Pa^{3+}	U^{3+}	Np^{3+}	Pu^{3+}	Am^{3+}	Cm^{3+}	Bk^{3+}	Cf^{3+}	Es^{3+}	Fm^{3+}	Md^{3+}	No^{3+}	Lr^{3+}
+4		Th^{4+}	Pa^{4+}	U^{4+}	Np^{4+}	Pu^{4+}	Am^{4+}	Cm^{4+}	Bk^{4+}	Cf^{4+}					
+5			PaO_2^+	UO_2^+	NpO_2^+	PuO_2^+	AmO_2^+								
+6				UO_2^{2+}	NpO_2^{2+}	PuO_2^{2+}	AmO_2^{2+}								
+7					NpO_2^{3+}	PuO_2^{3+}	AmO_2^{3+}								

2. 锕系元素的离子半径

从锕系元素氧化物和卤化物的简单晶体结构中得出配位数为 6 的离子半径(表 7-4)。显然，锕系元素的+3～+6 价离子半径是随着原子序数的增加逐渐减小的。这种锕系元素的原子半径(表 7-2)和离子半径(表 7-4)随原子序数的增加而逐渐减小的现象称为锕系收缩(图 7-4)。这种收缩连续而不均匀，前面几种镧系元素原子半径收缩较大，后面锕系元素原子半径收缩放缓。这使得锕系元素的化学差异性随原子序数的增加而逐渐减小，使得钚后元素的分离变得更加困难。图 7-4 中 An^{2+} 的半径趋势按文献[25]描绘，符合+2 价态的离子稳定性由锎(Cf)至锘(No)逐渐增强的说法[22]。

表 7-4　锕系元素的离子半径(pm)[10]

元素	M^{3+}	M^{4+}	M^{5+}	M^{6+}
Ac	111	—		
Th	108	99		
Pa	105	96	90	
U	103	93	89	83
Np	101	92	88	82
Pu	100	90	87	81
Am	99	89	86	80
Cm	98.6	88		
Bk	98.1	87		
Cf	97.6			
Es	97			
Fm				
Md				
No				
Lr				

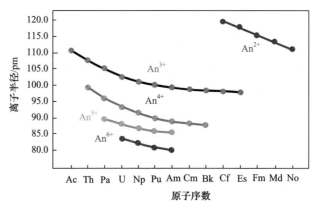

图 7-4　锕系元素的离子半径与原子序数的相关性[25]

思考题

　　7-3　为什么"锕系收缩"与"镧系收缩"都是收缩，却又有不同？

7.2.3　锕系元素单质

1. 外观

锕系元素金属单质都为银灰色有光泽的放射性金属[26]，半衰期随着原子序数的增加而依次缩短。锕系金属单质的质地较软，具有较高的密度及可塑性，在空气中会失去光泽。与镧系元素一样，锕系元素的化学性质比较活泼，能形成配合物及可溶于水的氯化物、硫酸盐、硝酸盐及高氯酸盐等，氢氧化物、氟化物、硫酸盐及草酸盐等不溶于水。

从 89 号锕到 99 号锿的所有元素均已制成金属单质形式。由于铀、钍和钚是重要的核燃料，生产量发展至以 t 计，镎、镅、锔和锎分别以 kg、g 或 mg 计量，而锕、镤和锫仅分离出 mg 或 μg 的产品。对于其余锕系金属单质，一方面因为它们的金属挥发性很高，另一方面它们的获取量极微，如 101 号钔只有 10^9 个原子，103 号铹甚至只获得几个原子，又因它们都具有高放射性，所以制备这些金属非常困难。

2. 同素异形体

锕系金属单质的特征是存在一系列低熔点的多晶形变体，即同素异形体(图 7-5)。从冶金学观点看，钚颇为独特，它在室温至熔点(640℃)之间有六种同素异形体(图 7-6)。铀、镎、钚的低维变体的晶体结构是低对称性的。

例题 7-2

为什么锕系元素金属在熔融时易呈现低熔现象？

　　解　当锕系原子形成金属晶格时，有限的 f 键只存在于晶格中有限的相邻原子间，还有相当一部分的锕系原子间键不含 f 成分，从而造成了金属晶格中价键的不等价性。对于 6d、7s 和 7p(激发态)电子，它们的波函数可获得最大重叠，可作集体电子处理，所形成的键是一种各向等价的不饱和共价键。在镤(Pa)、铀(U)金属中也有少量 f 电子离域跃入导带的可能。这样有限的成键 f 电子和晶格中原子的高配位数不相匹配，从而导致晶格中价键的不等价性。金属在熔融时，弱键首先断裂，呈现低熔现象。

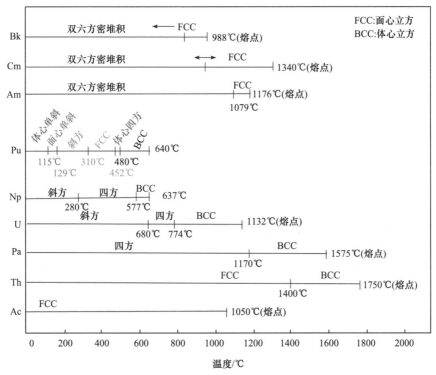

图 7-5　锕系元素金属的多晶形变体

3. 金属半径

将 5f 电子作为基本上不被屏蔽的内层电子，且在金属键中不直接起作用来处理，可得到表 7-5 中的数据。由于各锕系金属在晶格中的价态不同，锕系元素的金属键半径从锕到镎递减，然后又递增(图 7-7)，但并未显示出类似镧系元素的"双峰效应"。有研究认为金属价的概念应修改成包括 5f 电子作为价电子的概念，关于这点仍是值得研讨的[27]。按表 7-2 数据作其密度-元素关系图(图 7-8)，可以看出与镧系元素的同类关系图不一样，并未显示出类似镧系元素的"双谷效应"。

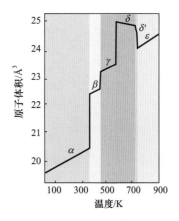

图 7-6　钚同素异形体的原子体积-温度关系

表 7-5　锕系元素在金属晶格中的价态

金属	金属晶格中的价态	金属	金属晶格中的价态
Rn	2	Np	4.5
Ac	3.1	Pu	4.0

续表

金属	金属晶格中的价态	金属	金属晶格中的价态
Th	3.1	Am	3.2
Pa	4.0	Cm	3.1
U	4.5	Bk	3.4

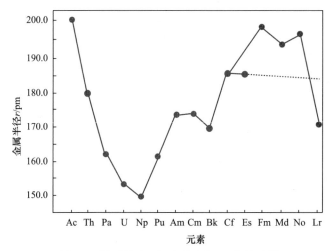

图 7-7　锕系元素 α 相金属半径-元素关系图

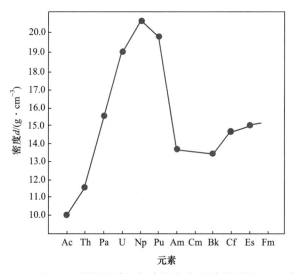

图 7-8　锕系元素 α 相金属密度-元素关系图

思考题

7-4　从晶体结构角度说明为什么锕系元素金属在晶格中的价态不同。

4. 锕系元素金属的熔点和沸点

图 7-9 和图 7-10 分别为锕系元素金属的熔点和沸点随原子序数的变化情况，相较而言，锕系元素的熔点和沸点随原子序数变化的情况比镧系元素金属复杂得多。

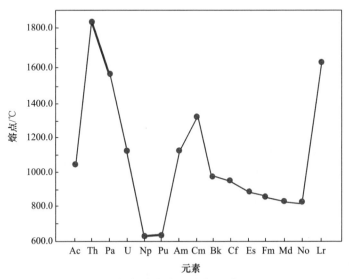

图 7-9　锕系元素金属熔点-元素关系图

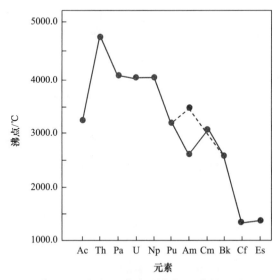

图 7-10　锕系元素金属沸点-元素关系图

5. 锕系金属单质的一般化学性质

(1) 锕系金属的性质活泼，氧能极快地将这些金属单质氧化成相应的化合物，金属粉末会自燃。例如，高度粉碎的铀在室温空气中，有时甚至在水中都能自燃；在制造合金时，将其他金属与铀粉末混合，也可能引起自燃甚至爆炸。为了防止金属意外着火，空气中必须加入惰性气体使氧含量降到 5% 以下。金属锕的性质很活泼，长期储存有困难，影响其氧化速率的因素很多，包括水蒸气的存在、是否采用锕合金。水蒸气对金属锕有特殊的破坏作用，一旦有少量锕氧化后就能引起其破裂。当金属锕储存量在 3~5 g 以上时，在使用前一般都必须进行再处理，因为金属锕被大量氧化，或者因锔含量增高使得材料的 γ 放射性变得很强。但在锕系金属表面通常能形成牢固的氧化附着层，可以阻止其被进一步腐蚀。

(2) 锕系金属与氮气在高温下只能缓慢作用，但与氢气能在 200~300℃ 时生成氢化物。锕系金属易溶于稀酸。例如，铀在热的稀硝酸或硫酸中，特别是存在可溶氧化剂如高氯酸或过氧化氢时，溶解很顺利；粉末状铀在稀盐酸中溶解很剧烈，但块状金属铀的溶解速率则较缓慢，且与酸的浓度有关。金属锕易溶于稀盐酸、氢溴酸、氢碘酸、72% 高氯酸、85% 磷酸、氨基磺酸和浓三氯乙酸等。遇浓硫酸和浓硝酸时，可能由于钝化或形成氧化层，作用比较缓慢甚至完全不起作用。目前已知 M/M(III) 的氧化还原电位介于 $E = +1.80$ V(铀) 和 $E = +2.38$ V(锔) 之间，钍的 M/M(IV) 氧化还原电位 $E = +1.90$ V。

(3) 锕系金属能相互形成许多合金体系，但其晶体结构复杂，与其他金属形成合金的能力较小。钍、铀和钚的合金体系研究较多。目前研究的合金体系有所扩展，对其性能、功能的研究也在深入，如 U-Cu 金属间互合物的弹性模量、硬度等力学研究[28]，UCu_5 反铁磁相变研究[29-30]，钍的金属互化物催化性能研究[31]。

6. 锕系金属单质的制备

所有的锕系元素都具有放射性，但其金属单质的制备与其他金属单质的制备方法相同。

(1) 还原法：工业上常用金属钙或镁还原它们的三氟化物或四氟化物。例如

$$UF_4 + 2Mg \longrightarrow U + 2MgF_2 \tag{7-1}$$

$$PuF_4 + 2Ca \longrightarrow Pu + 2CaF_2 \tag{7-2}$$

还原法的关键是选好易于制备和提纯的前驱物和还原剂。例如，在实验室中可用锂或钡进行还原。

$$CmF_3 + 3Li \longrightarrow Cm + 3LiF \tag{7-3}$$

还可以用镧或钍还原氧化物得到更容易挥发的钚后元素。例如，制备镅的反应式为

$$Am_2O_3 + 2La \longrightarrow 2Am + La_2O_3 \tag{7-4}$$

（2）电解法：在实验室中小规模制备锕系金属单质的方法。例如，Wiikinson[32]将 KUF$_5$ 或 UF$_4$ 溶入熔融的 CaCl$_2$-NaCl(质量比为 8∶2)电解液中，以石墨坩埚作电解槽，同时作为阳极，中间悬挂钼条作为阴极，在 900℃进行电解。金属铀的粉末沉积在钼条上，纯度达 99.9%。

（3）热分解法：高纯度的铀用四碘化铀 UI$_4$ 在钨丝上进行热分解制备。Karlsruhe 利用贵金属的互化物，如 AmPt$_2$、AmIr$_3$ 或 AmPd$_3$ 的热分解，能够制备金属镅和锔[33]；在贵金属 Pt 催化剂存在下，用氢还原二氧化镅生成相应的金属互化物，进一步热分解得到金属镅(图 7-11)。

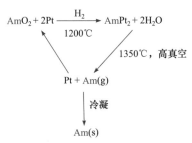

图 7-11　金属镅的一般制备方法[33]

7.3　锕系元素的几种重要反应

7.3.1　水溶液中的稳定性

涉及的重要反应是锕系离子在水溶液中发生的氧化还原反应、配位反应和水解反应。三大反应都与锕系离子有关，特别是它们的稳定性。这些锕系离子明显表现出其自身特性和一些反应规律。表 7-6 列出了锕系离子在水溶液中的稳定性和制备方法。

表 7-6　锕系离子在水溶液中的稳定性及制备方法

元素	价态	稳定性及制备方法
Ac	Ac(Ⅲ)	稳定
Th	Th(Ⅲ)	溶液中无此价态。ThI$_3$ 与烯酸反应则生成 Th^{4+}，并放出氢
	Th(Ⅳ)	稳定
Pa	Pa(Ⅲ)	溶液中无此价态
	Pa(Ⅳ)	没有空气时稳定，如有氧则可迅速氧化到五价镁。可由 Pa(Ⅴ)使用强还原剂如 Zn 粉、Cr 盐或电解还原制得
	Pa(Ⅴ)	稳定；用强还原剂可还原至 Pa(Ⅳ)，有明显的不可逆水解倾向

元素	价态	稳定性及制备方法
U	U(Ⅲ)	可将水还原而放出氢，用强还原剂如 Zn 粉与 U(Ⅳ)作用，或将其进行电解还原可制得 U(Ⅲ)
	U(Ⅳ)	没有空气时稳定存在，否则会逐渐氧化成 UO_2^{2+}。采用中等还原剂如连二亚硫酸钠或电解还原，可由 UO_2^{2+} 溶液制得 U(Ⅳ)
	UO_2^-	不稳定，会迅速歧化成 U(Ⅳ)和 U(Ⅵ)。当 pH = 2～4 时，比较稳定
	UO_2^{2+}	稳定；当 pH > 3 时有强烈的水解倾向
Np	Np(Ⅲ)	没有氧气时稳定，否则会逐渐氧化成 Np(Ⅳ)。使用中等还原剂如 Pt/H_2，可由 Np(Ⅳ)制得
	Np(Ⅳ)	稳定；氧气能缓慢地将其氧化成 NpO_2^+
	NpO_2^-	稳定；仅在高酸时(如 > 8 mol·L^{-1} HNO_3)歧化成 Np(Ⅳ)和 Np(Ⅵ)
	NpO_2^{2+}	稳定，但易被还原，例如，可被配体 8-羟基喹啉、乙酰丙酮甚至离子交换树脂所还原
	NpO_2^{3+}	在碱性溶液中稳定，但在酸性溶液中不稳定，如用 ClO^-、$S_2O_3^{2+}$ 或 O_3 氧化 NpO_2^{2+} 的碱性溶液可制得
Pu	Pu(Ⅲ)	稳定；在钚同位素 α 辐射的作用下将逐渐氧化到 Pu(Ⅳ)
	Pu(Ⅳ)	在浓酸中稳定，但在不含配体的弱酸中会歧化成 Pu(Ⅲ)和 Pu(Ⅵ)
	PuO_2^+	当 pH = 2～6 时稳定；在较高或较低的 pH 时，都歧化成 Pu(Ⅳ)和 Pu(Ⅵ)
Am	Am(Ⅲ)	稳定；只有采用强氧化剂时，才能将它氧化成 Am(Ⅴ)和 Am(Ⅵ)；欲氧化为 Am(Ⅵ)可在浓磷酸溶液中进行
	Am(Ⅳ)	只有在氢氟酸和浓磷酸溶液中才稳定存在，在其他溶液中会缓慢歧化成 Am(Ⅲ)和 Am(Ⅵ)
	AmO_2^+	稳定；与 NpO_2^+ 相似，只在强酸溶液中发生歧化，在镅同位素 α 辐射的作用下，将快速还原成 Am(Ⅲ)
	AmO_2^{2+}	稳定；属于强氧化剂(相当于 MnO_4^-)，在镅同位素 α 辐射作用下能快速还原生成 Am(Ⅲ)
	Am(Ⅶ)	极不稳定；Am(Ⅵ)在强碱性溶液中可能歧化成 Am(Ⅴ)和 Am(Ⅶ)
Cm	Cm(Ⅲ)	稳定
	Cm(Ⅳ)	仅在 15 mol·L^{-1} CsF 溶液中较稳定；在锔同位素 α 辐射作用下将迅速还原成 Cm(Ⅲ)
Bk	Bk(Ⅲ)	稳定；只能用强氧化剂如 $KBrO_3$ 才能转变成 Bk(Ⅳ)
	Bk(Ⅳ)	稳定；属于强氧化剂，相当于 Ce(Ⅳ)，能快速辐射自还原成 Bk(Ⅲ)
Cf	Cf(Ⅱ)	不稳定；可用汞齐还原 Cf(Ⅲ)制得
	Cf(Ⅲ)	稳定
Es	Es(Ⅱ)	不稳定；可用汞齐还原 Es(Ⅲ)制得
	Es(Ⅲ)	稳定
Fm	Fm(Ⅱ)	不稳定；可用汞齐还原 Fm(Ⅲ)制得
	Fm(Ⅲ)	稳定
Md	Md(Ⅱ)	很稳定；可用强还原剂如 Cr(Ⅱ)、Eu(Ⅱ)或 Zn 还原 Md(Ⅲ)制得
	Md(Ⅲ)	稳定
No	No(Ⅱ)	稳定；只能用强氧化剂氧化成 No(Ⅲ)
	No(Ⅲ)	稳定；属于强氧化剂，与 BrO_3^- 或 $Cr_2O_7^{2-}$ 相近
Lr	Lr(Ⅲ)	稳定

7.3.2　水溶液中的氧化还原反应

图 7-12 和图 7-13 分别为锕系元素在酸性水溶液中的标准电极电势 Latimer 图[34] 和 Frost 图[35]。

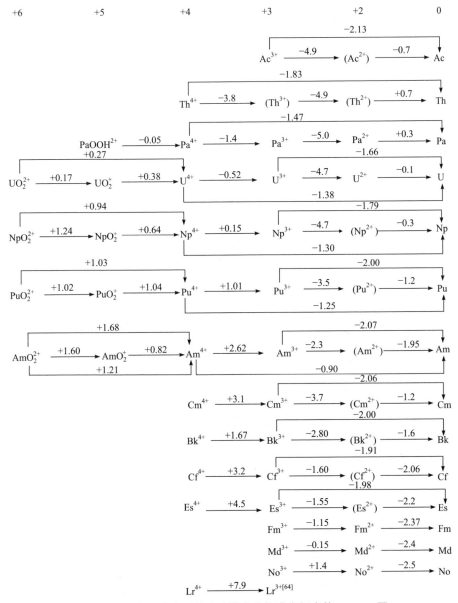

图 7-12　锕系元素在酸性水溶液中的标准电极电势 Latimer 图

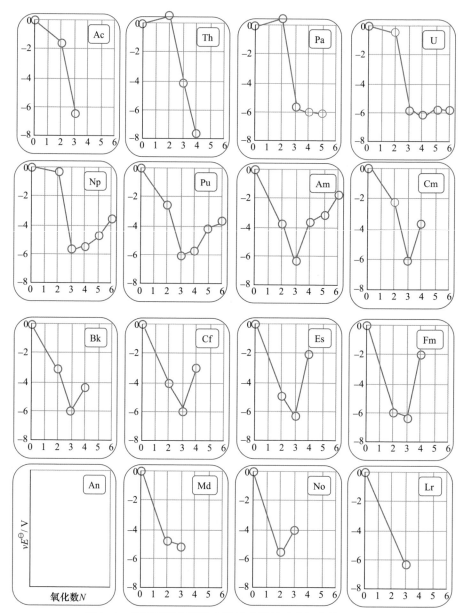

图 7-13　锕系元素在酸性水溶液中的标准电极电势 Frost 图

由图 7-12 和图 7-13 可以看出：

(1) 锕系元素(Ⅳ-Ⅲ)的还原电位随着原子序数的增加而增大：锕、铀、镎、钚、镅和锔都是还原剂，其中锕的还原性最强。在锔处的还原电位达到一个明显的极大值。这种电位与原子序数的函数关系，与镧系元素的相应曲线相似。此外，二价锕系元素的稳定性从锕至锗不断增加。MO_2^{2+} 的氧化性则依 $Am > Np > Pu > U$ 的顺序降低。

(2) 锕系元素的+4 和+5 氧化态离子在溶液中会进行自身氧化还原反应，即下列歧化反应：

$$3M^{4+} + 2H_2O \rightleftharpoons 2M^{3+} + MO_2^{2+} + 4H^+ \tag{7-5}$$

$$2MO_2^+ + 4H^+ \rightleftharpoons M^{4+} + MO_2^{2+} + 2H_2O \tag{7-6}$$

歧化反应的倾向用歧化势(disproportionation potential)来量度，可由摩尔还原电势求出。

+4 氧化态离子的歧化势为

$$E_{歧化} = E_{(IV)/(III)}^\ominus - E_{(VI)/(IV)}^\ominus \tag{7-7}$$

+5 氧化态离子的歧化势为

$$E_{歧化} = E_{(V)/(IV)}^\ominus - E_{(IV)/(V)}^\ominus \tag{7-8}$$

歧化势越大，该离子发生歧化反应的倾向越大。表 7-7 和表 7-8 列出了 U、Np、Pu 和 Am 的歧化势和若干歧化反应的平衡常数。由此可知，U^{4+} 和 Np^{4+} 不易发生歧化反应，而 Am^{4+} 的歧化倾向较大。在氧化态为+5 的离子中 UO_2^+ 和 PuO_2^+ 的歧化反应倾向大，NpO_2^+ 则是稳定的。

表 7-7　部分锕系离子的歧化势(V)

元素	$3M(IV) \rightleftharpoons 2M(III) + M(VI)$	$2M(V) \rightleftharpoons M(IV) + M(VI)$
U	−0.969	0.550
Np	−0.783	−0.398
Pu	−0.064	0.254
Am	0.96	—

表 7-8　锕系离子在水溶液中的歧化反应平衡常数(25℃)

元素	歧化反应	$\lg K$
U	$2UO_2^+ + 4H^+ \rightleftharpoons U^{4+} + UO_2^{2+} + 2H_2O$	9.30
Np	$2NpO_2^+ + 4H^+ \rightleftharpoons Np^{4+} + NpO_2^{2+} + 2H_2O$	−6.72
Pu	$2PuO_2^+ + 4H^+ \rightleftharpoons Pu^{4+} + PuO_2^{2+} + 2H_2O$	4.29
	$3PuO_2^+ + 4H^+ \rightleftharpoons Pu^{3+} + 2PuO_2^{2+} + 2H_2O$	5.40
	$3Pu^{4+} + 2H_2O \rightleftharpoons 2Pu^{3+} + PuO_2^{2+} + 4H^+$	−2.08
Am	$3Am^{4+} + 2H_2O \rightleftharpoons 2Am^{3+} + AmO_2^{2+} + 4H^+$	32.5
	$2Am^{4+} + 2H_2O \rightleftharpoons Am^{3+} + AmO_2^+ + 4H^+$	19.9

通过查阅钍的 Frost 图，描述 Th(Ⅱ)和 Th(Ⅲ)的相对稳定性。

解 查到的 Frost 图中最左上方的斜率表明 Th^{2+}可能成为温和的氧化剂。然而，它位于 Th(0)与较高氧化态之间的连接线上方，所以容易发生歧化。Th(Ⅲ)容易被氧化为 Th(Ⅳ)，陡峭的负斜率表明它容易被水氧化：

$$Th^{3+}(aq) + H^+(aq) \longrightarrow Th^{4+}(aq) + \frac{1}{2}H_2(g)$$

由图 7-12 的 Latimer 图可知，由于 $E^{\ominus} = +3.8\,V$，所以该反应非常容易发生。因此，Th(Ⅳ)将是水溶液中的唯一氧化态。

7-5 使用 Frost 图中的数据，确定空气存在条件下酸性水溶液中铀离子最稳定的氧化态。

7.3.3 配位平衡

锕系元素的原子半径和离子半径较大，比较对应的镧系 Ln^{3+}半径，锕系 An^{3+}半径通常大约 5 pm。预期锕系离子具有较高的配位数，且都很活泼。类似较大的镧系元素，锕系+3 价水合阳离子为九配位。固体 UCl_4 中的铀为八配位，固体 UBr_4 中的铀为七配位五角双锥配位构型，但在固态结构中也观察到高达 12 的配位数。因此，尽管锕系元素均具有强烈的放射性，但它们的配位化学仍是深入发展的研究热点，特别是在理论和实验中对新配合物的合成及其光谱、晶体结构、键合性能和磁性能的研究更多[36-41]。

三价到六价锕系元素的代表 Am(Ⅲ)、Th(Ⅳ)、Pu(Ⅳ)、NpO_2^+、UO_2^{2+}与一些配体形成的配合物稳定常数与离子势相关图如图 7-14 所示。

由图 7-14 中可以看出：

(1) 一般说来，锕系元素配合物在水溶液中的稳定性以下列顺序递降：

$$M(Ⅳ) > M(Ⅲ) > M(Ⅵ) > M(Ⅴ)$$

即四价锕系元素形成最强的配合物，而五价锕系元素形成的配合物最弱。然而，MO_2^{2+} 和 MO_2^+ 所形成的配合物比相应二价或一价阳离子形成的配合物稳定些。这是因为不少锕系离子的电子构型与惰性气体相似，它们的配位化合物主要是静电性的，配合物的稳定性主要取决于离子势。

(2) 三价和四价锕系元素与氨基多羧酸形成螯合物的稳定常数，随着离子势或者原子序数的增加而增加(图 7-14～图 7-16)。若与镧系元素的三价离子螯合物相比较，在相等离子势情形下，由于 5f 电子参与配合成键[39,42]，锕系元素的三价离子螯合物更为稳定。对于五价和六价锕系元素双氧金属阳离子的配合物而言，稳定常数与原子序数的关系不如前面的清楚。例如，PuO_2^+ 与乙二胺四乙酸形成的螯合物比 NpO_2^+ 的相应螯合物稳定。而它们与氨基乙酸、亚氨基二乙酸形成配合物的稳定性次序正好相反。

(3) 如果将同类配体形成的配合物加以比较，发现它们的稳定性多随配体 pK 的增加而线性地增加。图 7-17 表示六价铀、钚与脂肪族羧基配体形成一系列配合物的情形。其中羟基乙酸配合物不在直线上，可能是它具有不同类型的配位键所致。

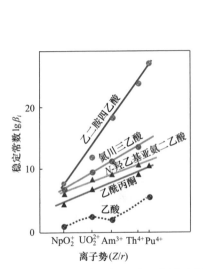

图 7-14　部分锕系离子与几种配合剂形成的配合物稳定常数与离子势关系图

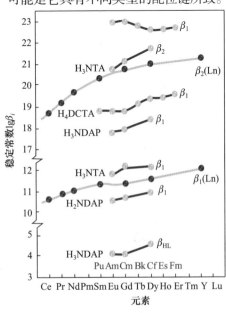

图 7-15　三价锕系元素与氨基多羧酸形成螯合物的稳定常数与元素的相关性

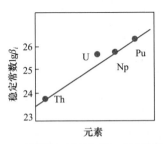

图 7-16　四价锕系元素与乙二胺四乙酸形成螯合物的稳定常数

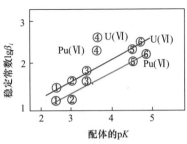

图 7-17　六价铀、钚乙酸衍生物形成配合物的稳定常数

①一氯乙酸；②呋喃-2-羧酸；③噻吩-2-羧酸；④羟基乙酸；⑤乙酸；⑥丙酸

(4) 锕系元素配位趋势大致按下列顺序递降。

(i) 一价配体：

$OH^- >$ 氨基酚类(如 8-羟基喹啉) $> 1,3$-二酮类 $> \alpha$-羟基羧酸类 $>$ 乙酸 $>$ 硫代羧酸类 $> H_2PO_4^- > SCN^- > NO_3^- > Cl^- > Br^- > I^-$

(ii) 二价配体：

亚氨二羧酸类 $> CO_3^{2-} > C_2O_4^{2-} > HPO_4^{2-} > \alpha$-羟基二羧酸类 $>$ 二羧酸类 $> SO_4^{2-}$

(5) 一般情况下，锕系元素金属可形成某些环状螯合物。五元环螯合体系比六元环螯合体系更稳定。可通过比较 Am^{3+}[43]和 Pu^{6+}[44]相应螯合物的稳定常数来证实。三价、四价锕系离子可与氨基多羧酸形成螯合物，其稳定性随配体中电子给予体原子所结合数目的增加而线性增加[45]。四价锕系元素形成的螯合物通常比三价锕系元素形成的螯合物更加稳定。许多锕系元素配合物和螯合物都已制得固态形式[46]。

(6) U^{6+}与简单脂肪酸或 α-羟基羧酸可形成一系列配合物，形成的数量随脂肪酸链长的增加而增多，且配合物的稳定性也与链长有一定的关系[47]。锕系元素与磷酸酯、磷酸酯和氧膦化物等有机磷化物呈现明显的配合趋向，具有一定的选择性萃取效应或协同效应。

7.3.4 水解反应

锕系元素的离子半径不大，电荷较多，在水溶液中易发生水解。例如，Th^{4+}是最大的四价锕系离子，随着配位数的变化，其半径处于 $95 \sim 114$ pm。又因其电荷高，表现得相当"酸"，比亚硫酸稍强，倾向于在酸性水溶液中水解，钍以四价水离子$[Th(H_2O)_9]^{4+}$的方式存在，配位环境为三侧锥三角柱，当 pH < 3 时，钍盐溶液中的阳离子大多是此形式。

锕系元素的离子水解的第一阶段通常可表达为

$$M^{n+} + H_2O \Longrightarrow M(OH)^{(n-1)+} + H^+ \tag{7-9}$$

水解常数为

$$K_{h1} = \frac{[M(OH)^{(n-1)+}][H^+]}{[M^{n+}]} \tag{7-10}$$

一些三价和四价锕系元素的离子的 K_{h1} 列于表 7-9。

(1) Pa^{4+}的水解行为不像其他四价锕系元素，而更像 Hf^{4+}，$K_{h1} = 1.33$。水解过程并未完全研究清楚[48]，水解产物多种多样，除单核型的水解产物外，还有聚合型水解产物，即出现水合、水解和配合等的混合过程。未水解的三价和四价锕系离子仅存在于 $HClO_4$ 介质中。

(2) 只有镤在浓 $HClO_4$ 溶液中能以简单的五价离子存在，在稀释过程中发生水解和聚合。铀及其后锕系元素均不能以简单的五价离子存在，而形成水合二氧配阳离子 $MO_2(H_2O)_9^+$；后者相对较少水解，形成的水解产物为 $MO_2(OH)_m(H_2O)_{(n-m)}^{(1-m)}$。六价锕系离子只以水合二氧配阳离子 $MO_2(H_2O)_n^{4+}$ 的形式存在，比单电荷离子更易水解。在溶液中，根据介质酸度的不同，形成 $MO_2(OH)_m(H_2O)_{(n-m)}^{(2-m)}$ 和更复杂的水解产物；在聚合过程中，有时生成双核水解产物 $(MO_2)_2(OH)_m(H_2O)_{(m)}^{(4-m)}$。

表 7-9　一些锕系离子的第一水解常数

M^{3+}	K_{h1}	M^{4+}	K_{h1}
Pu^{3+}	1.1×10^{-7}	Th^{4+}	7.3×10^{-1}
Am^{3+}	1.2×10^{-6}	Pa^{4+}	7.0×10^{-1}
Cm^{3+}	1.2×10^{-6}	U^{4+}	2.1×10^{-2}
Bk^{3+}	2.2×10^{-6}	Np^{4+}	0.5×10^{-1}
Cf^{3+}	3.4×10^{-6}	Pu^{4+}	5.4×10^{-2}

(3) 随着离子电荷与半径比值的增加，锕系离子水解和配合的趋势也增大。因此，对于具有相同原子序数的锕系离子而言，随着它们的电荷数递减，水解和配合的趋势也依以下顺序减小：

$$M^{4+} > M^{3+} > MO_2^{2+} > MO_2^+$$

但在某些情况下，例如，草酸盐和乙酸盐溶液中，锕系离子的水解和配合趋势按以下顺序递减：

$$M^{4+} > MO_2^{2+} > M^{3+} > MO_2^+$$

7.4　锕系元素的重要化合物

锕系元素具有放射性并且许多锕系元素具有化学毒性，属于危险物品，因目前分离得到的量太少，所以许多物理和化学性质仍不清楚。这里仅简单介绍几种研究稍多的锕系元素的重要化合物。

7.4.1　锕系元素共线的 O—An—O 单元

总体而言，前锕系元素 Th、Pa、U、Np 更像 d 区元素，并没有表现出与镧系元素相同的化学性质。前锕系元素形成化合物的普遍模式是形成线性 O—An—O 单元，通过配体 O 向锕系金属 6d 轨道和 5f 轨道提供 σ 键和 π 键，形成强 An—O 键，以此稳定 O—An—O 单元，而其他配体则占据平伏位置或平伏位置附近的位置。氧化数为+5、+6 的前锕系元素 U、Np、Pu、Am 的化学性质由线性或近似线性的二氧合 AnO_2^{2+} 单元主导。5f 区元素自左至右+3 氧化态越来越占主导地位，因此超铀元素性质与镧系元素趋于相同。An—O 键非常强：An 为 U、Np 和 Pu 时，AnO_2^{2+} 的气相离解能分别为 $618\,kJ\cdot mol^{-1}$、$514\,kJ\cdot mol^{-1}$ 和 $421\,kJ\cdot mol^{-1}$，而且氧原子交换极为缓慢，如酸性水溶液中 UO_2^{2+} 的半衰期约为 $10^9\,s$ 数量级。线性二氧合单元中，前锕系元素 5f 和 6d 轨道成键作用具有共价性，其 6d 和 5f 轨道与具有 s 和 p 对称性的 O_{2p} 原子轨道间相互作用如图 7-18 所示。这种性质完全不同于镧系元素的无方向性静电键合。

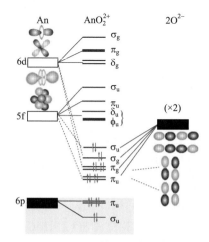

图7-18　AnO_2^{2+} 单元的分子轨道图

7.4.2　钍的重要化合物

1. 钍的反应性

钍的反应性极高，易带正电。Th^{4+}/Th 的标准还原电位为 $-1.90\,V$，钍的电正性比锆及铝都高。切成细条的钍金属会自燃。当在空气中加热时，钍屑会被点燃，焰色为亮白光并产生二氧化钍。块状纯钍与空气的反应则相对缓慢，数月后有可能发生腐蚀现象。大多数的钍样品因含有不同程度的二氧化钍而腐蚀加快。这些样品会逐渐失去光泽，表面变灰最后变成黑色。

在标准状况下，钍会逐渐被水侵蚀，除钍会溶于氢氯酸，并留下黑色的不可溶残留物 ThO(OH,Cl)H 外，不会快速溶于大多数常见的酸中。钍会溶于含有少量氟离子或氟硅酸的浓硝酸中；若浓硝酸中不含这两者，钍会像铀、钚一样被硝酸钝化。

2. 无机化合物

大多数钍的非金属二元化合物，可用加热混合物的方式制备。在空气中，钍

会燃烧形成 ThO_2，晶体结构为萤石型结构[49](图 7-19)。二氧化钍易溶于含氟离子的浓硝酸中。加热时会放出蓝色强光；当二氧化钍与其较轻的同族化合物二氧化铈反应时，光会变成白色。已发现数个钍与氧族硫、硒、碲的化合物，以及与氧族硫、硒、碲和氧结合的化合物[50]。

所有四种四卤化钍化合物都存在一些低价态的溴化物及碘化物。四卤化合物都是八配位且可潮解，易溶于极性溶剂。已发现许多相关的多卤化物离子。四氟化钍的晶体结构与四氟化锆及四氟化铪相同，均为单斜晶系(图 7-20)，其中 Th^{4+} 与 F^- 以扭曲四角反棱柱的方式结合。其他的四卤化物的配位构型为十二面体。较低价态的碘化物，如 ThI_3(黑色)与 ThI_2(金色)可以用钍金属还原四碘化钍制备。许多氟化钍、氯化钍及溴化钍可以和碱金属、钡、铊及铵形成多元卤化物。例如，以氟化钾及氢氟酸处理后，Th^{4+} 形成阴离子 ThF_6^{2-}，并形成沉淀物 K_2ThF_6。

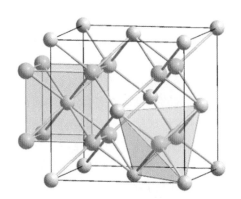

图 7-19　ThO_2 的晶体结构

灰色球为 Th^{4+}，绿色球为 O^{2-}

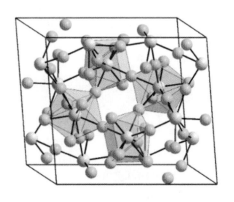

图 7-20　ThF_4 的晶体结构

灰色球为 Th^{4+}，绿色球为 F^-

其他四个更重的氮族化物(磷、砷、锑及铋)都是以二元钍化合物的方式存在。锗化钍也已被制得。钍与氢反应形成氢化钍，如 ThH_2 及 Th_4H_{15}，后者在温度低于 $7.5 \sim 8$ K 时形成超导体，常温常压下其导电性质类似金属。钍的氢化物热力学上不稳定，暴露在空气或湿气后会很快地分解。

钍的无机化合物最重要的是 $Th(NO_3)_4 \cdot 5H_2O$ (图 7-21)。其中的 Th 原子的配位数为少见的十一配位：Th^{4+} 与二齿方式配位的 4 个 NO_3^- 和 3 个 H_2O 配位。

$Th(NO_3)_4 \cdot 5H_2O$ 的一些主要反应见图 7-22。

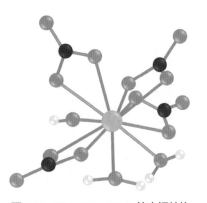

图 7-21　$Th(NO_3)_4 \cdot 5H_2O$ 的空间结构

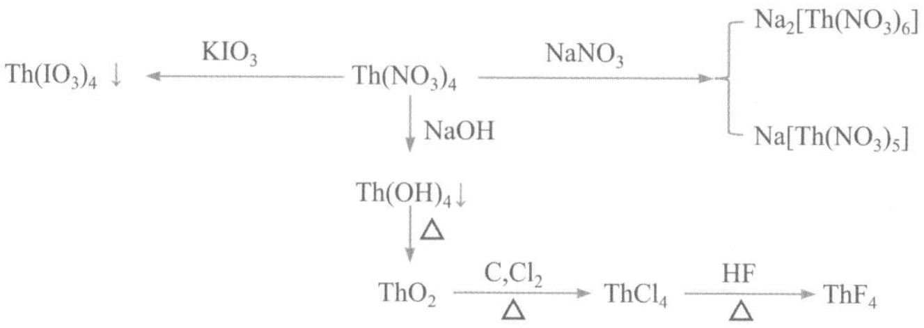

Th(IO$_3$)$_4$↓ ←——KIO$_3$—— Th(NO$_3$)$_4$ ——NaNO$_3$——→ Na$_2$[Th(NO$_3$)$_6$]

Th(NO$_3$)$_4$ ↓ NaOH ——→ Na[Th(NO$_3$)$_5$]

Th(OH)$_4$↓ △

ThO$_2$ ——C,Cl$_2$ / △—— ThCl$_4$ ——HF / △—— ThF$_4$

图 7-22　Th(NO$_3$)$_4$ 作为起始物的一些反应

3. 配位化合物

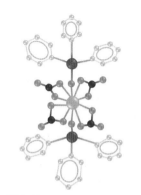

在酸性水溶液中，钍以四价水离子[Th(H$_2$O)$_9$]$^{4+}$的方式存在，形状为三侧锥三角柱[51]，在 pH < 3 时，钍盐溶液中的阳离子大多是此形式。Th^{4+}倾向进行水解及聚合(程度比 Fe^{3+}轻)，在 pH 为 3 或更低的溶液中，主要形成[Th$_2$(OH)$_2$]$^{6+}$。在碱性较高的溶液中，会继续聚合成凝胶状 Th(OH)$_4$ 沉淀出来(平衡可能需数周才能完成，因为聚合反应通常在沉淀之前就会慢下来)。作为路易斯硬酸，Th^{4+}易与以氧原子为给体的路易斯硬碱配位，而与以硫原子为给体的路易斯软碱形成的配合物较不稳定，也更容易水解[12]。钍的配位化学仍显示了高配位数。例如，Th(NO$_3$)$_4$(OPPh$_3$)$_2$ 中的 Th 的配位数为 10，4 个 NO$_3^-$都是双齿配体，6 个配体围绕中心原子排布在八面体顶角(图 7-23)。

图 7-23　Th(NO$_3$)$_4$(OPPh$_3$)$_2$ 的结构

4. 有机钍化合物

大多有机钍化合物为环戊二烯基和环辛四烯基类配合物。类似许多前中段的锕系元素(一直到锔元素，锔元素也有可能)，钍形成黄色的环辛四烯配合物 Th(C$_8$H$_8$)$_2$ 及二茂钍(图 7-24，与著名的二茂铀结构相同)。Th(C$_8$H$_8$)$_2$ 可以用四氯钍与 K$_2$C$_8$H$_8$ 在 THF 溶剂中及干冰温度下反应制得，也可用四氟化钍与 MgC$_8$H$_8$ 反应制得。Th(C$_8$H$_8$)$_2$ 在空气中不稳定，在水中或 190℃下分解。有机钍化合物还有半三明治结构的，如具有钢琴凳结构的(η^8-C$_8$H$_8$)ThCl$_2$(THF)$_2$(图 7-25)，可经二茂钍及四氯化钍在 THF 溶剂中反应制得。

最简单的环戊二烯化合物为 Th(C$_5$H$_5$)$_3$ 及 Th(C$_5$H$_5$)$_4$，它们有许多衍生物。Th(C$_5$H$_5$)$_3$ 中钍的氧化态为+3，有紫色和绿色两种形态。在某些衍生物中钍还存在+2 氧化态[52]。氯衍生物[Th(C$_5$H$_5$)$_3$Cl]可经加热四氯化钍与限量的 K(C$_5$H$_5$)(也可使用其他的单价环戊二烯金属化合物)制得。由氯衍生物可制备其烷基及芳基衍生物，曾被用来研究钍碳 σ 键。其他的有机钍化合物未见详细研究。

图 7-24 二茂钍的三明治结构

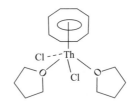

图 7-25 $(\eta^8\text{-}C_8H_8)ThCl_2(THF)_2$ 的钢琴凳分子结构

7.4.3 铀的重要化合物

铀和钍相似，由于其常见核素只具有低放射性，因此化学性质得到了广泛研究。

1. 铀的反应性

U 比 Th 的化学性质更活泼，能形成从 U(Ⅲ)到 U(Ⅵ)的全部氧化态，其中以 U(Ⅳ)和 U(Ⅵ)最常见。如图 7-13 U 元素的 Frost 图所示，U^{3+} 水合离子显示强还原性，UO_2^+ 中存在的 U(Ⅴ)可发生歧化。金属铀不会形成钝化的氧化物层，长时间暴露于空气中被腐蚀成组成复杂的混合氧化物(包括 UO_2、U_3O_8 和几种化学计量组成的多晶形 UO_3)。UO_2 为萤石结构，其间隙位置能吸纳 O 原子，形成非化学计量组成的系列化合物 UO_{2+x} ($0 < x < 0.25$)。

2. 铀的氧化物

铀最重要的氧化物为 UO_3。UO_3 是两性化合物：

$$UO_3 \quad \begin{cases} \xrightarrow{\ H^+\ } UO_2^{2+} \\ \xrightarrow{\ OH^-\ } U_2O_7^{2-} \end{cases} \tag{7-11}$$

UO_3 在酸性环境可生成 UO_2^{2+}。UO_2^{2+} 非常稳定，可与多种阴离子(如 NO_3^- 和 SO_4^{2-})形成配合物，其中阴离子占据平面位置。UO_2^{2+} 在固体状态仍能保持线性单元结构。例如，UO_2F_2 结构中，6 个 F^- 以微皱环的形式绕 UO_2^{2+} 单元排布。

UO_3 受热分解：

$$2UO_3 \Longrightarrow 2UO_2 + O_2 \tag{7-12}$$

UO_3 的一些主要反应如图 7-26 示意。

$$UO_3 + 2HNO_3 \longrightarrow UO_2(NO_3)_2 + H_2O$$

水解 $\downarrow$ $+ NaOH + H_2O$

$$U_2O_5^{2+},\ U_3O_8^{2+},\ U_3O_8\,(OH)^+ \qquad Na_2U_2O_7 \cdot 6H_2O\downarrow + NaNO_3$$

黄色

图 7-26　UO_3 的一些主要反应

U_3O_8 是铀的另一个重要氧化物，不溶于水，但溶于酸，生成 UO_2^{2+}。三氧化铀在超过 500℃的高温时，会释出氧还原为 U_3O_8。U_3O_8 可由如下两种方法制备：

$$3U(C_2O_4)_2 = U_3O_8 + 8CO + 4CO_2 \tag{7-13}$$

$$3U + 4O_2 = U_3O_8 \tag{7-14}$$

U_3O_8 和 UO_2 是铀最常见的氧化物(图 7-27)。这两种氧化物都是固体，不易溶于水，在许多化学环境下都相对稳定。固态 U_3O_8 为层状结构，层与层之间以氧原子桥接，各层中是不同配位方式的铀原子，如图中紫红色和绿色小球所示。有研究用一个 $(6\times6\times6)$ Å^3 的正方体代表在中央的铀原子，以固体中的 U1 与 U2 来计算其键价，发现以参数铀(VI)计算 U1 与 U2 的氧化态为 5.11 和 5.10，以参数铀(IV)计算 U1 与 U2 的氧化态分别为 5.78 和 5.77。这些研究显示，所有的铀原子具有相同的氧化状态。因此，以晶格而言其氧化态是无序的[53]。U_3O_8 是最稳定的铀氧化物，也是自然界中最常见的铀氧化物。UO_2 则是核反应堆中最常用的铀燃料。在环境温度下，UO_2 会逐渐转变为 U_3O_8。铀的氧化物都较稳定，因此铀以氧化物的形态储存和弃置。

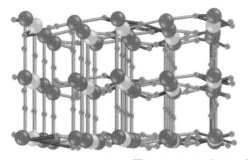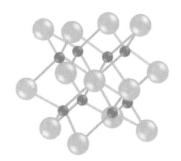

图 7-27　U_3O_8 和 UO_2 的空间结构

3. 碳酸盐

当铀(VI)溶于碳酸盐溶液而非纯水中时，其电位-pH 图会因与碳酸离子的相互作用而有很大的变化(图 7-28)。大部分碳酸盐都不溶于水，但碳酸铀可溶于水。这是由于铀(VI)可以与两个氧化物及至少三个碳酸盐形成阴离子配合物。从图 7-28 铀的化学形态比例图可以推论，铀(VI)溶液的 pH 提升，会促使铀形成水合氢氧化铀，并在高 pH 时形成氢氧化配合物阴离子。当加入碳酸盐后，pH 的提高会使铀转化为一系列的碳酸盐配合物形态。特别是 pH 为 6～8 时，会提高铀的可溶性，有助于长期稳定储藏乏核燃料中的氧化铀。

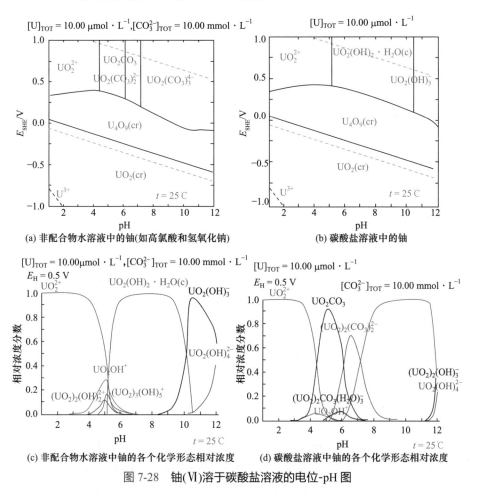

图 7-28　铀(Ⅵ)溶于碳酸盐溶液的电位-pH 图

4. 氢化物、碳化物及氮化物

金属铀在加热至 250～300℃时，与氢气反应形成氢化铀，继续加热会再次除氢。因此氢化铀可用于制造铀的各种碳化物、氮化物和卤化物。氢化铀具有低温 α 型和高温 β 型两种晶体相态，α 型存在于低温环境下，β 型在 250℃以上出现。

碳化铀与氮化铀都是相对惰性的半金属物质，能少许溶于酸中，并会与水反应及在空气中点燃形成 U_3O_8。铀的碳化物包括一碳化铀(UC)、二碳化铀(UC_2)和三碳化二铀(U_2C_3)。向熔化铀中加入碳，或在高温下将金属铀置于 CO 中，可产生 UC 和 UC_2。U_2C_3 在 1800℃以下稳定，可通过对 UC 和 UC_2 的混合物进行机械施压形成。金属铀在直接接触氮气后可形成的氮化铀包括：一氮化铀(UN)、二氮化铀(UN$_2$)及三氮化二铀(U$_2$N$_3$)。

5. 卤化物

所有的氟化铀都是从 UF$_4$ 转化而成的，UF$_4$ 则由 UO$_2$ 经氢氟化反应形成。UF$_4$ 与氢气在 1000℃ 反应后会还原成 UF$_3$[54]。在适当的温度和压力下，固态 UF$_4$ 与气态 UF$_6$ 反应产生氧化态介于两者之间的氟化物：UF$_5$、U$_2$F$_9$[55] 和 U$_4$F$_{17}$。

在室温下，UF$_6$ 具有高蒸气压，有助于通过气体扩散法将 ^{235}U 从比例更高的 ^{238}U 同位素中分离出来。通过以下反应，二氧化铀和四氟化铀就能形成六氟化铀：

$$UO_2 + 4HF \longrightarrow UF_4 + 2H_2O \,(500℃，吸热) \tag{7-15}$$

$$UF_4 + F_2 \longrightarrow UF_6 \,(350℃，吸热) \tag{7-16}$$

UF$_6$ 是一种白色固体，化学活性极高(可进行氟化反应)，易升华(其气态接近理想气体)。它是已知的铀化合物中挥发性最强的(57℃升华)。

可以直接将氯气与金属铀或氢化铀结合制备 UCl$_4$。如果用氢气还原 UCl$_4$，可生成 UCl$_3$。进一步进行氯化反应，则可生成氧化态更高的氯化铀。所有氯化铀都能与水和空气反应。

铀的溴化物和碘化物也可通过将金属铀直接与溴或碘反应生成，或在氢溴酸、氢碘酸中加入 UH$_3$。这些化合物有 UBr$_3$、UBr$_4$、UI$_3$ 和 UI$_4$ 等。铀的氧卤化物均可溶于水，如 UO$_2$F$_2$、UOCl$_2$、UO$_2$Cl$_2$ 和 UO$_2$Br$_2$。卤素的原子量越高，对应的氧卤化物稳定性越低。四氟氧铀的结构已有报道[56]。

6. 铀的金属有机化合物

Th 和 U 的金属有机化学与镧系元素有许多相似性。因此，Th 和 U 化合物中含有良好的电子给予体的配体占主导，如 σ 键合的烷基、环戊二烯基以及含氮杂环卡宾。与典型镧系元素相比，Th 和 U 半径增大，可分离出四面体状的 Th(Cp)$_4$ 和 U(Cp)$_4$ 单体，还能分离出 U(Cp*)$_3$ 和 U(Cp*)$_3$Cl，Cp=环戊二烯基，Cp*=五甲基环戊二烯基。类似于镧系元素金属有机化合物，锕系元素的金属有机化合物也不服从 18 电子规则。

铀可与 η^8-环辛四烯配体形成夹心化合物茂铀 U(C$_8$H$_8$)$_2$，具有重叠环 D_{8h} 对称性(图 7-29)。来自两个 C$_8$H$_8^{2-}$ 的 20 个电子填充在成键轨道，留下一个具有锕系特征的弱成键 e$_{3u}$(fφ)轨道。迄今，锕系元素的环辛四烯化合物是可能包含 φ 成键贡献的仅有的真正化合物(与气相的金属二聚体相反)。

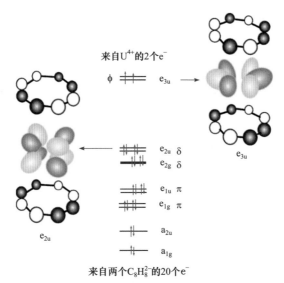

来自 U^{4+} 的 2 个 e^-

来自两个 $C_8H_8^{2-}$ 的 20 个 e^-

图 7-29　锕系元素的 η^8 -环辛四烯夹心化合物的部分分子轨道图

　　与其他化学分支学科一样，锕系元素的计算化学研究也逐步深入[57]。研究大致归为几何与电子结构和化学反应两类。对于前者，主要研究锕系元素化合物中的 An—O 键和金属-金属键；后者涉及水合反应、配体交换反应、歧化反应、氧化反应、铀酰离子的还原、氢胺化反应以及铀的叠氮化合物的光解反应等。

思考题

　　7-6　家居装修用大理石中的放射性超标是由哪种元素引起的？

7.4.4　镎、钚和镅的重要化合物

　　Np、Pu 和 Am 三种元素被称为"次锕系元素"(minor actinide)，是与 Th、U 同样重要的锕系元素。尽管它们的主要氧化态的稳定性显著不同，但它们均可形成含有类似组分的化合物。镎溶于稀酸生成 Np^{3+}，Np^{3+} 易被空气氧化为 Np^{4+}。强氧化剂会将 Np^{3+} 氧化为 NpO_2^+ [Np(Ⅴ)] 和 NpO_2^{2+} [Np(Ⅵ)]。钚的四种常见氧化态 Pu(Ⅲ)、Pu(Ⅳ)、Pu(Ⅴ) 和 Pu(Ⅵ) 的电极电势彼此差别不到 1 V，钚的溶液往往是 Pu^{3+}、Pu^{4+} 和 PuO_2^{2+} 的混合物，PuO_2^+ 倾向于歧化为 Pu^{4+} 和 PuO_2^{2+}，在溶液中不稳定。碱性条件下($> 1\ mol \cdot L^{-1}$ 的 NaOH)，Np^{3+} 和 Pu^{3+} 可氧化形成氧化态为+7 的 $[NpO_4(OH)_2]^{3-}$ 和 $[PuO_4(OH)_2]^{3-}$。$[NpO_4(OH)_2]^{3-}$ 和 $[PuO_4(OH)_2]^{3-}$ 与 4 个处于平面位置的氧原子强结合(图 7-30)。Am^{3+} 是水溶液中最稳定的镅物种，

在强氧化条件下可以形成 AmO_2^+ 和 AmO_2^{2+}；Am(IV)在酸性溶液中发生歧化。

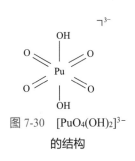

图 7-30 $[PuO_4(OH)_2]^{3-}$ 的结构

An(IV)的氧化物 NpO_2、PuO_2 和 AmO_2(由各自的单质或盐在空气中加热形成)都是萤石型结构。低价氧化物包括 Np_3O_8、Pu_2O_3 和 Am_2O_3。三氯化物($AnCl_3$)可在 450℃温度下由元素间的直接反应制得，且与 $LnCl_3$ 的结构相类似，其中 An 原子为九配位。Np、Pu 和 Am 元素的四氟化物都已制得，但将锔氧化到 Am(IV)非常困难；Np 和 Pu 都形成六氟化物，与 UF_6 类似，均为挥发性固体。

Np、Pu 和 Am 三种金属单质的化学性质都与铀单质的化学性质相类似，可形成类似于铀酰离子的 NpO_2^{2+}、PuO_2^{2+} 和 AmO_2^{2+}，都可通过与三丁基磷酸酯形成 $AnO_2(NO_3)_2\{OP(OBu)_3\}_2$ 配合物，而从水溶液中萃取。四卤化物都是路易斯酸，能与电子对给予体(DMSO)形成配合物，如 $[AnCl_4(Me_2SO)_7]$。锔形成许多类似铀金属有机化合物的金属有机化合物，如 $[Np(Cp)_4]$。

思考题

7-7　试分析 Np、Pu 和 Am 三种元素的哪些性质可成为它们应用和分离的依据。

7.5　锕系元素的分离

锕系元素与镧系元素同在 f 区，有许多共同点。但锕系元素特殊的电子结构导致其又有很多的不同点，且锕系元素具有放射性，因此不能照搬镧系元素的分离方法，其分离具有以下特点。

(1) 锕系元素分离的研究更多地集中在乏燃料(spent fuel)又称辐照核燃料上。目前国际上唯一投入商业运行的反应堆内烧过的核燃料的后处理流程是萃取法回收钚铀(plutonium uranium recovery by extraction，PUREX)，是用磷酸三丁酯萃取法从辐照核燃料中回收铀、钚的一种化工过程。

(2) 更多的研究仍与乏燃料后处理中的锕系元素与镧系元素的分离有关。

(3) 更多的研究成果集中于 U 和 Pu 及其他几种"次锕系元素"。

(4) 大多数锕系元素的制备量有限，锕系元素的分离与分析表征息息相关。

(5) 在锕系元素的分离分析和生产制备中，最有效的仍然是溶剂萃取法和离子交换法。对于三价锕系元素，可采用多级分离流程；对于多种价态的锕系元素，可利用氧化还原循环法。经典的沉淀法、纸上色层法和电泳法通常只作为分析方法使用。萃取色层法受到广泛重视，既可用于分离分析，又适用于毫克级钚后元素的纯化和分离。一些新方法如吸附法，具有操作简单、材料丰富、工艺成熟、适用范围广等优点，近年来越来越受到人们的关注。

综上所述，锕系元素分离的基本方法仍是本节的重点。对于方法的原理、名词意义，可参考第 5 章相关内容。

7.5.1　萃取法

1. 溶剂配合物萃取

工业上最重要的萃取剂是人们所熟知的磷酸三丁酯(TBP)。其他萃取剂还有磷酸酯$(RO)_3PO_4$、烷基磷酸酯$(RO)_2RPO_4$ 和三烷基氧化磷 R_3PO 等。该类萃取研究大部分与辐照核燃料后处理的钚铀分离相关，并求得了不同条件下的分配系数。核燃料后处理工厂用的 TBP 是 20%～40%(体积分数)的脂肪族 C_8～C_{12}煤油溶液。

各种价态锕系元素的被萃能力按下列顺序递降：

$$M(Ⅳ) > M(Ⅵ) > M(Ⅲ)$$

四价锕系元素被萃能力的顺序为(图 7-31)[58]

$$Pu(Ⅳ) > Np(Ⅳ) > Th(Ⅳ)$$

六价锕系元素的被萃能力随原子序数的增加而下降(图 7-32)[59]：

$$U(Ⅵ) > Np(Ⅵ) > Pu(Ⅵ)$$

四价和六价锕系元素从硝酸溶液中的萃取按下列过程进行：

$$M^{4+}(水)+4NO_3^-(水)+2TBP(有机)\Longrightarrow[M(NO_3)_4]\cdot2TBP(有机) \quad (7\text{-}17)$$

$$MO_2^{2+}(水)+2NO_3^-(水)+2TBP(有机)\Longrightarrow[MO_2(NO_3)_2]\cdot2TBP(有机) \quad (7\text{-}18)$$

这两种情形均以两溶剂合物形式萃取。图 7-31 和图 7-32 的分配曲线是水相金属离子浓度比有机相 TBP 浓度低得多的体系所特有的，即在此体系中游离 TBP 浓度不因萃取而改变。对 Pu(Ⅳ)、U(Ⅵ)的研究表明，常量锕系元素的分配系数更低些[59]。

四价和六价锕系元素在盐酸溶液中的分配系数与在硝酸体系中相近，但分配系数曲线不出现极大值。若从高氯酸溶液中萃取，分配系数较低，这与高氯酸离子配合能力较低有关。另外，强配位剂如 SO_4^{2-}、PO_4^{3-} 和 F^-等的存在，会大大降低锕系元素的被萃能力。

在同样的体系中，三价锕系元素和五价镎的萃取按下列过程进行：

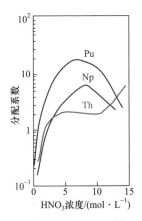

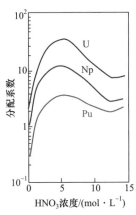

图 7-31　19%(体积分数)TBP-煤油从硝酸溶液中萃取四价锕系元素的分配系数

图 7-32　19%(体积分数)TBP-煤油从硝酸溶液中萃取六价锕系元素的分配系数

$$M^{3+}(水) + 3NO_3^-(水) + 3TBP(有机) \rightleftharpoons [M(NO_3)_3] \cdot 3TBP(有机) \qquad (7\text{-}19)$$

$$NpO_2^+(水) + NO_3^-(水) + TBP(有机) \rightleftharpoons [NpO_2(NO_3)] \cdot TBP(有机) \qquad (7\text{-}20)$$

　　它们的分配系数与四价、六价锕族元素相比低得多。对三价锕系元素和镧系元素的萃取行为做比较表明：当 HNO_3 浓度在 6 mol·L^{-1} 以上时，镧系元素的萃取比对应锕系元素的萃取显著(图 7-33)[60]，与它们形成的配合物稳定常数有关

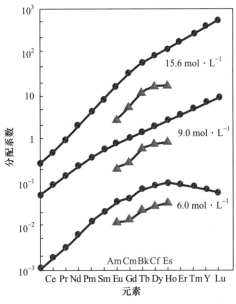

图 7-33　5%(体积分数) TBP-煤油从 HNO_3 溶液中萃取三价锕系元素(▲)和镧系元素(●)的分配系数

(图 7-14)；硝酸浓度较高时，这种差别更为明显。在分离铀和钚的 PUREX 流程中，利用三价、四价锕族元素萃取行为的差别，以 Fe(II) 或 U(IV) 将已经萃取的 Pu(IV) 转变为 Pu(III)，因而达到与铀分离的目的。但是，用 TBP 作萃取剂时，由于锕系元素和镧系元素分配系数的差别较小，故不能用来进行组分离或各元素的分离。其他各类有机磷化合物虽有与 TBP 相近或更好的萃取性能，但仅在分析分离实验室中有所应用，还不能在工业生产中代替 TBP[61]。此外，在酮类中较重要的萃取剂有甲基异丁基酮，它在硝酸溶液中对四价和六价锕系元素具有很高的分配系数。

2. 金属螯合物萃取

若是双齿配体，有利于配合物的稳定常数增大，继而影响萃取效果。对锕系元素较重要的常见螯合萃取剂有 1, 3-二酮类、8-羟基喹啉、铜铁试剂等。这些金属螯合物不溶于水，但溶于有机溶剂。例如，2-噻吩甲酰三氟丙酮(HTTA)与锕系元素作用，可生成含六元环的螯合物。三价锫后元素在 pH = 4 时，可用 $0.1 \sim 0.5$ mol·L^{-1} HTTA-CHCl$_3$ 以 M(TTA)$_3$ 形式达到定量萃取(图 7-34)[62]，但需进行多级萃取才能满足分离要求。在 pH≈1 的条件下，四价锕系元素与 HTTA 形成的螯合物 M(TTA)$_4$，用 $0.1 \sim 1$ mol·L^{-1} HTTA-苯等进行萃取，可实现与三价、六价锕系元素的定量分离。

若以甲基异丁基酮(MIBK)代替 CHCl$_3$、苯、正辛烷作为 HTTA 的有机溶剂，则不能形成纯的萃取螯合物，而是协萃螯合物(synergic chelate)或萃取加合物，如 Am(TTA)$_3$·MIBK、UO$_2$(TTA)$_2$·2MIBK 等。说明有机溶剂对体系形成的萃取螯合物形式影响很大。已知三价锕系元素与正己醇、磷酸三丁酯和三辛基氧化膦(TOPO)也能形成稳定性相近的协萃螯合物，其稳定性顺序为：

$$\beta_{TOPO} > \beta_{TBP} > \beta_{二丁基正烷} > \beta_{正己醇} > \beta_{MIBK} > \beta_{二丁基酯}$$

用 8-羟基喹啉萃取三价锕系元素时，金属阳离子在 pH = 4~6 时发生明显的水解(图 7-35)。与 Ra(II) [$\mu = 0.1$ mol·L^{-1}(Na，NH$_4$，H)ClO$_4$，25 ℃]的萃取相比，

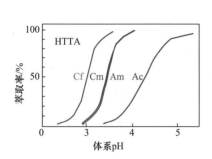

图 7-34　0.5 mol·L^{-1} HTTA-二甲苯对某些三价锕系元素的萃取率($\mu = 0.1$，25℃)

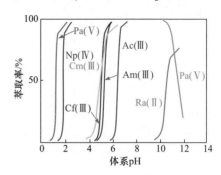

图 7-35　0.1 mol·L^{-1} 8-羟基喹啉-CHCl$_3$ 萃取示踪量

三价锕系卤素衍生物可在较低的 pH 下萃取。例如 pH = 4.7 时，Cf^{3+}可用 $0.04\ mol\cdot L^{-1}$ 5,7-二氯-8-羟基喹啉-$CHCl_3$ 萃取，形成螯合物 $Cf(C_9H_4NOCl_2)_3$，萃取率达 90%[63]。

3. 金属盐萃取

胺类和季铵盐等为这类萃取的典型代表，其萃取机理类似于离子交换，可将其视为液态阴离子交换剂。例如，它们从硝酸溶液中萃取四价锕系元素：

$$R_3N(有机)+H^+(水)+NO_3^-(水) \Longleftrightarrow [R_3NH]NO_3(有机) \tag{7-21}$$

$$2[R_3NH]NO_3(有机)+M(NO_3)_6^{2-}(水) \Longleftrightarrow [R_3NH]_2[M(NO_3)_6](有机)+2NO_3^-(水)$$

$$\tag{7-22}$$

胺类是锕系元素极好的萃取剂，它们对辐射和水解都很稳定，可用来从高放射性溶液中分离钚和钚后元素，还可不经中间纯化步骤而多次使用。胺类萃取的选择性与其具有与水相似的结构有很大关系，对 HCl 和 HNO_3 溶液而言，萃取能力大致有下列顺序：

季铵盐 > 叔胺 > 仲胺 > 伯胺

但从 H_2SO_4 溶液中萃取时，次序正好相反，原因是 H_2SO_4 被胺萃取后形成的硫酸铵盐强烈水化，水化能力与上述次序相同。

四价、六价锕系元素从盐酸或硝酸溶液中萃取时，分配系数按下列顺序递降：

Pu > Np > U > Pa > Th

钍和氯离子不能形成配合阴离子，故不能从盐酸溶液中萃取钍。三价锕系元素只能在微酸性的浓 LiCl 和 $LiNO_3$ 溶液中进行萃取。三价锕系元素的萃取分配系数明显高于镧系元素，故可利用这点进行组分离：

Cf > Fm > Es > Bk > Am > Cm > La 系元素

与胺类形成阴离子配合物实现萃取分离不同，酸性磷酸酯和膦酸酯是以阳离子配合物形式萃取金属，因而被称为液态阳离子交换剂。二(2-乙基己基)磷酸 (HDEHP，我国工业试剂的商品名为 P_{204})可在酸性较强的范围内进行萃取，从而避免了水解问题，是锕系元素的优秀萃取剂。在多数有机溶剂中，HDEHP 是以二聚物存在的，萃取顺序如下[64]：

$$M^{4+} > M^{6+} > M^{3+}$$

思考题

7-8　比较锕系元素的萃取分离与镧系元素分离有哪些不同。为什么?

7.5.2　离子交换法

离子交换法具有操作简便、选择性高和适应性强的特点,且适于远距离操作,易实现辐射防护,在放射化学分离中占有重要地位,也是研究锕系元素、分离裂变产物和其他放射性核素的有效手段。在核燃料工业中,离子交换法用于从矿浆浸出液中吸附铀,在后处理中用于净化铀、钚和钍等流程。

1. 阴离子交换

锕系离子在无机酸溶液中形成阴离子配合物的程度不同,可用来分离不同价态的锕系元素混合物,如钍-镤-铀分离[65]或铀-镎-钚分离[66]。后者是在将 9 mol·L^{-1} HCl + 0.05 mol·L^{-1} HNO$_3$ 的料液于 50℃时通过体积为 0.25 cm × 23 cm 并装有 Dowexl-X10 的离子交换柱,用 9 mol·L^{-1} HCl 洗涤柱子后,以 9 mol·L^{-1} HCl + 0.05 mol·L^{-1} NH$_4$I 溶液洗脱钚,然后用 4 mol·L^{-1} HCl + 0.1 mol·L^{-1} HF 溶液洗脱镎。最后,以 0.5 mol·L^{-1} HCl + 1 mol·L^{-1} HF 溶液洗脱铀。起始料液中所含的镅和三价锕系元素都不被吸附,可达到良好的定量分离效果。

当有机螯合剂如乙二胺四乙酸等能与金属离子形成负电性螯合物时,可在阴离子交换剂上有效分离三价锕系元素[67]。

2. 阳离子交换

对于三价锕系元素,常采用阳离子交换技术进行分离。首先从稀酸中将锕系离子吸附到阳离子交换柱上,然后以不同的配合剂洗脱,使用最广泛的配合剂为 2-羟基异丁酸(α-HIBA),它在发现 97 号锫至 101 号钔几种元素分离中曾起过特殊的作用(图 7-36)[68],图中各种离子淋洗峰的位置就指明了被淋洗元素的原子序数。值得注意的是,各个馏分的位置主要由温度、pH、淋洗剂的性质和浓度所决定,并且与交换柱的大小有关系。其他配合剂还有柠檬酸、乳酸、乙二胺四乙酸、羟乙基-乙二胺三乙酸和硫氰酸盐。阳离子交换法中常见淋洗剂的最佳分离因子列于表 7-10[69-70]。由表 7-10 可见以 2-羟基异丁酸和乙二胺四乙酸的分离效果最佳。

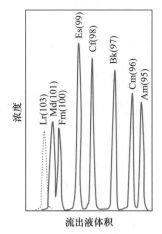

图 7-36　用 2-羟基异丁酸作为淋洗剂从离子交换柱上淋洗重锕系离子时的出峰顺序

表 7-10   用阳离子交换法分离锎后元素的最佳分离因子

淋洗剂	淋洗峰位置(以 Cm = 1.00 相对比较)						
	Am	Cm	Bk	Cf	Es	Fm	Md
柠檬酸	1.17	1.00	0.61	0.45	0.36	0.30	0.25
酒石酸	1.3	1.00					
乙二胺四乙酸	1.4	1.00		0.18			
羟基乙酸	1.21	1.00	0.70	0.60	0.39		
乳酸	1.21	1.00	0.65	0.41	0.33	0.19	0.14
苯乙醇酸	1.18	1.00		0.35			
α-羟基正丁酸	1.20	1.00		0.26			
α-羟基异丁酸	1.41	1.00	0.45	0.20	0.13	0.069	0.050
α-羟基-2-甲基丁酸	1.46	1.00		0.17	0.12		
羟乙基乙二胺三乙酸	1.36	1.00		~0.4			

例题 7-4

解释图 7-35 中为什么较重的(半径较小的)An^{3+}先流出。

解   带负电荷的配体对半径最小的 An^{3+}通常具有最高的亲和力,导致配合物的稳定常数自左至右增大,因而最先出现在流出液中。

7.5.3 其他分离方法

1. 萃取色层法

萃取色层(反相色层)分离法兼有萃取的选择性和柱分离方便性的优点,不仅适用于锕系元素的分析分离,且适用于毫克量锎后元素的纯化和分离。例如,可圆满地实现三价锕系与镧系元素的组分离、元素的价态分离,如 Np^{4+}-Np^{5+}-Np^{6+} 或 Pu^{3+}-Pu^{4+}-PU^{6+}等。在萃取色层中测得的分离因子与同样条件下溶剂萃取得到的分离因子通常大致相等。

2. 沉淀法

沉淀法利用不同价态的锕系元素化合物溶解度不同,各价态锕系离子稳定性不同,使得生成沉淀顺序不同,从锕系元素混合物和裂变产物中将特定的锕系元素分离出来,并获得良好的产率和净化系数。

3. 挥发法

挥发法是利用锕系元素氟化物和氯化物挥发性的差异性进行分离。例如，六氟化物 UF_6、NpF_6 和 PuF_6 是挥发性化合物，它们的沸点约为 60℃，采用合适的氟化剂使之氟化后，再经 NaF 或 MgF_2 吸附-解吸的过程，即可实现良好的分离。

除以上几种方法可用于锕系元素的分离以外，还有纸上色层法和电泳法也被用来研究锕系离子和许多裂变产物如 Y、La、Ce、Ru 等的分析分离[71-72]。

7.5.4　分离方法的研究进展简介

近年来在锕系元素分离方面的整体研究，依然保留着本节开头处所列的几个特点。特别是随着中国核工业的发展，中国科学家做出了杰出贡献[73-83]。

1. 锕系元素与镧系元素分离方法研究

Choppin[84]认为，锕系元素中 5f 轨道与 6d 轨道的能量差比镧系元素中 4f 轨道与 5d 轨道能量差大，这导致了锕系元素 5f 轨道对环境条件更灵敏。Am^{3+}、Eu^{3+} 都属于路易斯硬酸，但 Am^{3+} 比 Eu^{3+} 偏软一些，使得 Am^{3+} 和 Eu^{3+} 在与较软配体配位时产生较大差别：相对于 O，Am^{3+} 更易于与含 S、N 等较软配位原子萃取剂配位。含 S、N 等较软配位原子萃取剂的合成和对 Am^{3+}、Eu^{3+} 的萃取分离的研究成为热点。陈靖、朱永濬等[85-86]用纯化后的二(2,4,4-三甲基戊基)二硫代膦酸从微量和常量稀土元素中萃取镅，镅与稀土元素的分离因子在 1000 以上，因而能有效分离镅与稀土元素。

2. 大量铀中的微量镎分离

镎是高毒元素，核燃料后处理铀产品中对镎的控制要求很严格[87-90]。但后处理铀产品中，部分样品铀镎质量比高达 10^6，大量铀的存在对镎的分析和分离造成重大影响。王孝荣等[91]采用的是将 Np 调至 Np^{5+} 后通过 TBP 萃淋树脂，将大部分铀去除，然后将 Np^{5+} 调至 Np^{6+} 用 7402 季铵盐萃淋树脂继续铀的去污，全程 Np 的回收率大于 80%。苏玉兰等[92]研究了采用 TEVA 与 UTEVA 树脂联合分离铀产品中微量镎的方法，镎的全程回收率平均约为 94%，铀的去污因子大于 10^4。应浙聪等[73]采用 TEVA-UTEVA 萃取色层柱分离铀产品中微量镎，经过改良，测量相对标准偏差优于 4%($n=3$)，镎的平均回收率大于 86%，铀的去污因子大于 10^5。黄昆等[76]基于液闪测量的要求，建立了 α-噻吩甲酰基三氟丙酮(TTA)萃取及阴离子交换树脂纯化的分离流程，镎的回收率在 90% 以上，对铀、钚及干扰的裂变产物的去污因子均在 10^4 以上。基于该流程，设计了自动定量取样装置、自动萃取装置、自动柱分离装置，实现了全分离流程的自动化。全分离流程自动分离时间在 1.9 h 左右，对铀的去污因子在 10^4 以上，对锝的回收率达到 $(71.7\pm2.8)\%$。

3. 新型萃取剂的研究

研究表明，从酸性水溶液中萃取金属离子到非极性介质中，往往会形成具有亲水核心的反向胶束，其中包括所萃取的酸、水和金属离子，当胶束间相互吸引能超过临界值时会发生聚合，聚合体达到一定尺寸后，有机相即发生分裂，形成第三相[93]。因此，设计、合成出性能更优化的萃取剂并探寻萃取机理、萃取性能、萃取容量、配位性能之间的关系，是一个极具挑战性的课题。国内科学家已在新型萃取剂的研究上展开了工作。刘耀阳等[74]就不对称酰胺荚醚的历史沿革、合成方法、萃取性能、配位机理、流程工艺以及三相形成等几个方面进行了全面综述，就多种不对称双酰胺荚醚萃取剂对锕系、镧系及其他主要裂片元素的萃取分配比、分离系数、三相形成临界参数等进行了比较，对该类萃取剂后续的结构设计、配位机理研究及流程应用等方向提供了参考性建议。周今等[81]对酰胺类萃取剂萃取锕系元素的研究进展做了综述。

4. 新型固相萃取材料及其在铀分离中的应用

固相萃取(solid phase extraction，SPE)技术兼具富集因子高、操作灵活性和辐照稳定性相对较高、吸附动力学快、萃取剂能够重复利用、有机试剂消耗量少、产生废物少、失效材料易于固化处理等优点[94-95]，其在铀等关键核素的分离分析，尤其在治理各类环境水体铀污染过程中扮演着越来越重要的角色。此领域的研究论文逐年增多。李波等[77]撰文(引用文献 190 篇)回顾了近 15 年具有代表性的新型固相铀分离材料的设计和制备研究，评述了他们的铀分离效果，并对相关材料在铀分离领域的应用前景做了分析和展望。新型固相吸附材料在水体中吸附分离铀的研究也颇有进展[80]。

7.6 锕系元素的应用和毒性

7.6.1 锕系元素的应用

部分锕系元素已在日常生活中得到了应用，如烟雾侦测器中的镅和煤气网罩中的钍等，但锕系元素如铀和钚等主要用于核武器，或当作核反应堆的燃料，锕系元素在医学[95-96]和生物学[28]等方面也有重要的应用。对于原子序数较大的重锕系元素，制备难度较高、不稳定，目前只用于学术研究，暂时没有实际用途。

1. 用作核燃料

核燃料(nuclear fuel)是在核反应堆中通过核裂变或核聚变产生实用核能的材料。核燃料包含易裂变核素，在核反应堆内可以实现自持核裂变链式反应的材料。核燃料在反应堆内使用时，应满足以下要求：①与包壳材料相容，与冷却剂无强烈的化学作用；②具有较高的熔点和热导率；③辐照稳定性好；④制造容易，再处理简单。根据不同的堆型，可以选用不同类型的核燃料：金属(包括合金)燃料、陶瓷燃料、弥散体燃料和流体(液态)燃料等。重核的裂变和轻核的聚变是获得实用铀棒核能的两种主要方式。^{235}U、^{238}U 和 ^{235}Pu 是核裂变的核燃料，又称裂变核燃料，其中 ^{235}U 存在于自然界中，而 ^{233}U、^{239}Pu 则是 ^{232}Th 和 ^{238}U 吸收中子后分别形成的人工核素。从广义上说，^{232}Th 和 ^{238}U 也是核燃料。氘和氚是能发生核聚变的核燃料，又称聚变核燃料。氘存在于自然界，氚是锂-6 吸收中子后形成的人工核素。核燃料在核反应堆中"燃烧"时产生的能量远大于化石燃料，$1\,kg\,^{235}U$ 完全裂变时产生的能量约相当于 2500 t 煤。因此，原子能是继化学燃料(包括煤、石油、天然气等)和水力资源之后的新能源，已经成为地球上第三种主要能源。原子能的利用极大地扩展了人类支配自然界的能力[96]。

2. 用作热源

随着能源需求的日益增长、对环境保护及节能减排技术的大力推广，低温核能供热的发展越来越受到国内外的重视。核用放射性核素直接作为能源，从原理上讲可有热动力、热电、热离子三种转换系统，将衰变过程中释出的热转变为电(图 7-37)。其中，热电转换没有活动部件，可将 5%～10%的热能转变成电能，引起广泛关注。若使用半导体热偶可获最大效率。例如，在>800℃的高温用 Ge-Si 热偶，在较低温度(<800℃)时用 Pb-Te 热偶。热离子转换器的电效率比热电转换器高，但寿命短；要求最低温度约为 1800℃，该温度只能用 ^{227}Ac 或 ^{241}Cm 等核素得到，而不能用 ^{256}Pu。至于热动力系统，它的缺点是结构复杂，所用放射性核素量大，但能量转换效率好。

如做成换能器，即有了放射性同位素电池的核心(图 7-38)。放射性同位素电池被广泛地应用在航天、航海、航空导航和军事上。放射性同位素心脏起搏器于 20 世纪 70 年代初开始应用，在手机等电子产品上的应用更为广泛，将在各种手提设备上大量运用。

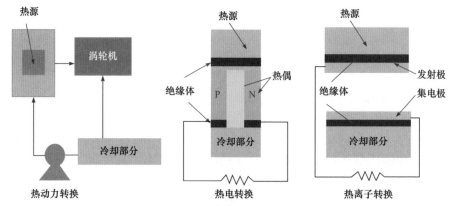

图 7-37　将放射性衰变时释放的热转变为电能和机械能的几种可能途径

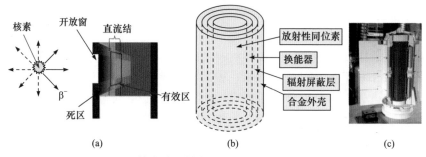

图 7-38　核电池的基本原理(a)、构造(b)和实物(c)

3. 用作辐射源

　　利用能放出中子和 γ 射线的核素作辐射源，最重要的是 ^{241}Am 和 ^{252}Cf，钚和锔的各种同位素通过反应也用作中子源。在不同用途的分析仪器中 ^{241}Am 变得日益重要[97]，它的半衰期长达 433 年，在几年时间内可不考虑对核衰变做校正。^{252}Cf 具有两个不同于其他放射性核素的特性。它的自发裂变放出大量中子，中子发射率为 2.34×10^{13} 中子/$(g \cdot s)$，并有较长的半衰期$(t_{1/2} = 2.638 \ a)$，这种自发裂变中子源与(α, n)中子源相比，具有简易、体积紧凑和高中子通量的优点，甚至可与小型核反应堆和加速器相竞争。还可将 ^{252}Cf 强中子源插入体内治疗癌症，它对病变组织有很强的局部辐照作用，在克服缺氧细胞对辐照的抵抗方面，中子比 γ 辐射更有效。在诊断应用中，短寿命放射性制剂可使健康组织的辐照剂量减至最小。中子射线照相补充了 X 射线照相的不足，它可给出更完整的软组织结构图片，而没有骨骼的干扰。

7.6.2　锕系元素的毒性

　　锕系元素的用途取决于它们的核性质，而锕系元素的毒性则取决它们的化学性质，与核性质无关。锕系元素都具有放射性，按不同的核素分别放出 α、β⁻、β⁺ 和 γ 等各种粒子，甚至经自发裂变释出中子。过度暴露在它们的辐射中，会导致不同程度的放射性损伤，严重的可成为放射病[98]，损害人体健康甚至生命。

锕系元素主要的毒性元素有钍、铀、镎、钚和镅。

(1) 钍的化学毒性。它的危险性主要来自其放射性。钍主要蓄积于肝、骨髓、脾和淋巴结，其次是骨骼、肾等脏器中。一般认为，钍本身的化学毒性非常小，但其化合物有较高的化学毒性。钍化合物急性中毒主要是化学毒性所致，而慢性中毒则是由钍及其衰变子体的辐射作用引起的。急性中毒晚期或慢性中毒的主要表现是造血功能障碍、机体抵抗力减弱、神经功能失常以及各脏器损伤而引起的病变和致癌效应[99]。

(2) 铀及其衰变产物如氡等会通过吸入受污染的空气或摄入受污染的水和食物进入人体。大部分体内的铀在消化过程后排出，但当氧化铀等不可溶的含铀化合物进入人体后，有约 0.5% 会被吸收；如果可溶性较高的铀酰离子进入人体，人体吸收的量可高达 5%。留在体内的铀会影响肾、脑、肝、心的正常运作，除了微弱放射性以外，其本身的化学毒性也会对身体的其他器官造成伤害[100-101]。铀还是一种生殖毒物[102]。

(3) 在镎的毒理学中，^{237}Np 最重要。它有很高的化学毒性和放射毒性，属于极毒性核素。^{237}Np 进入人体后，在体内的吸收、分布和排出因其价态、化合物的存在形式、进入人体途径的不同而产生相应差异，主要积聚在骨骼、肝和肾中：镎急性中毒时，会严重损伤肾和肝；慢性中毒的远期效应可引起骨肉瘤；吸入 ^{237}Np 可引起支气管扩张、肺硬化及肺肿瘤。

(4) 钚属于极毒性元素，被视为"亲骨性元素"和"毒性最大的元素"。钚进入人体血液后，在生理 pH 条件下，易水解成难溶性的氢氧化物胶体，并以 $Pu(OH)_4$、$Pu(OH)_2^{2+}$ 和 Pu-蛋白质配合物的形式存在于血液中，而后主要蓄积在骨骼和肝等脏器中。^{239}Pu 急性中毒会引起机体严重病变，其主要表现有炎症坏死性病变和广泛性纤维增生病变；慢性辐射损伤的远期效应是致癌和寿命缩短。

(5) ^{241}Am、^{242}Am 和 ^{243}Am 都属于极毒性核素，在镅的毒理学中，以 ^{241}Am 最为重要。它进入人体后主要蓄积于肝腱和骨骼中；急性 ^{241}Am 中毒时，引起典型的急性放射病；亚急性中毒时，主要损害造血器官和肝脏而引起死亡；慢性中毒远期效应可引起肿瘤。

将锕系元素的毒性与常见"剧毒的"CO 和 HCN 在空气中的最大容许浓度加以比较，见表 7-11。

表 7-11　若干锕系核素在放射性工作场所空气中的最大容许浓度(mg · m^{-3})

CO	HCN	^{232}Th	^{238}U	^{237}Np	^{232}Pa	^{242}Cm
100	10	0.27	0.19	4×10^{-4}	4×10^{-6}	4×10^{-12}

　　总之, 锕系元素尤其是镎及镎后元素属于极毒或高毒类元素, 一旦进入机体, 将产生极大的危害性[103]。

参 考 文 献

[1] Seaborg G T. Chem Eng News, 1945, 23: 2190.

[2] Heisenberg W. Zeitschrift Physik, 1927, 43: 172.

[3] Hund F. Linienspektren und Periodisches System der Elemente. Berlin: Springer, 1927.

[4] Gschneider K A. Handbook on the Physics and Chemistry of the Rare Earths. Amsterdam: Elsevier, 1994.

[5] 戴安邦, 尹敬执, 严志弦, 等. 无机化学丛书(第七卷): 钪稀土元素. 北京: 科学出版社, 1992.

[6] Klaproth M H. Chemische Annalen, 1789, 2: 387.

[7] Mcmillan E, Abelson P. Phys Rev, 1940, 57(12): 1185.

[8] Ghiorso A, Sikkeland T, Larsh A E, et al. Phys Rev Lett, 1961, 6(9): 473.

[9] 高胜利, 杨奇. 化学元素新论. 北京: 科学出版社, 2019.

[10] 唐仁寰, 刘元方. 无机化学丛书(第十卷). 北京: 科学出版社, 1998.

[11] Farr J D, Giorgi A L, Bowman M G, et al. J Inorg Nucl Chem, 1961, 18: 42.

[12] Cotton S. Lanthanide and Actinide Chemistry. Hoboken: John Wiley & Sons, 2006.

[13] 《镎的分析》翻译小组. 镎的分析. 北京: 原子能出版社, 1974.

[14] Lide D R. CRC Handbook of Chemistry and Physics. 86th ed. Boca Raton: CRC Press, 2005.

[15] Asprey L B, Keenan T K, Kruse F H. Inorg Chem, 1965, 4(7): 985.

[16] 朱礼洋, 李晓敏, 杨素亮, 等. 镅锔分离研究进展. 核化学与放射化学, 2020, 42(6): 465.

[17] Hussonnois H, Huber S, Aubin L, et al. Radiochem Radioanal Lett, 1972, 10(4): 231.

[18] Lundqvist R, Hulet E K, Baisden T A. Acta Chem Scand Ser A, 1981, 35: 653.

[19] Holleman A F, Wiberg N. Textbook of Inorganic Chemistry. 102nd ed. Berlin: Walter de Gruyter & Co, 2007.

[20] Mikheev N B, Spitsyn V I, Kamenskaya A N, et al. Inorg Nucl Chem Lett, 1972, 8(11): 929.

[21] Hulet E K, Lougheed R W, Baisden P A, et al. J Inorg Nucl Chem, 1979, 41(12): 1743.

[22] 徐德海, 李绍山. 化学元素知识简明手册. 北京: 化学工业出版社, 2012.

[23] Runder W H, Schulz W W. Chapter 8: Americium//Morss L R, Edelstein N M, Fuger J. The Chemistry of the Actinide and Transactinide Elements. 4th ed. Dordrecht: Springer, 2010.

[24] Несмеянов А Н. 放射化学. 何建玉, 魏连生, 赵月民, 译. 北京: 原子能出版社, 1985.

[25] 杨学先. 中国核科技报告, 1990, S4: CNIC-00432.

[26] Theodore G. The Elements: A Visual Exploration of Every Known Atom in the Universe. New York: Black Dog & Leventhal Publishers, 2009.

[27] Hill H H. J Nucl Metallurgy, 1970, 17(1): 2.

[28] 李瑞文, 莫川, 廖益传. 稀有金属材料与工程, 2017, 46(9): 2714.

[29] Nakamura H, Kitaoka Y, Asayama K, et al. Physica B, 1996, 223-224: 53.

[30] Degiorgi L, Ott H R, Dressel M, et al. Europhys Lett, 1994, 26(3): 221.

[31] 唐文俊. 天然气化工(C1 化学与化工), 1983, 6: 66.

[32] Wiikinson W D. Uranium Metallurgy, Vol. 1: Uranium Process Metallurgy, Vol. 2: Uranium Corrosion and Alloys. New York: Interscience-John Wiley, 1962.

[33] Keller C. 超钚元素(译文集). 北京: 原子能出版社, 1976.

[34] Morss L R. The Chemistry of the Actinide Elements, Vol. 2//Katz J J, Seaborg G T, Morss L R. London and New York: Chapman & Hall, 1986.

[35] Apostolidis C, Kovács A, Walter O, et al. Chem Eur J, 2020, 26(49): 11293.

[36] Paprocki V, Hrobárik P, Harriman K L M, et al. Angew Chem, 2020, 59(31): 13109.

[37] Singh S K, Cramer C J, Gagliardi L. Inorg Chem, 2020, 59(10): 6815.

[38] Kaltsoyannis N. Chem Eur J, 2018, 24(12): 2815.

[39] 柳倩, 周今, 朱礼洋, 等. 中国原子能科学研究院年报, 2019, 001: 125.

[40] 张宇生, 孙涛祥. 核化学与放射化学, 2020, 43(2): 109.

[41] Zhang X X, Wang Y F. J Am Chem Soc, 2018, 140: 3907.

[42] 冯玉彪, 朱艳云. 化学通报, 1982, 4: 8.

[43] Keller C, Schreck H. J Inorg Nucl Chem, 1969, 31(4): 1121.

[44] Eherle S H, Robel W. J Inorg Nucl Chem, 1970, 6(4): 359.

[45] Eherle S H, Bayat I. Inorg Nucl Chem Lett, 1969, 5(4): 229.

[46] 莫斯克文. 锕系元素的配位化学. 苏杭, 齐陶, 译. 北京: 原子能出版社, 1984.

[47] Miyake C, Nürnberg H W. J Inorg Nucl Chem, 1967, 29(9): 2411.

[48] Sillén L G. Pure Appl Chem, 1968, 17(1): 55.

[49] Yamashita T, Nitani N, Tsuji T, et al. J Nucl Mater, 1997, 245(1): 72.

[50] Cunniugham B B, Wallmann J C. Inorg Nucl Chem, 1964, 26(2): 271.

[51] Persson I. Pure Appl Chem, 2010, 82(10): 1901.

[52] Langeslay R R, Fieser M E, Ziller J W, et al. Chem Sci, 2015, 6(1): 517.

[53] Zumdahl S S. Chemical Principles. 6th ed. Boston: Houghton Mifflin Company, 2009.

[54] Laveissiere J. Bulletin de la Societe Francaise de Mineralogie et de Cristallographie, 1967, 90: 304.

[55] Howard C J, Taylor J C, Waugh A B. J Solid State Chem, 1982, 45(3): 396.

[56] Levy J H, Taylor J C, Wilson P W. J Inorg Nucl Chem, 1977, 39(11): 1989.

[57] 王东琪, van Gunsteren W F. 化学进展, 2011, 23(7): 1566.

[58] Alcock K, Best G F, Hesford E, et al. J Inorg Nucl Chem, 1958, 6(4): 328.

[59] Saha G B, Yaffe L. J Inorg Nucl Chem, 1970, 32(3): 745.

[60] Best G F, Hesford E, Mekay H A C. J Inorg Nucl Chem, 1959, 12(1-2): 136.

[61] Freeman A J, Keller C. The Handbook on the Physics and Chemistry of the Actinides. New York: Elsevier Science Publishers, 1985.

[62] Feinauer D, Keller C. Inorg Nucl Chem Lett, 1969, 5(8): 625.

[63] Keller C, Mosdzelewski M. Radiochim Acta, 1967, 7(4): 185.

[64] Fardy J J, Chilton J M. J Inorg Nucl Chem, 1969, 31(10): 3247.

[65] Keller C. Radiochim Acta, 1963, 1(3): 147.

[66] Nelson F, Michelson D C, Holloway J H. J Chromatogr A, 1964, 14: 258.

[67] Baybarz R D. J Inorg Nucl Chem, 1966, 28(8): 1723.

[68] Hobart D E, Peterson J R, Haire R G, et al. Chemistry of the Actinide Elements, Vol. 2. 2nd ed. London and New York: Chapman and Hall, 1986.

[69] Stary J. Talanta, 1966, 13(3): 421.

[70] Choppin G R. J Chem Educ, 1959, 36(9): 462.

[71] Knoch W, Muju B, Lahr H. J Chromatogr A, 1965, 20: 122.

[72] Kreak W, Wals G D. J Chromatogr A, 1965, 20: 201.

[73] 应浙聪, 赵胜洋. 核化学与放射化学, 2020, 42(4): 242.

[74] 刘耀阳, 刘志斌, 赵闯, 等. 化学进展, 2020, 32(Z1): 219.

[75] 池哲鑫, 罗爽, 田景林, 等. 应用化工, 2019, 48(3): 656.

[76] 黄昆, 毛国淑, 丁有钱, 等. 核化学与放射化学, 2020, 42(4): 249.

[77] 李波, 马利建, 罗宁, 等. 化学进展, 2020, 32(9): 1316.

[78] 俎建华, 付凌霄, 潘晓晗, 等. 核技术, 2020, 43(11): 110302.

[79] 王萍. 环境科学导刊, 2008, 27(5): 16.

[80] 赵悦, 赵春雷, 王锐, 等. 精细化工, 2018, 35(4): 549.

[81] 周今, 毛国淑, 丁有钱, 等. 中国核科学技术进展报告(第五卷)——中国核学会 2017 年学术年会论文集第 6 册(核化工分卷、核化学与放射化学分卷、辐射物理分卷). 威海: 中国核学会 2017 年学术年会, 2017.

[82] 陈禄敏, 许杰, 谢卫华, 等. 2018 年中国质谱学术大会(CMSC 2018)论文集. 广州: 中国质谱学术大会, 2018.

[83] 蒋德祥, 何辉, 朱文彬, 等. 核化学与放射化学, 2012, 34(3): 142.

[84] Choppin G R. J Less-Comm Metals, 1983, 93(2): 323.

[85] 陈靖. 二(2, 4 -三甲基戊基) 二硫代膦酸萃取分离镅和镧系元素. 北京: 清华大学, 1996.

[86] Zhu Y J, Chen J, Jiao R Z. Solv Extr Ion Exch, 1996, 14(1): 61.

[87] 梁振源. 国外核新闻, 1991, 4: 3.

[88] Uchiyama G, Hotoku S, Kihara T, et al. Process Study on Neptunium Separation using Salt-free Reduction Reagent. Solvent Extraction 1990, Part A. Kyoto: Elservier Science, 1992.

[89] Groh H J, Schcea C S. Progress in nuclear energy series, Ⅲ: Process Chemistry. Hungary: Pergamon Press Inc, 1970.

[90] Groh H J, Schcea C S. Process in Nuclear Energy, 1970, 3(4): 507.

[91] 王孝荣, 林灿生, 刘俊岭, 等. 核化学与放射化学, 2002, 24(1): 16.

[92] 苏玉兰, 金花, 应浙聪, 等. 原子能科学技术, 2014, 48(5): 786.

[93] Ganguly R, Sharma J N, Choudhury N. J Colloid Int Sci, 2011, 355(2): 458.

[94] Seaborg G T. New Sci, 1968, 38: 410.

[95] Seaborg G T. AEC Quarterly Tech Prog Rev, 1968, 6: 1.

[96] 核燃料后处理工艺编写组. 核燃料后处理工艺. 北京: 原子能出版社, 1978.

[97] Schulz W W. 镅化学. 唐任寰, 高宏成, 译. 北京: 原子能出版社, 1981.

[98] 张寿华, 强亦忠. 放射化学. 北京: 原子能出版社, 1983.

[99] Burakov B E, Ojovan M I, Lee W E. Crystalline Materials for Actinide Immobilisation. Vol. 1. Singapore: World Scientific, 2010.

[100] Craft E S, Abu-Qare A W, Flaherty M M, et al. J Toxicol Environ Health B Crit Rev, 2004, 7(4): 297.

[101] Bleise A, Danesi P R, Burkart W. J Environ Radioactiv, 2003, 64(2-3): 93.

[102] Hindin R, Brugge D, Panikkar B. Environ Health, 2005, 4: 17.

[103] 唐任寰. 原子射线与防护. 西安: 陕西人民出版社, 1978.

第一类：学生自测练习题

1. 是非题(正确的在括号中填"√"，错误的填"×")

(1) 镧系元素的多种氧化态是它们的有效核电荷减小所造成的。　　　　　( )
(2) 像 d 区元素一样，镧系和锕系元素的简单离子在水溶液中都显颜色。

( )
(3) 阴极射线是电子流。　　　　　　　　　　　　　　　　　　　　( )
(4) 质谱仪能测定带正电荷粒子的电荷-质量比。　　　　　　　　　　( )
(5) α 衰变是指放射性原子核放射出正电子和中微子而转变为另一种核的过程。

( )
(6) 书写核化学式只要方程式两端的质量数之和相等就可以了。　　　　( )
(7) 利用放射性碳-14 测定年代法可以测定出以前物体距今的年份。　　( )
(8) 镧系元素的原子半径从左到右递变过程中出现极大值(双峰效应)的两个元素
是 Eu 和 Rb。　　　　　　　　　　　　　　　　　　　　　　　　( )
(9) 核裂变指大核分裂为小核的过程，核聚变则指由两个或多个轻核聚合形成较
重核的过程。　　　　　　　　　　　　　　　　　　　　　　　　( )
(10) 超铀元素指在周期表中处于铀元素之后的元素。　　　　　　　　　( )

2. 选择题

(1) 下面不具有放射性的是　　　　　　　　　　　　　　　　　　　( )
A. $^{13}_{6}C$　　　　　B. $^{13}_{7}N$　　　　　C. $^{3}_{1}H$　　　　　D. $^{5}_{2}He$
(2) 一个 α 粒子实际上就是　　　　　　　　　　　　　　　　　　　( )
A. 一个电子　　　B. 一个质子　　　C. 一个中子　　　D. 一个核子
(3) 放射性物质能使照相底片"感光"，这是因为放射性物质放射出　　( )
A. α射线　　　　B. β射线　　　　C. γ射线　　　　D. 以上三种射线

(4) $^{235}_{92}$U 蜕变放出 α 和 β 两种粒子而形成 $^{207}_{82}$Pb，试计算每形成一个原子铅时，有
多少 α 和 β 粒子可释放出来 （ ）

A. 7 个 α 粒子和 4 个 β 粒子　　　B. 4 个 α 粒子和 7 个 β 粒子

C. 5 个 α 粒子和 5 个 β 粒子　　　D. 3 个 α 粒子和 8 个 β 粒子

(5) 玻璃中因含有三价铁的化合物而呈现黄绿色，对玻璃的透明度影响很大。为改
善玻璃的透明度，工业上常用的脱色剂是 （ ）

A. ThO_2　　　B. CeO_2　　　C. Ce_2O_3　　　D. Ce

(6) 原子核发生 β 辐射时，原子的 （ ）

A. 原子量增加 1　　　　　　　B. 原子序数减少 1

C. 原子量减少 4　　　　　　　D. 原子序数增加 1

(7) 氢原子核俘获中子时形成 （ ）

A. α 粒子　　　B. 氘　　　C. β 射线　　　D. 正电子

(8) γ 射线有 （ ）

A. 单位质量和负电荷　　　　　B. 单位质量，但不具备电荷

C. 质量为零，不带电荷　　　　D. 质量为零，带负电荷

(9) 放射性 ^{201}Pb 的半衰期为 8 h，将其 1 g 放置 24 h 后还剩 （ ）

A. 1/2 g　　　B. 1/6 g　　　C. 1/4 g　　　D. 1/8 g

(10) 由于镧系收缩而性质极其相似的一组元素是 （ ）

A. Sc 和 La　　　B. Co 和 Ni　　　C. Nb 和 Ta　　　D. Cr 和 Mo

3. 填空题

(1) 迄今已知镧系元素中能生成 LnO_2 型氧化物的元素是_____、_____、
_____，它们在酸性介质中都是_____剂。

(2) 镧系元素原子的价电子层构型除 La 是_____，Ce 是_____，Gd 是
_____和 Lu 是_____外，其他元素的构型通式是_____。

(3) 根据发射出射线的性质可将最常见的衰变方式分为_____、_____和
_____三大类。

(4) 核素质量与其组成核子质量和之差称为_____，用_____表示。

(5) 为了使链反应能够发生，裂变材料的质量必须_____某一最小质量。

(6) 核反应堆是通过_____获得核能的一种装置。

(7) 聚变反应需要很高的反应温度，因而又称为_____，以聚变反应为基础的
核武器称为_____。

(8) 人工核反应是指原子核受_____、_____、_____、_____等轰
击而形成新核的_____。

(9) 超锕系元素是指原子序数大于_____的元素，即周期表中处于锕系元素之_____的元素。

(10) 随着质子数越来越_____，质子间的库仑斥力越来越_____，原子核也越来越_____，因此，超锕系元素的合成也越来越_____。

4. 配平下列方程式

(1) $^{252}_{98}Cf + ^{10}_{5}B \longrightarrow 3^{1}_{0}n + ?$

(2) $^{2}_{1}H + ^{3}_{2}He \longrightarrow ^{4}_{2}He + ?$

(3) $^{1}_{1}H + ^{11}_{5}B \longrightarrow 3?$

(4) $^{122}_{53}I \longrightarrow ^{122}_{54}Xe + ?$

(5) $^{59}_{26}Fe \longrightarrow ^{0}_{-1}e + ?$

5. 计算题

(1) 试计算由核反应:

$$^{3}_{1}H + ^{2}_{1}H \longrightarrow ^{4}_{2}He + ^{1}_{0}O$$

生成 1 mol $^{4}_{2}He$ 时所释放出的能量，相当于多少吨碳燃烧时所放出的能量。(已知: 碳的燃烧热为 393.76 kJ · mol^{-1}，反应物的总质量为 5.02905 g，产物的总质量为 5.01017 g)

(2) 计算反应 $^{59}_{27}Co + ^{2}_{1}H \longrightarrow ^{60}_{27}Co + ^{1}_{1}H$ 的吸收发射能。原子量: $^{59}_{27}Co$ 为 58.9332，$^{2}_{1}H$ 为 2.01410，$^{60}_{27}Co$ 为 59.9529，$^{1}_{1}H$ 为 1.00783。

(3) $^{226}_{88}Ra$ 的半衰期为 1620 年，计算: ①Ra-226 衰变的一级速率常数; ② Ra-226 经 100 年后还剩百分之几?

(4) 考古工作者新挖掘到一文物，经测定，其 $^{14}C/^{12}C$ 的比值为现在活植物体内比值的 0.617 倍。据此估测该文物距今已有多少年。(已知 ^{14}C 的半衰期为 5770 年)

第二类: 课后习题

1. 区分下列概念。

核子	核化学方程式书写规则	放射性碳定年法	超铀元素
核素	放射性活度	核反应堆	超锕系元素

α衰变的位移定则	比活度	核裂变	热核反应
β衰变的位移定则	核力	核聚变	热核武器
放射系	放射性衰变	质量亏损	

2. 举出 4 种能显示+3 以外价态的镧系元素，并写出其中性原子在基态时的电子排布式、4f 电子数和非+3 价态。

3. 某铀的固体化合物 A 呈橙黄色，灼烧后生成暗绿色的固体 B，加热时用 CO 气体还原 A、B 均得到暗棕色的固体 C。A 溶于 HNO_3 得到黄绿色溶液，蒸发该溶液，冷却结晶得黄色晶体 D。在 D 的溶液中加 $NH_3 \cdot H_2O$ 得黄色沉淀 E，灼烧 D、E 均能得到化合物 A。用 Ca 等活泼金属在一定温度时还原 A 得到银白色的固体 F。A~F 各为哪种物质？写出有关的反应方程式。

4. 在什么情况下镧系元素的性质(如原子半径、熔点、第三电离能等)随原子序数增加而逐渐单调地变化？在什么情况下性质的变化出现峰值或谷值？

5. 水合稀土氯化物为什么不能采用直接加热脱水的方法制备？一般应用哪些方法将水合物脱水？

6. 在熔炼玻璃的过程中，加入 Ce(IV)的化合物为什么能使玻璃脱色？

7. 为什么镧系元素形成的简单配位化合物多半是离子型的？试讨论镧系配位化合物的稳定性递变规律及其原因。

8. 试从原子的电子结构比较镧系元素和锕系元素的异同。

9. 为什么铈、镨、镝的氧化态常呈现+IV，而钐、铕、镱却能呈现+II？

10. 为什么低氧化态的过渡金属能与 CO 生成稳定的羰基配合物，而镧系元素却不能与 CO 生成稳定的羰基配合物？

第三类：英文选做题

1. Please use Hund's rules to infer the ground state of Ce^{3+} cation and calculate its magnetic moment (The spin-orbit coupling constant for Ce^{3+} is 1000 cm^{-1} and the other excited states except the ground state are omitted at 298 K).

2. Please give the reaction products of $SmCl_3$ or SmI_2 with $K_2C_8H_8$.

3. Please give the possible products of the following reactions: ①UF_4 with F_2 at 570 K; ②Pa_2O_5 with $SOCl_2$ followed by heating in H_2 atmosphere; ③UO_3 with H_2 at 650 K; ④heating UCl_5; ⑤UCl_3 with $NaOC_6H_2$-2,4,6-Me_3.

4. $Ln(NCS)_3$ reacts with $[NCS]^-$ under different conditions, which results in some discrete coordination anions such as $[Ln(NCS)_6]^{3-}$, $[Ln(NCS)_7(OH_2)_2]^{4-}$ and $[Ln(NCS)_7]^{4-}$. What geometric configurations can you infer for these species?

参考答案

学生自测练习题答案

1. 是非题

(1) (√) (2) (×) (3) (√) (4) (√) (5) (×)

(6) (×) (7) (×) (8) (√) (9) (√) (10) (√)

2. 选择题

(1) (A) (2) (D) (3) (D) (4) (A) (5) (B)

(6) (D) (7) (B) (8) (C) (9) (D) (10) (C)

3. 填空题

(1) Ce；Pr；Tb；氧化。

(2) $4f^05d^16s^2$；$4f^15d^16s^2$；$4f^75d^16s^2$；$4f^{14}5d^16s^2$；$4f^n5d^06s^2$（$n = 3 \sim 14$）。

(3) α衰变；β衰变；γ衰变。

(4) 质量亏损；Δm。

(5) 大于。

(6) 受控核裂变反应。

(7) 热核反应；热核武器。

(8) 中子；质子；α粒子；重粒子；核嬗变过程。

(9) 103；后。

(10) 多；大；不稳定；困难。

4. 配平下列方程式

(1) $^{252}_{98}\text{Cf} + ^{10}_{5}\text{B} \longrightarrow 3^{1}_{0}\text{n} + ^{259}_{103}\text{Lw}$

(2) $^2_1\text{H} + {}^3_2\text{He} \longrightarrow {}^4_2\text{He} + {}^1_1\text{H}$

(3) $^1_1\text{H} + {}^{11}_5\text{B} \longrightarrow 3{}^4_2\text{He}$

(4) $^{122}_{53}\text{I} \longrightarrow {}^{122}_{54}\text{Xe} + {}^0_{-1}\text{e}$

(5) $^{59}_{26}\text{Fe} \longrightarrow {}^0_{-1}\text{e} + {}^{59}_{27}\text{Co}$

5. 计算题

(1) **解** 反应物的总质量为 5.02905 g,产物的总质量为 5.01017 g,故质量亏损为

$$5.02905 \text{ g} - 5.01017 \text{ g} = 0.01888 \text{ g}$$

根据质能转换的爱因斯坦公式得

$$E = 1.888 \times 10^{-5} \text{ kg} \times (2.998 \times 10^8 \text{ m} \cdot \text{s}^{-1})^2 = 1697 \text{ GJ}$$

折合碳:

$$\frac{1697 \times 10^6 \text{GJ}}{393.76 \text{ kJ} \cdot \text{mol}^{-1}} = 4.310 \times 10^6 \text{ mol}$$

相当于碳质量:$4.310 \times 10^6 \text{ mol} \times 12 \text{ g} \cdot \text{mol}^{-1} = 51.72 \times 10^6 \text{ g} \approx 52 \text{ t}$

(2) **解** $\Delta m = 59.9529 + 1.00783 - 58.9332 - 2.01410 = 0.01343 \text{ (g)}$

$\Delta E = \Delta mc^2 = 1.343 \times 10^{-5} \text{ kg} \cdot \text{mol}^{-1} \times (2.998 \times 10^8 \text{ m} \cdot \text{s}^{-1})^2 = 1.21 \times 10^{10} \text{ kJ} \cdot \text{mol}^{-1}$

(3) **解** ①

$$k = \frac{0.693}{t_{\frac{1}{2}}} = \frac{0.693}{1620 \text{ a}} = 4.28 \times 10^{-4} \text{ a}^{-1}$$

②

$$\lg \frac{x_0}{x} = \frac{4.28 \times 10^{-4} \text{ a}^{-1}}{2.303} \times 100\text{a} = 0.0186$$

取反对数

$$\frac{x_0}{x} = 1.044$$

还剩百分数

$$\frac{x_0}{x} \times 100\% = \frac{1}{1.044} \times 100\% = 95.8\%$$

(4) **解** ^{14}C 的衰变是一级反应,$t_{\frac{1}{2}} = \dfrac{0.693}{k}$,则

$$k = \frac{0.693}{5770 \text{ a}} = 1.20 \times 10^{-4} \text{ a}^{-1}$$

$$\lg \frac{1.00}{0.617} = \frac{kt}{2.303}$$

所以

$$t = \frac{2.303 \lg \dfrac{1.00}{0.617}}{1.20 \times 10^{-4} \text{ a}^{-1}} = 4030 \text{ a}$$

课后习题答案

1. (1) 核子(nucleon)：指组成原子核的基本粒子，如质子和中子都是核子。

(2) 核素(nuclide)：具有确定电荷数(质子数)Z 和中子数 N 的原子核所对应的原子。例如，天然存在的铀元素由三种核素组成，它们的 Z 都是 92，而中子数 N 分别为 234、235 和 238，它们互称同位素，化学性质相同而核性质不同。

(3) α 衰变的位移定则：α 衰变中，子核在元素周期表中的位置左移 2 格的反应。例如：

$$^{226}_{88}Ra \longrightarrow ^{222}_{86}Rn + ^4_2\alpha(^4_2He)$$

(4) β 衰变的位移定则：β 衰变中，子核在元素周期表中的位置右移 1 格的反应。例如：

$$^1_0n \longrightarrow ^1_1p + ^0_{-1}e$$

(5) 放射系(radioactive series)：自然界存在的放射性核素大多具有多代母子体衰变过程。它们经过多代子体放射性核素最后衰变生成稳定核素，这一过程中发生的一系列核反应称为放射系。自然界存在铀系、钍系和锕系三大天然放射系。

(6) 核化学方程式：用于表示核变化过程的方程式，只是不用表明核素的状态。书写时要特别遵循两条规则：①方程式两端的质量数之和相等；②方程式两端的原子序数之和相等。

(7) 放射性活度：通过实验观察得到的放射性物质的衰变速率。

(8) 比活度 (specific activity)：指样品中某核素的放射性活度与样品总质量之比，单位为 $Bq \cdot g^{-1}$ 或 $mCi \cdot g^{-1}$ 等。

(9) 核力 (nuclear force)：粒子之间特有的相互作用力，强度大，力程短，作用范围在 2 fm。通常认为核力是由于核子间交换 π 电子产生的。

(10) 放射性衰变 (radioactive decay)：指由原来的核素(母体)或者变为另一种核素(子体)，或者进入另一种能量状态的过程。根据发射出射线的性质可将最常见的衰变方式分为 α 衰变、β 衰变和 γ 衰变三大类。

(11) 放射性碳定年法(radiocarbon dating)：自然界中的碳，其放射性同位素碳-14 在有机物所含碳素中占一定比例，但机体死亡后，不但不能再从外界摄取含碳化合物，而且大约每隔 (5730±40)年减少为原有量的一半。因此，根据古代遗留下来的有机物中碳-14 放射性的减少程度，便可测知其死亡的年代。现有技术仅能测定 5 万年以内的。

(12) 核反应堆 (nuclear reactor)：通过受控核裂变反应获得核能的一种装置。使裂变链反应持续和可控进行的关键在于控制中子的数目，使裂变产生的中子数等于各种过程消耗的中子数，便形成所谓的自持链反应。

(13) 核裂变 (nuclear fission)：指大核分裂为小核的过程。普通的核武器和核电站都依赖于裂变过程产生的能量。

(14) 核聚变 (nuclear fusion)：由两个或多个轻核聚合形成较重核的过程。轻核聚变释放的能量比重核裂变时大得多。

(15) 质量亏损 (mass defect)：原子核的质量小于它所含有的各核子独立存在时的总质量，这两者的差额称为质量亏损，用 Δm 表示，说明当核子集合成原子核时要放出结合能。它的数值越大，原子核越稳定。

(16) 超铀元素 (transuranium element)：周期表中原子序数大于 92 (铀) 的元素的统称。它们大多数是由人工方法制得的放射性元素。

(17) 超锕系元素 (transactinide element)：指原子序数大于 103 的元素，即周期表中处于锕系元素之后的元素。它们的合成是通过以重核粒子为入射粒子的人工核反应实现的。

(18) 热核反应 (thermonuclear reaction)：在极高温度下轻原子核聚变的过程。当温度足够高时，聚变过程能够持续进行，并放出巨大能量。例如，氘核和氚核实现自持热核反应，需要 5000 万摄氏度以上的温度，而氘核和氘核则需几亿摄氏度。目前已实现的人工热核反应是氢弹的爆炸。可控的热核反应尚未实现。

(19) 热核武器：以聚变反应为基础的核武器，如原子弹和氢弹。

2.

元素	基态电子排布	4f 电子数	非+3 价态
Ce	$[Xe]4f^15d^16s^2$	1	+4
Eu	$[Xe]4f^76s^2$	7	+2
Tb	$[Xe]4f^96s^2$	9	+4
Yb	$[Xe]4f^{14}6s^2$	14	+2

3. A：UO_3 B：U_3O_8 C：UO_2
   D：$UO_2(NO_3)_2$ E：$(NH_4)_2U_2O_7$ F：U

$$6UO_3 \xrightarrow{\triangle} 2U_3O_8 + O_2\uparrow$$
$$UO_3 + CO \xrightarrow{\triangle} UO_2 + CO_2$$
$$U_3O_8 + 2CO \xrightarrow{\triangle} 3UO_2 + 2CO_2$$
$$UO_3 + 2HNO_3 \longrightarrow UO_2(NO_3)_2 + H_2O$$
$$2UO_2(NO_3)_2 + 6NH_3\cdot H_2O \longrightarrow (NH_4)_2U_2O_7\downarrow + 4NH_4NO_3 + 3H_2O$$

$$2UO_2(NO_3)_2 \xrightarrow{\triangle} 2UO_3 + 4NO_2\uparrow + O_2\uparrow$$

$$(NH_4)_2U_2O_7 \xrightarrow{\triangle} 2NH_3\uparrow + 2UO_3 + H_2O$$

$$UO_3 + 3Ca \xrightarrow{\triangle} U + 3CaO$$

4. 由于镧系元素新增电子填充在 4f 层，所以当电子填充在半满($4f^7$)前或半满后、全满前，镧系元素的性质常随原子序数增加而逐渐单调地变化，如原子半径递减，第三电离能递增。在 4f 层电子出现半满或全满时性质的变化出现峰值或谷值，如 $4f^7$ 的 Eu 和 $4f^{14}$ 的 Yb 的半径出现峰值，第三电离能也出现峰值，而相应的熔点出现谷值。

5. 无水稀土氯化物不能通过直接加热其水合物制备，因为直接加热时会发生水解，生成氯氧化物 LnOCl，得不到纯无水稀土氯化物。因此，由水合物脱水制备无水盐时，必须设法抑制水解反应发生，常用的方法有：

   (1) 在真空条件下减压脱水制备。

   (2) 在 HCl 气流中或掺入 NH_4Cl 情况下加热脱水，利用 HCl 抑制水解反应发生。这一点与 $MgCl_2$、$AlCl_3$、$FeCl_3$ 等含水氯化物的脱水情况相似。

6. 在玻璃中，二价铁能使玻璃染上绿色。加入 Ce(Ⅳ)的化合物能把二价铁氧化为三价铁的化合物，从而使玻璃脱色。

7. 由于基态 Ln^{3+} 都是惰气型离子(外层为 $5s^2 5p^6$)，内层的 4f 轨道上的电子被外层轨道上的电子有效屏蔽，因而 4f 轨道与配体轨道之间基本上没有成键作用，只能用更高能量的外层轨道(5d6s6p)成键。Ln^{3+} 的半径都较大，对配体的吸引力较弱，轨道间基本没有重叠作用，只靠静电引力作用形成离子型配合物。镧系元素配合物的稳定性一般不大，但随原子序数增大后镧系收缩的影响，静电引力有所增强，镧系元素配合物的稳定性也依次增大。

8. 镧系元素价电子构型有两种：$4f^n 6s^2$ 和 $4f^{n-1} 5d^1 6s^2$；锕系元素也有类似的两种构型：$5f^n 7s^2$ 和 $5f^{n-1} 6d^1 7s^2$，两者相似。但不同的是，5f 和 6d 的能量相近，而 4f 和 5d 的能量相差较大，所以锕系的前半部分元素原子的电子 5f→6d 所需能量较镧系元素中原子的电子 4f→5d 所需能量小。

9. 因为从 4f 电子层结构来看，当 4f 层保持或接近全空、半满或全充满的状态时比较稳定。

10. 由于 CO 作为配体给出 σ 电子对的能力较差，过渡金属羰基配合物的稳定性很大程度是由金属原子的 dπ 轨道上的电子反馈到 CO 空的 π* 反键轨道而产生的，这是过渡金属为什么要采取低氧化态以保证有更多的 dπ 电子的原因。但在镧系元素中，由于 4f 轨道被外层($5s^2 5p^6$)电子屏蔽得很好，导致 4f 电子不能发生有效的反馈 π 键合，因此镧系元素不能与 CO 形成稳定的羰基配合物。

英文选做题答案

1. $^2F5/2$; 2.54 μB.
2. Sandwich complexes $[(\eta^8\text{-}C_8H_8)_2Sm]^-$ (K^+ salt) and $[(\eta^8\text{-}C_8H_8)_2Sm]^{2-}$.
3. (a) UF_6; (b) $PaCl_5$, then $PaCl_4$; (c) UO_2; (d) $UCl_4 + UCl_6$; (e) $U(OC_6H_2\text{-}2,4,6\text{-}Me_3)_3$.
4. Hard Lewis acid Ln^{3+} tend to bond with hard Lewis base N atom in $[NCS]^-$ anion, resulting in six-coordinated $[Ln(NCS)_6]^{3-}$ octahedron, 8-coordinated $[Ln(NCS)_7(OH_2)]^{4-}$ dodecahedron, square antiprism, cube, or some unusual distorted variants (such as hexagonal bipyramid and dicapped triangular prism), seven-coordinated $[Ln(NCS)_7]^{4-}$ pentagonal bipyramid, capped octahedron, or distorted variants such as capped triangular prism.

新化学元素周期表

图例

$1s^1$ → 电子结构
1 氢 H → 元素符号
hydrogen → 元素英文名称
原子序数 →
元素中文名称 →

【说明】

- 元素的底色表示原子结构分区：蓝色为s区，黄色为p区，淡红色为d区，绿色为ds区。
- 元素的符号颜色：黑色为固体，蓝色为液体，绿色为气体，红色为放射性元素。
- 族号Ⅰ/ⅠA，前者为IUPAC推荐使用方法[Fluck E. Pure Appl. Chem., 1988, 60(3): 431]，后者为CAS表示法。
- 氢元素的位置采用单独放在表的上方中央[Cronyn M W. J. Chem. Edu., 2003, 80(8): 947]。

高胜利 杨奇 编著
（2019年）
科学出版社

主表

第1周期

1/ⅠA	18/ⅧA
$1s^1$ 1 氢 H hydrogen	$1s^2$ 2 氦 He helium

第2周期

1/ⅠA	2/ⅡA	13/ⅢA	14/ⅣA	15/ⅤA	16/ⅥA	17/ⅦA	18/ⅧA
$[He]2s^1$ 3 锂 Li lithium	$[He]2s^2$ 4 铍 Be beryllium	$[He]2s^22p^1$ 5 硼 B boron	$[He]2s^22p^2$ 6 碳 C carbon	$[He]2s^22p^3$ 7 氮 N nitrogen	$[He]2s^22p^4$ 8 氧 O oxygen	$[He]2s^22p^5$ 9 氟 F fluorine	$[He]2s^22p^6$ 10 氖 Ne neon

第3周期

1/ⅠA	2/ⅡA	13/ⅢA	14/ⅣA	15/ⅤA	16/ⅥA	17/ⅦA	18/ⅧA
$[Ne]3s^1$ 11 钠 Na sodium	$[Ne]3s^2$ 12 镁 Mg magnesium	$[Ne]3s^23p^1$ 13 铝 Al aluminum	$[Ne]3s^23p^2$ 14 硅 Si silicon	$[Ne]3s^23p^3$ 15 磷 P phosphorus	$[Ne]3s^23p^4$ 16 硫 S sulfur	$[Ne]3s^23p^5$ 17 氯 Cl chlorine	$[Ne]3s^23p^6$ 18 氩 Ar argon

第4周期

3/ⅢB	4/ⅣB	5/ⅤB	6/ⅥB	7/ⅦB	8/Ⅷ	9/Ⅷ	10/Ⅷ	11/ⅠB	12/ⅡB
$[Ar]3d^14s^2$ 21 钪 Sc scandium	$[Ar]3d^24s^2$ 22 钛 Ti titanium	$[Ar]3d^34s^2$ 23 钒 V vanadium	$[Ar]3d^54s^1$ 24 铬 Cr chromium	$[Ar]3d^54s^2$ 25 锰 Mn manganese	$[Ar]3d^64s^2$ 26 铁 Fe iron	$[Ar]3d^74s^2$ 27 钴 Co cobalt	$[Ar]3d^84s^2$ 28 镍 Ni nickel	$[Ar]3d^{10}4s^1$ 29 铜 Cu copper	$[Ar]3d^{10}4s^2$ 30 锌 Zn zinc

K 组: $[Ar]4s^1$ 19 钾 K potassium · $[Ar]4s^2$ 20 钙 Ca calcium
p区: $[Ar]3d^{10}4s^24p^1$ 31 镓 Ga gallium · $[Ar]3d^{10}4s^24p^2$ 32 锗 Ge germanium · $[Ar]3d^{10}4s^24p^3$ 33 砷 As arsenic · $[Ar]3d^{10}4s^24p^4$ 34 硒 Se selenium · $[Ar]3d^{10}4s^24p^5$ 35 溴 Br bromine · $[Ar]3d^{10}4s^24p^6$ 36 氪 Kr krypton

第5周期

1/ⅠA	2/ⅡA	3/ⅢB	4/ⅣB	5/ⅤB	6/ⅥB	7/ⅦB	8/Ⅷ	9/Ⅷ	10/Ⅷ	11/ⅠB	12/ⅡB
$[Kr]5s^1$ 37 铷 Rb rubidium	$[Kr]5s^2$ 38 锶 Sr strontium	$[Kr]4d^15s^2$ 39 钇 Y yttrium	$[Kr]4d^25s^2$ 40 锆 Zr zirconium	$[Kr]4d^45s^1$ 41 铌 Nb niobium	$[Kr]4d^55s^1$ 42 钼 Mo molybdenum	$[Kr]4d^55s^2$ 43 锝 Tc technetium	$[Kr]4d^75s^1$ 44 钌 Ru ruthenium	$[Kr]4d^85s^1$ 45 铑 Rh rhodium	$[Kr]4d^{10}$ 46 钯 Pd palladium	$[Kr]4d^{10}5s^1$ 47 银 Ag silver	$[Kr]4d^{10}5s^2$ 48 镉 Cd cadmium

p区: $[Kr]4d^{10}5s^25p^1$ 49 铟 In indium · $[Kr]4d^{10}5s^25p^2$ 50 锡 Sn tin · $[Kr]4d^{10}5s^25p^3$ 51 锑 Sb antimony · $[Kr]4d^{10}5s^25p^4$ 52 碲 Te tellurium · $[Kr]4d^{10}5s^25p^5$ 53 碘 I iodine · $[Kr]4d^{10}5s^25p^6$ 54 氙 Xe xenon

第6周期

1/ⅠA	2/ⅡA	3/ⅢB	4/ⅣB	5/ⅤB	6/ⅥB	7/ⅦB	8/Ⅷ	9/Ⅷ	10/Ⅷ	11/ⅠB	12/ⅡB
$[Xe]6s^1$ 55 铯 Cs cesium	$[Xe]6s^2$ 56 钡 Ba barium	$[Xe]5d^16s^2$ 57 镧 La lanthanum	$[Xe]4f^{14}5d^26s^2$ 72 铪 Hf hafnium	$[Xe]4f^{14}5d^36s^2$ 73 钽 Ta tantalum	$[Xe]4f^{14}5d^46s^2$ 74 钨 W tungsten	$[Xe]4f^{14}5d^56s^2$ 75 铼 Re rhenium	$[Xe]4f^{14}5d^66s^2$ 76 锇 Os osmium	$[Xe]4f^{14}5d^76s^2$ 77 铱 Ir iridium	$[Xe]4f^{14}5d^96s^1$ 78 铂 Pt platinum	$[Xe]4f^{14}5d^{10}6s^1$ 79 金 Au gold	$[Xe]4f^{14}5d^{10}6s^2$ 80 汞 Hg mercury

p区: $[Xe]4f^{14}5d^{10}6s^26p^1$ 81 铊 Tl thallium · $[Xe]4f^{14}5d^{10}6s^26p^2$ 82 铅 Pb lead · $[Xe]4f^{14}5d^{10}6s^26p^3$ 83 铋 Bi bismuth · $[Xe]4f^{14}5d^{10}6s^26p^4$ 84 钋 Po polonium · $[Xe]4f^{14}5d^{10}6s^26p^5$ 85 砹 At astatine · $[Xe]4f^{14}5d^{10}6s^26p^6$ 86 氡 Rn radon

第7周期

1/ⅠA	2/ⅡA	3/ⅢB	4/ⅣB	5/ⅤB	6/ⅥB	7/ⅦB	8/Ⅷ	9/Ⅷ	10/Ⅷ	11/ⅠB	12/ⅡB
$[Rn]7s^1$ 87 钫 Fr francium	$[Rn]7s^2$ 88 镭 Ra radium	$[Rn]6d^17s^2$ 89 锕 Ac actinium	$[Rn]5f^{14}6d^27s^2$ 104 𬬻 Rf rutherfordium	$[Rn]5f^{14}6d^37s^2$ 105 𬭊 Db dubnium	$[Rn]5f^{14}6d^47s^2$ 106 𬭛 Sg seaborgium	$[Rn]5f^{14}6d^57s^2$ 107 𬭳 Bh bohrium	$[Rn]5f^{14}6d^67s^2$ 108 𬭶 Hs hassium	$[Rn]5f^{14}6d^77s^2$ 109 䥑 Mt meitnerium	$[Rn]5f^{14}6d^87s^1$ 110 𫟼 Ds darmstadtium	$[Rn]5f^{14}6d^97s^1$ 111 𬬭 Rg roentgenium	$[Rn]5f^{14}6d^{10}7s^2$ 112 鿔 Cn copernicium

p区: $[Rn]5f^{14}6d^{10}7s^27p^1$ 113 鿭 Nh nihonium · $[Rn]5f^{14}6d^{10}7s^27p^2$ 114 𫓧 Fl flerovium · $[Rn]5f^{14}6d^{10}7s^27p^3$ 115 镆 Mc moscovium · $[Rn]5f^{14}6d^{10}7s^27p^4$ 116 𫟷 Lv livermorium · $[Rn]5f^{14}6d^{10}7s^27p^5$ 117 鿬 Ts tennessine · $[Rn]5f^{14}6d^{10}7s^27p^6$ 118 鿫 Og oganesson

镧系元素 lanthanide 57-71
锕系元素 actinide 89-103

镧系元素 (lanthanide)

$[Xe]5d^16s^2$ 57 镧 La lanthanum	$[Xe]4f^15d^16s^2$ 58 铈 Ce cerium	$[Xe]4f^36s^2$ 59 镨 Pr praseodymium	$[Xe]4f^46s^2$ 60 钕 Nd neodymium	$[Xe]4f^56s^2$ 61 钷 Pm promethium	$[Xe]4f^66s^2$ 62 钐 Sm samarium	$[Xe]4f^76s^2$ 63 铕 Eu europium	$[Xe]4f^75d^16s^2$ 64 钆 Gd gadolinium	$[Xe]4f^96s^2$ 65 铽 Tb terbium	$[Xe]4f^{10}6s^2$ 66 镝 Dy dysprosium	$[Xe]4f^{11}6s^2$ 67 钬 Ho holmium	$[Xe]4f^{12}6s^2$ 68 铒 Er erbium	$[Xe]4f^{13}6s^2$ 69 铥 Tm thulium	$[Xe]4f^{14}6s^2$ 70 镱 Yb ytterbium	$[Xe]4f^{14}5d^16s^2$ 71 镥 Lu lutetium

锕系元素 (actinide)

$[Rn]6d^17s^2$ 89 锕 Ac actinium	$[Rn]6d^27s^2$ 90 钍 Th thorium	$[Rn]5f^26d^17s^2$ 91 镤 Pa protactinium	$[Rn]5f^36d^17s^2$ 92 铀 U uranium	$[Rn]5f^46d^17s^2$ 93 镎 Np neptunium	$[Rn]5f^67s^2$ 94 钚 Pu plutonium	$[Rn]5f^77s^2$ 95 镅 Am americium	$[Rn]5f^76d^17s^2$ 96 锔 Cm curium	$[Rn]5f^97s^2$ 97 锫 Bk berkelium	$[Rn]5f^{10}7s^2$ 98 锎 Cf californium	$[Rn]5f^{11}7s^2$ 99 锿 Es einsteinium	$[Rn]5f^{12}7s^2$ 100 镄 Fm fermium	$[Rn]5f^{13}7s^2$ 101 钔 Md mendelevium	$[Rn]5f^{14}7s^2$ 102 锘 No nobelium	$[Rn]5f^{14}7s^27p^1$ 103 铹 Lr lawrencium